电子显微技术与应用

徐柏森　杨　静　编著

·南京·

图书在版编目(CIP)数据

电子显微技术与应用/徐柏森,杨静编著.—南京:东南大学出版社,2016.12

ISBN 978-7-5641-7091-2

Ⅰ.电…　Ⅱ.①徐…　②杨…　Ⅲ.电子显微镜　Ⅳ.TN16

中国版本图书馆 CIP 数据核字(2017)第 061615 号

电子显微技术与应用

出版发行	东南大学出版社
地　　址	南京市四牌楼 2 号　邮编:210096
出 版 人	江建中
网　　址	http://www.seupress.com
电子邮件	press@seu.edu.cn
经　　销	全国各地新华书店
印　　刷	兴化印刷有限责任公司
开　　本	787 mm×1092 mm　1/16
印　　张	16.75
字　　数	390 千
版　　次	2016 年 12 月第 1 版
印　　次	2016 年 12 月第 1 次印刷
书　　号	ISBN 978-7-5641-7091-2
印　　数	1～2000 册
定　　价	40.00 元

本社图书若有印装质量问题,请直接与营销部联系。电话(传真):025-83791830。

前　言

经济的迅速发展，在提高人们生活质量的同时，也加大了物质资源的损耗和浪费。而电子显微技术的不断提高，可以帮助科学工作者充分利用以小为贵的材料、研究资源再生利用技术、探讨保护生存环境机制，避免日趋严重的损毁和环境污染。随着互联网时代的到来，以显微技术为支撑的纳米科技需要以几何级的速度发展，才能适应当今大数据、云计算、4G传输技术、4D打印等技术的快速进步，这也使电子显微技术的应用和发展显得更加重要。

自1981年扫描隧道显微镜发明后，就诞生了以0.1到100 nm长度为研究范围的纳米科技（超微粒子技术），其高分辨率又拓展了纳米技术的广泛应用。纳米科技是近年来出现的一门高新技术，涉及到现代科技的各个领域，既能为人类提供舒适而安全的条件，又能减少人类资源的损耗和各种污染，非常有利于地球环境的保护。以至有关成果一直受到科学界和市场的普遍关注。近年来，纳米技术已经随着高科技设备一起飘上了白云，飞入了太空，走进了海底。如今它已经被广泛应用于IT、电子、机械、医学、化工、林业等领域，并在碳纳米管、生物芯片、纳米计算机等研究方面取得了显著成绩。2012年美国探讨通过人体、网络和芯片结合，用意识控制飞行器的试验取得了成功，并在医学方面也取得了较大的进展，匹兹堡大学教授将芯片植入瘫痪了15年的老年妇女脑中，首次成功唤醒了其意识；2013年欧洲投入13亿欧元研究脑科学，绘制脑活动的全息图，通过类似人脑的计算机和纳米技术等学科的结合，适应高端科学的发展需要，目前德国已经在意识控制无人机飞行方面取得了突破性的进展。

电子显微技术是以许多现代先进学科为基础的前沿科学，其内容复杂，涉及面广，技术难度大。由于其研究的内容是看不见、摸不着的物质，科技含量很高，使许多人对此不了解，把最简单的测试方法误以为是电镜技术，甚至把电镜当作一般的光学设备而不知道如何去开发应用功能，以至严重影响了电镜技术的应用，阻碍了超微结构的深入研究。经几代电镜工作者的努力，当今的电子显微技术已经得到了初步完善，但在电镜的功能开发方面还缺乏成熟的经验。为此，我们必须在现有的电子显微技术基础上不断提高，才能在满足国民经济发展需要的同时，保护好我们的生存环境。

我校于1981年引进了电镜，82年开设《电镜技术》的课程，深受广大本科生、硕士生和博士生的欢迎，同时也大大地提高了我校木材鉴别、植物分类、纸浆改性、高分子材料等方面的研究水平。到目前为止，据不完全统计，我校的教师、科研人员和本室工作者在国内外单独或协作发表了应用电镜技术的学术论文1000多篇，出版《生物电镜技术》和《实用电镜技术》专著两部；编写教材《林业电镜技术》、《扫描电镜的使用与维护》、《透射电镜的调试与使用》、《林业电镜实验指导教程》、《电镜论文选编》五部。并于1988年获得国家教委先进实验室奖、1989年获林业部科技进步二等奖。1998年获全国扫描电镜优秀照片二等奖；2001年和2002年分别获得西部资源开发和华东地区优秀论文一、二、三等奖；2003年获江苏省大型仪器协作共用先进奖等；2006年首次在国内获得中央与地方共建项目《显微技术开放实验室》资助。

多年来，经电镜室全体工作者的努力（包括出国和调离人员）和校内外有关专家的密切配合，我室在显微技术和超微结构研究方面都得了比较显著的成绩。在校内外有关专家的配合下，纸浆、天然色素和乳胶的超微结构研究水平已进入了国际先进行列，得到了国内外有关专家的一致好评。

为了满足深入开展超微结构研究和教学的需要，本书结合科学前沿的发展动态，对当今的电镜技术进行了归纳和总结，介绍了我们在电镜技术研究中的创新技术、专利技术和标准技术等成果。希望能在同行和有关专家的指导和帮助下，共同将电镜技术推上一个新的台阶。

本书与其它电镜书籍的区别在于侧重显微新技术在资源再生利用和生物环境保护方面的应用。它既可供从事电镜工作的专业人员和有关人员参考，也可满足于农林、化工、医学等高等院校本科生和研究生的学习需要。由于水平有限，此教材难免存在疏漏之处，敬请同行及广大读者批评指正。

编　者
2015年9月

目　录

第一章 绪 论

经济的高速发展使人类的物质资源受到了严重的破坏，只有充分地认识大自然，才能保护好我们的生存环境。随着科学技术的发展，人们对自己的生存空间和物质世界已经有了越来越深刻的认识和了解，具体可概括为微观和宏观两方面。

微观认识实际上是对物质细节的认识和把握。结构是功能的基础，从物质的超微结构上去研究其性能，是提高和改变功能的重要理论基础。如：通过对天花、流感、肿瘤、艾滋、沙氏等许多病毒的认识和了解，可以找出它们的侵入形式和繁殖方式，从而进行防治并研究出抑制和消灭的机理；通过观察高粱、水稻、茎秆的微观结构，找出与之倒伏的相关性，可为育种提供性状指标；通过观察古董的超微结构，可以辨其真伪，发现它的真正价值；通过观察植物的超微结构，可探讨其生长机理，达到控制繁殖期，促进发育和缩短生长期的目的，甚至通过改变植物的内、外部条件来控制植物的开花期和结果量等等。

宏观认识是总体的观察和把握。由于观察的角度不一样，得出的结论和深度也就不同，正确的宏观把握和调控必须建立在高精度的微观研究基础上，而所有的高精度微观成果就是发展经济的基础，因此，要提高人类的生存质量，就必须不断提高物质的超微结构研究水平，加强宏观把握能力。自电子显微镜问世后，帮助人类认识、控制和消灭了许多毁灭生命体的病毒、细菌、微生物和病原体；造就了纳米技术（即超微粒子技术）。今天，为了抢占全球的经济市场，美国、日本、德国、法国等发达国家都投入了大量资金，进行纳米技术的开发和应用研究，并已经在国际市场形成了激烈的竞争格局。21世纪是高科技的信息时代，也是纳米技术（即超微粒子技术）迅速发展的大好机会。近年来，我国的纳米技术研究已经取得了一些显著成绩，但与发达国家的尖端技术相比，还有较大的差距，必须作出很大的努力，才能赶超国际先进水平。在人类的文明与经济同时发展的今天，我们作为发展中国家，通过普及电子显微镜学知识和进一步提高电子显微镜技术，打好纳米技术基础，是提高国民经济发展速度的有效措施。

人类对微观世界的认识有着漫长的历史，大致可分为三个阶段：第一阶段为早期形态研究，即在人眼观察所及的范围之内对大自然进行认识和了解。由于受到生理条件的限制，人眼只能在25 cm的范围辨清0.1 mm的物体，更小的细节就无法辨认了，故那时只能建立起一些初期的形态研究，如利用三角支撑的稳定性来加强建筑结构的牢固度，利用弧形线条的巧妙组合来美化周围的自然环境，甚至对感人、逼真的绘画方法进行研究等等。十三世纪，人们在发明了玻璃的基础上，研制出了放大镜，对人眼的观察能力起到了辅助作用。

第二阶段为中期形态学研究，又称为显微形态学研究。十七世纪中期，人们在放大镜的基础上，研制出了光学显微镜，看到了更小，更暗淡的物体，发现了构成生物基础的细胞组织和引起霉烂、腐变甚至产生病原体的细菌等等。光镜的发明使生命科学进入了研究物质显微结构时代。在那之后的一百多年里，涌现出了许许多多的发明和创造，不但推动了自然科学的迅猛发展，也在形态学的研究史上出现了空前盛世。然而光波的衍射效应限制了光镜的分辨本领，小于 0.2 μm 的物体就无法看清了，人们在设计水平和加工精度上作了许多努力和尝试，但都无济于事。于是科学家们开始探索提高仪器分辨本领的新途径；与此同时，也努力对光镜的形式加以改进，以增加光镜的应用功能。

第三阶段即现代形态学研究，又称为超微结构形态学研究。在进入了纳米技术时代后，使人类经济步入了高速发展期。20 世纪 30 年代，科学家在光镜的基础上研制出了电子显微镜，使人类充分地认识到物质世界的本质和奥妙，明白了结构与功能的相互关系，即功能是结构的表现形式，结构是功能的形成基础，通过改变物质结构的形态提高和改进其功能成了自然科学研究的重要内容。由于电子显微镜具有 1 Å 的分辨能力，能够直接用来观察大分子结构、材料结构、病毒和细胞组织等等，给自然科学提供了大量前所未有的信息，极大地丰富了人类对客观世界的认识。同时光镜也呈现出了多样化的发展形势，如偏光显微镜、荧光显微镜、体视显微镜、生物显微镜等，在它们的辅助下电镜的工作效率得到了进一步提高。21 世纪，由电镜造就的纳米技术，在超微结构的水平上最大限度的开发出了物质的应用功能。被广泛应用于 IT、电子、机械、医学、化工、林业等领域。极大地丰富了人类的物质资源，减少了环境污染，拓宽了人类的生存空间。

第一节　纳米科技

电镜造就了纳米技术。“纳米”为英文 nano 的译名，即超微粒子，是一种长度单位，原称毫微米，相当于45 个原子相连起来的长度，即 10^{-9} 米（10 亿分之一米）。自 1981 年扫描隧道显微镜发明后，诞生了以 0.1 到 100 nm 长度为研究范围的纳米科技，即超微粒子技术，受到了科学界普遍关注，并得到了迅速发展。也就是说是电子显微镜的高分辨性能造就了纳米技术，其高放大倍率又拓展了纳米技术的广泛应用。加之，纳米技术具有“以小为贵”的特殊性，既能为人类提供舒适而安全的条件，又有利于地球环境的保护。因此，超微粒子技术在人类文明建设和科学发展中有着不可取代的重要作用。

纳米材料具有特殊性能。当物质达到 0.1～100 nm 的尺度以后，物质的性能就会发生突变，出现特殊性能。这种既不同于原来组成的原子、分子，也不同于特殊物质构成的材料，即为纳米材料。过去，人们只注意原子、分子或者宇宙空间，而常常忽略中间领域的物质存在，也没有认识到这个尺度范围的材料性能。在 20 世纪 70 年代，日本科学家首先用蒸发法制备超微离子，并通过它的性能研究发现：一个导电、导热的铜、银导体做成纳米尺度以后，它就失去原来的性质，表现出既不导电也不导热，磁性材料也是如此，像铁钴合金，把它做成大约 20～30 纳米大小，它的磁性要比原来高 1 000 倍，其原因是磁畴中的单个原子排列的不是很规则，而单原子中间是一个原子核，外侧是绕其旋转的电子，变成单磁畴后，单个原子排列的很规则，对外显示了强大的磁性。实践证明，通过原子排列的变化可以导致磁性出现爆发性的扩张，这在科学界引起了震动，80年代中期，人们就正式把这类材料命名为纳米材料。

纳米技术是以许多现代先进科学技术为基础的前沿科学。其最终目的是用原子或分子直接构造成具有特定功能的产品，它所研究的内容涉及现代科技的广阔领域。目前，已经被广泛应用于IT、电子、机械、医学、化工、林业等领域。但因纳米技术是人们看不见、摸不着的学科，以至许多人对它不太了解，甚至把纳米技术的应用手段当成是幻想科学。因此，本章将通过一些具体事例，介绍纳米技术在现实生活中的活跃情况以及在未来如何进一步应用。

一、进入纳米世界的电子学

1. 电子学走进了纳米世界

纳米粒子是基于量子效应而进行设计和制备的，其最终目标是将集成电路进一步缩小，研制出由单原子或单分子构成的各种器件，并能方便使用。利用量子点可制成体积小、耗能少的单电子器件。美国威斯康星大学已制造出可容纳单个电子的量子点，即在一个针尖上可容纳这样的量子点几十亿个，若能将几十亿个量子点联结起来，每个量子点的功能相当于大脑中的神经细胞，再结合微电子机械系统方法，便可为设计智能型微型电脑打下良好的基础，目前，科学家们正在为此项研究做着全方位的努力，不断在寻找新的突破点，一旦作为高科技成果问世，必将造福于全人类。同时，电子学也会产生飞跃性的进展，并全面进入纳米世界。

2. 纳米器件的新进展

单电子晶体管，红、绿、蓝三基色可调谐的纳米发光二极管以及利用纳米丝、巨磁阻效应的超微磁场探测器已经成功问世。碳纳米管的研制成功，是纳米电子学发展的重要标志。纳米技术应用于光电领域，使微电子和光电子的结合更加紧密。同时，在光电信息传输、存贮、处理、运算和显示等方面的性能也会大大提高；将纳米技术用于雷达信息处理，可使其能力提高几百倍，将超高分辨率的纳米孔径雷达放到卫星上可对地进行高精度侦察。由于纳米技术的迅速发展，无能量阈纳米激光器的实现也将指日可待。纳米激光器实际上是一根弯曲成极薄面包圈形状的光子导线，工作效率极高，而能量阈则很低。最近，麻省理工学院的研究人员把被激发的钡原子送入纳米激光器中，每个原子发射一个有用的光子，其效率之高，难以想象。纳米技术甚至已经走向太空，有些发达国家在纳米技术的基础上建造火星太空船的生命保障系统，以保证紧凑、轻便。

3. 纳米技术可减少能源损耗和环境污染

在人类资源越来越少的情况下，无能量阈纳米激光器的研究和进展是当今科学界的关注热点。科学家已经取得的成果表明，无能量阈纳米激光器可以实现瞬时开关，它在运行中不仅能大大地提高效率，还可以得到极快速度的激光。目前，已经有一些激光器能够以快于每秒钟200亿次的速度开关，非常适合用于光纤通信。所有这些电子技术都要求器件和系统更小、更冷、反应速度更快。至今，还没有更小、更冷的限度。为减少能源的损耗和环境污染，人们正在利用纳米技术做着“以小为贵”的努力，并已经在减少能源损耗和降低环境污染方面取得了显著成绩，这对提高人类的生活质量和拓展生存空间都有着极其重大的意义。

二、纳米技术是IT产业(信息技术产业)的基础

1. 纳米技术是IT技术的基础

IT是InformationTechnology的缩写，意为“信息技术”，包含现代计算机、网络、通讯等信息领域的技术。IT产业也是21世纪的支柱产业，他在提高人类生活质量和促进人类文明的发展中发挥着重要作用。IT的普遍应用，是进入信息社会的标志。而“纳米技术”这个词汇，虽然已被广泛使用，但对其含义的了解却是因人而异，甚至有些人将其当成是“梦幻之术”，认为根本没有实际的意义和实现的可能。但纳米技术对IT产业发展的推动作用，不仅证实纳米技术的现实意义，也使得纳米IT成为世界关注的焦点，具有十分广阔的前景。

2. 纳米技术造就了IT产业

由于科学技术的迅速发展，存储装置大容量化、集成电路高速化的需要显得十分迫切。在过去的几十年里，Si MOS场效应晶体管一直在不断微型化，现今已缩小到100纳米以下，控制闸绝缘厚度也超薄至2纳米以下，可以说IT产业完全进入了纳米世界。随着人类文明的不断提高，信息量的需求也越来越大，据世界信息权威机构公布的数据显示，全世界因特网利用者所发出的信息量，2000年末，平均每天多达4 432太拉比特(1太拉=10 000亿)，相当于美国国会图书馆储存的全部信息的305倍多，并呈现着逐年迅速递增的状态。因此，要进一步发展IT产业，只能在纳米技术不断提高的情况下完成。

3. 纳米技术是发展IT产业的支撑

随着信息量的急增猛扩，处理信息的手段也越来越复杂，大容量化和集成高速化的需求呈现出迫在眉睫之势。对大量信息进行检索或传输，需要高速大容量的“宽带网络”。在传输和接受设备中，使用“电子高速移动性半导体”等，以一个原子的精度控制异种半导体材料进行层叠；当信息通过光纤传输时，需要将电信号高速转换为光信号，其中包括接受设备、传输设备、整形设备和增幅设备等；在显示方面，必须采用纳米技术控制液晶和发光材料等。所有的这些设备都需要纳米材料和纳米技术制造，因此，纳米材料不但是IT产业的根本，也是推进其发展的支撑。

4. IT产业的市场潜力巨大

21世纪以来，高速发展的信息已经进入了互联网时代，IT产业的市场潜力极大，已经受到了全世界关注，尤其是美国、日本、德国等发达国家对此已经形成了相互竞争的格局，正在激烈地抢占对自己的有利位置。以日本经济团体联合汇总的纳米技术市场需求报告为例，2005年日本国内市场为24亿美元，预测至2010年可高达273亿美元左右，可实际上还是超过了预测。可见其影响之深刻、领域之广泛。正如钱学森院士所预言：纳米级和纳米以下的结构将是下一阶段科技发展的特点，会是一次技术革命。可以说，没有纳米技术就没有IT产业。

三、纳米技术开拓了生物世界的未来

1. 生物是纳米级的分子结合

生命体由纳米级的蛋白质、脂质、核酸、脂肪、糖等物质分子组成，这些分子在不同的细胞里，相互作用，共同制约，通过合成和新陈代谢反应，显示出各种不同的生命现象，以达到体内平衡。生物分子因种类不同，功能各异，可谓与纳米材料异曲同工，以至生物技术与纳米技术结合，即可形成强强组合之势。因此，纳米生物技术的潜力巨大，市场广阔，可以被称之为打开世界未来之门的金钥匙。

2. 生物纳米技术取得了新进展

每一个生物大分子本身就是一个微型处理器，分子在运动过程中以可预测方式，进行状态变化，其原理类似于计算机的逻辑开关，利用该特性并结合纳米技术，可设计量子计算机。美国南加州大学的 Adelman 博士等应用基于 DNA 分子计算技术的生物实验方法，有效地解决了目前计算机无法解决的问题——“哈密顿路径问题”，使人们对生物材料的信息处理功能和生物分子的计算技术有了进一步的认识，为生物纳米技术的新进展打下了良好基础。

3. 纳米技术开发了生物芯片

每个人的基因数约在 3 万～5 万之间，每个细胞从中选择自己需要的基因，再根据其指令生成各种蛋白质，以适应生命体需要。当基因的数量、形态及排列发生变化或失去平衡时，将会引起蛋白质异常，导致生命体变异。动物和植物细胞内分别具有基因种类、数量、功能、排列和结构变异等极为复杂的问题，其中许多机理，人类至今尚不明白，要进一步开发物质资源，首先要对这些奥妙现象进行深入探讨。目前，科学家们已经能够在现有的高科技领域里，通过高精度的芯片对生命体进行检索和解读。2012 年以来，以美国、德国为首的发达国家在生物芯片的开发和制造方面已经取得了突破性的进展。

在生物纳米技术的推动下，DNA 芯片研究的发展很快，在利用其数据对生命体进行追踪、检查和调整方面，作出了显著成绩。还在此基础上，研制出了的蛋白质芯片。蛋白质芯片与 DNA 芯片相比，功能相似，但规格参数不同，蛋白质芯片的稳定性较 DNA 芯片差，而且，蛋白质的分布点需要具有加湿功能，才能保持不干燥，但是，蛋白质芯片的应用范围较 DNA 芯片更为广泛。

4. 纳米技术的生物应用前景广阔

生物纳米计算机是拓展生物世界的优秀手段，有关专家预测，该机将会使信息的储存和处理的能力提高上百万倍。为此，科学家已经考虑用几种生物分子制造计算机的组件，其中细菌视紫红质最具前景，该生物材料具有特异的热、光等特性和很好的稳定性，在整个光循环过程中，细菌视紫红质经历几种不同的中间体过程，随之物质结构也发生相应变化。其奇特的光学循环特性可用于储存信息，代替计算机信息处理器和信息存储器，使得信息处理能力大大提高。科学家们认为：制造微型计算机的关键在于寻找具有开关功能的微型器件，美国锡拉丘兹大学已经利用细菌视紫红质蛋白质制作出了光导“与”门，利用发光门制成蛋白质存储器。此外，他们还利用细菌视紫红质蛋白质研制模拟人脑联想能力的中心网络和联想式存储装置。由此可见,为了开拓人类的生物世界,科学家们正在努力地探讨着生物纳米计算机的关键技术。

四、化工领域中的纳米技术

1. 纳米粒子是优秀的环保材料

纳米粒子的光催化剂粒径小,比表面积大,光催化效率高;纳米粒子生成的电子、空穴在到达表面之前,大部分都不会重新结合,而能够直接到达,以至化学反应活性高。其次,纳米粒子分散在介质中具有透明性,容易运用光学手段观察界面间的电荷转移、质子转移、以及半导体能级结构与表面密度的影响等。因此,很适用于治理污染和保护环境。目前,工业上利用纳米二氧化钛-三氧化二铁作光催化剂,处理污染严重的废水(含 SO_3^{2-} 或 $Cr_2O_7^{2-}$ 体系),取得了较好的效果;用沉淀溶出法制备出的粒径约 30～60 nm 的白色球状钛酸锌粉体,比表面积大,化学活性高,用它作吸附脱硫剂,较固相烧结法制备的钛酸锌粉体效果明显提高。

2. 纳米粒子可以屏蔽和防止紫外线照射

由于纳米氧化物粒子 Fe_2O_3、TiO_2 和 ZnO 等,具有较高的导电特性,做成涂料,能起到静电屏蔽作用。此外,氧化物纳米微粒的颜色各种各样,可以通过复合控制静电屏蔽涂料的颜色。将纳米 TiO_2 粉体按一定比例加入到化妆品中,则可以有效地遮蔽紫外线。专家认为:其体系中含纳米二氧化钛 0.5～1%,即可充分屏蔽紫外线。目前,日本等国已有部分纳米二氧化钛的化妆品问世;紫外线不仅能使肉类食品自动氧化变色,还会破坏食品中的维生素和芳香化合物。如在包装材料中添加 0.1～0.5%的纳米二氧化钛,既可以防止紫外线对食品的破坏作用,还可以使食品保持新鲜。将金属纳米粒子掺杂到化纤制或纸张中,可以大大降低静电作用;利用纳米微粒构成的海绵体状

的轻烧结体,可用于气体同位素、混合稀有气体及有机化合物等的分离和浓缩;也可用于电池电极、化学成分探测器及高效率隔热板等;超微粒子还可用作导电涂料,印刷油墨和固体润滑剂等。

3. 分子"自组装"可以改变材料性能

在纳米技术的发展过程中,科学家探索用各种手段组装纳米粒子,合成块,并通过探索纳米材料的特殊性能和表征研究,挖掘出物理、化学和力学的奇特作用,进行复合材料的设计。自组装合成规则的纳米异质复合结构,是实现对材料进行裁减的有效途径。虽然人类在纳米组装、人工合成的研究方面,已经取得了许多重要成果,但纳米粒子的尺寸大小及均匀程度仍然难以控制,因此,如何合成具有特定尺寸、均匀分布、无团聚的纳米材料,一直是科研工作者努力解决的问题。目前,纳米技术深入到了对单原子的操纵,科学家们设想能够利用软化学与主客体模板化学设计出一种纳米级的模型,使纳米颗粒能在该模型内生成并稳定存在,则可以控制纳米粒子的大小并防止团聚的发生。为此,许多发达国家都投入了大量资金进行研究。

五、纳米技术打开了人类健康之门

1. 纳米技术具有实现人类健康的巨大潜力

科学家发现，生物体内的 RNA 蛋白质复合体，其线度在 15～20 nm 之间，并且生物体内的多种病毒，也是纳米粒子。10 nm 以下的粒子比血液中的红血球还要小，因而可以在血管中自由流动。根据可以将纳米粒子注入到血液中，输送到人体的各个部位，作为监测和诊断疾病手段的原理，科学家们试图利用纳米技术制造出分子机器人，在血液中循环，获取身体各部位的生命信息，进行检测、诊断，并实施特殊治疗。如：吞噬病毒，杀死癌细胞，疏通脑血管中的血栓，清除心脏动脉脂肪沉积物等。此技术一旦成熟，被视为当今疑难杂症的艾滋病、高血压、癌症、沙氏病毒、禽流感等病，都会在纳米医学的治疗中得到很好的康复，人类的健康将会从愿望变为现实。

2. 纳米技术可进行细胞分离

在医学临床上，科研人员已经成功利用纳米 SiO_2 微粒技术进行了细胞分离，在纳米尺度上掌握了生物大分子的精细结构与功能间的关系。活体细胞膜具有离子的流出通道，可以引起电流的微弱变化，运用纳米技术加工制成“生物传感器”能够非常敏感的检测出细胞的弱小电流变化，以至多目的小型诊断芯片及药物探测技术都有了较大的发展空间。利用纳米颗粒作为载体的病毒诱导物，已经用于临床实验，在治疗“癌症”和其他难以治愈的病症过程中，为了取得良好的治疗效果和减少药物对生命体的副作用，科研人员用金的纳米粒子对生命体进行定位病变治疗，杀死了病灶的癌细胞，使患“癌症”的生命体得以康复。

3. 纳米技术进入了药物领域

随着纳米生物学的发展，人们用纳米材料制成具有识别能力的纳米生物细胞，并将可以吸收癌细胞的生物医药注入人体内，可以用于定向杀死癌细胞；用纳米羟基磷酸钙为原料，可制作人的牙齿、关节等仿生

纳米材料。将药物储存在碳纳米管中，还可以利用纳米技术制成各种分子传感器和探测器，并通过一定的机制来激发药剂的释放，使药剂控制由希望变为现实。如在云母表面用纳米粒度的胶体金固定 DNA 的粒子，利用二氧化硅表面的电极做生物分子间互作用试验；探讨磷脂和脂肪酸双层平面生物膜，DNA 的精细结构等。有了纳米技术，还可用自组装方法在细胞内放入新组件使其构成新的材料、新的药物，微米粒子的细粉，大约有半数不溶于水，但如粒子为纳米尺度(即超微粒子)，则可溶于水，使生命体吸收。

六、纳米技术的未来发展

1. 纳米技术的未来

除了以上所涉及的内容以外，纳米技术还可利用碳纳米管来制作储氢材料。利用纳米颗粒的磁阻效应研制高灵敏度的磁传感器；利用纳米复合体系来制备红外隐身材料，他们的应用前景极为开阔。在不久的将来，人类利用先进的纳米技术，可制成人—机对话并具有自我复制能力的纳米电脑，它能在几秒钟内完成数十亿个操作动作。在军事方面，利

用昆虫作载体，把分子机器人植入昆虫，操纵昆虫飞向敌方收集情报，使目标丧失功能，取得战争胜利等；此外，还可以通过人体、芯片和网络的结合，用意念控制飞行器。

2. 纳米技术的市场潜力巨大。

纳米技术作为一门综合性极强的新型应用科学，有着巨大的市场需求，其发展潜力极大。为此，许多发达国家都投入大量的资金进行研究工作。如美国最早成立了纳米研究中心，日本文教科部把纳米技术，列为材料科学的四大重点研究开发项目之一。在德国，政府每年为汉堡大学和美因茨大学的纳米技术研究中心出资 6 500 万美元，支持微系统的研究。2004 年的市场调查报告显示，纳米技术的紫外线市场容量高达到 6 375 亿美元，纳米粉体、纳米复合陶瓷以及其他纳米复合材料市场容量高达到 5 457 亿美元，纳米加工技术市场容量高达到 442 亿美元，纳米材料的评价技术市场容量高达到 27.2 亿美元。并预测市场的突破口可能在信息、通讯、环境和医药等领域，结果几乎都超过了预测。可见，纳米技术对人类的贡献之大，作用之多。

3. 纳米技术是强国富民之本

21 世纪的世界市场竞争格局表明，谁拥有纳米技术，谁就拥有市场、拥有富国强民的资本。近年来，为了迅速发展国民经济，我国对纳米技术的研究予以了政策上的扶持和重视，一些有实力的高等院校和科研院所也组织科研力量，开展纳米技术的研究工作，并取得了一些的显著成绩，如中国科学技术大学的钱逸泰等完成了用催化热解法使四氯化碳和钠反应，制成纳米金刚石，以此制备出了金刚石纳米粉；中国科学院物理研究所解思深等完成了定向纳米碳管阵列的合成，制备出纳米管阵列；清华大学范守善等首次利用碳纳米管制备出直径 3～40 纳米、长度达微米量级的半导体氮化镓一维纳米。虽然我们同发达国家的先进技术相比，还有差距，但是，我国拥有的巨大市场空间和良好的纳米技术基础，加之明确的政策支持，已经构成了纳米技术快速发展的良好环境。因此，我们有理由相信，在不久将来，我国将会拥有纳米技术强势，在国强民富的轨道上奔驰。

第二节　光学透镜成像原理

光学显微镜广泛应用于各学科领域，对微观世界的探索及理论上的研究起着重要的作用，其理论基础是物理光学和几何光学。

(1) 物理光学——以波动理论探讨光的特性(如干涉、衍射等)以及光与物质相互作用(如发射和吸收现象)的科学。

(2) 几何光学——以几何方法探讨光学现象(如反射、折射等)不考虑光的波动或其他物理性质的科学。

(3) 电子光学——研究和利用电子在非均匀场中运动规律(聚焦、偏转及成像)的科学。

一、光的折射和光学透镜成像

1. 光的折射

光在均匀介质中是沿直线传播的，可是当光从一种介质传播到另一种介质时，光传播速度随介质而变，因此在两介质分界面上，光的传播方向将发生突变，这种现象叫做光的折射，即光线由一种介质通过另一种不同折射率介质时发生的偏折现象。光的折射是光学透镜成像的基础。

2. 透镜的性能

透镜是组成显微镜光学系统的最基本的光学元件，物镜、目镜及聚光镜等均由单个或多个透镜组成。透镜依外形可分为两大类：

凸透镜（亦称正透镜、会聚透镜）：中央比边缘厚，有聚焦、放大作用。当一束平行于光轴的光线通过凸透镜后相交于一点，这点称为“焦点”，通过焦点并垂直光轴的平面称为“焦点平面”。在物方空间的焦点称为“物方焦点”，该处的焦平面称为“物方焦平面”，反之，在像方空间有“像方焦点”和“像方焦平面”。

凹透镜（亦称负透镜、散发透镜）：中央比边缘薄，有发散作用。平行于光轴的光线通过凹透镜，形成散射光，在像方空间不能交于一点，它们的延长线能在物方空间相交于一点，称为“虚焦点”，通过焦点垂直光轴的平面称“虚焦点平面”。

凸透镜在物方所形成的像是光线真正的交点，称为“实像”，凹透镜所形成的像与物体在同一方，称为“虚像”。

3. 光学显微镜成像

光学显微镜是玻璃透镜的组合，第一组为会聚镜，第二组为接物镜，第三组为接目镜，通过它们的组合，可以把微小物体放大，使人眼能看见。

显微镜的基本成像系统——物镜形成物体的初始像，再用接目镜进行二级放大，把初始像放大成二级像。总的放大倍数为几个透镜放大倍率的乘积，即 $M_{总}=M_{物}\times M_{目}$，M 为放大倍数。

光学显微镜的基本成像原理就是利用物体在透镜的焦点外可得到放大的倒立实像和物体在透镜的焦点内可得到放大的正虚像的规律进行放大成像的。

二、光学显微镜的限制

普通光学显微镜可以看到 0.2 μm 以上的细节，如微小昆虫的外部形态及内部构造，细胞、细菌及生物体的细微结构，它们的分辨率在 0.2～1 μm。而细胞内的亚显微结构以及这些结构的分子排列，还有至今人类所认识的最小的生命形态——病毒等，线度在 0.002～0.1 μm 左右，光镜就无能为力了。

看不见是不是由于光镜的放大倍数不够呢？通过增加显微镜里的透镜数目，可把放大能力提高到一万倍，甚至十万倍，但还是看不清小于 0.2 μm 的各种生物结构。这并不是因为放大能力不够，而是由于光源本质的限制。因此，无论哪一个科技发达的国家，也无论光镜做得如何精巧，都不能突破这个界限。

阿贝提出的分辨率公式：$\delta = 0.61\lambda / n\sin\alpha$ 从理论上证明，如果利用波长更短的照明源，显微镜的分辨率可能进一步提高。因此，从19世纪以来，人们致力于探索比普通光源波长更短的照明源。1923年法国科学家德布罗意(L. V. deBroglie)给出高速运动的电子的波长公式($\lambda = h/mv$，λ 为电子波长，m 为电子质量，即 9.1×10^{-28} g，v 为电子速度，h 为普朗克常数，即 6.62×10^{-34} J·s)，启发了人们利用电子流作为显微镜的照明源，为电子显微镜的发明奠定了理论基础。

第三节　电子显微镜的产生和发展

1928年，柏林工科大学的克诺尔(Knoll)和年仅24岁的茹斯卡(Ruska)在研究高压阴极射线示波器时获得了放大12倍的钼格像，从而奠定了电镜的基础。1931年，茹斯卡利用由两个磁透镜组成的电子光学具座，成功地得到了铂金网格的二级放大像，放大倍数为17倍，从而证明了制造电镜的现实性和可能性，1933年，茹斯卡等成功设计了一台新的电子光学装置。到1933年底，他终于建成了一台电镜，其分辨率与最好的光镜相当，但最高放大倍数约为12 000，是光镜的6倍之多，三十年代中期，除德国以外，许多其他国家也开展了电镜的研制工作，例如马顿(Marton)在布鲁塞尔成功地观察了生物样品等。

茹斯卡在经过几年的艰苦努力后，终于在1938年成功的制造出了世界上第一台真正实用的透射电子显微镜，其分辨本领高达100 Å，比光镜提高了20倍(图1-3-1)。

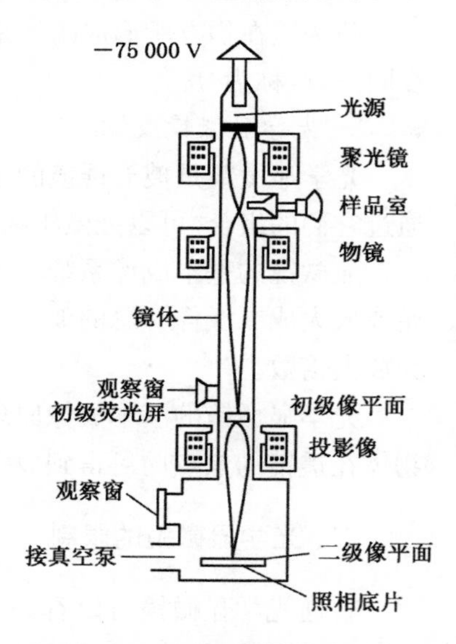

图1-3-1　透射电子显微镜简图

1939年，德国的西门子公司以这台电镜为样机，生产了世界上第一批商品电镜，约四十台，并在战后运往其他国家。从此，人类有了电镜这一先进的研究工具，跨入了超微结构研究的新领域。60多年来，电镜本身和电子显微技术有了飞跃发展，分辨率提高了近100倍，放大率提高了100多倍，80年代中期，电镜的应用形成了交叉性的学科——电子显微学；至90年代，电子显微学日趋完善，加速了电镜在自然科学中的应用和发展。同时，由扫描电镜派生出的隧道扫描电子显微镜、环境扫描电镜、原子力显微镜等以超高分辨的优势向自然学科中的各个领域渗透。尤其是原子力显微镜、近场扫描光学显微镜、磁力显微镜、分子力显微镜等，不但可以通过样品与悬臂之间的作用力(原子力)观察到样品表面的形态，还可对样品表面的光洁度、磁力、力、静电力等各种力进行测量。除此以外，人们还可以在原子力显微镜下重新排列物质的原子结构，以改变物质的生命现象。

第四节 电子显微镜的种类与特点

电子显微镜是以电子束作为“光源”，通过电磁透镜成像，并与机械、电子和高真空技术相结合而构成的综合性电子光学仪器。

早期的电镜结构较简单，真空和电器控制尚不完善，可靠性差，操作中极易出故障。经过几十年的改进和创新，电镜的性能得到了较为充分的完善和提高，而且种类也有了明显的增加，归纳起来，主要有以下几种：

一、透射电子显微镜(TEM)

是一种电子束透过样品直接放大成像的电镜，其电子束的加速电压一般为 25～120 kV(用于观察金相的电镜，其加速电压为 20～200 kV 之间)，放大倍数连续可调，样品厚通常是 500 Å 左右。

1. 特点

分辨率高，点分辨率 1.5 Å 左右，放大倍数可达 80 万倍；其视场小，一般为二维结构平面图像。

2. 制样技术

以超薄切片技术为主，此方法较为烦琐、复杂，此外还有负染技术、投影技术和复型技术等。

3. 应用范围

广泛应用于生物样品局部切片的超微结构，大分子结构以及冷冻蚀刻复型膜上的生物膜超微结构等，并具有多种分析功能。

二、扫描电子显微镜(SEM)

电子束以扫描形式轰击在样品上，产生二次电子等信息，而后再将二次电子等信息收集起来放大成像。扫描电镜图像实为间接成像，其加速电压在 1～30 kV 之间。

1. 特点

分辨率高：一般为 30 Å～60 Å，场发射式扫描电镜可达 10 Å～20 Å，放大倍数一般为 20 万倍，场发射式可达 40 万倍；放大倍数连续可调；其景深长，图像层次丰富，立体感强，为三维结构图像。

2. 制样技术

在生物样品制备中，以临界点干燥技术、冷冻干燥技术为主，此外还有蚀刻技术、组织导电技术和切片腐蚀技术等。

3. 应用范围

生物样品表面及其断面立体形貌的观察，并具有多种分析功能。

三、扫描透射电镜(STEM)

是兼有扫描电镜和透射电镜双重功能的电子显微镜，分为高分辨型和附件型两种：高分辨型是专用的扫描透射电镜，可用来直接观察单个重金属原子像；附件型是在透射电镜上装上扫描附件和信号检测器后组成的扫描透射电镜装置。

1. 特点

可同时观察样品的表面和内部结构形态；可以观察较厚的切片还可以人为调节图像的反差。

2. 制样技术

切片厚度可以相应增加，约为 1 500 Å 左右。

3. 应用范围

生物样品表面结构，断面结构，局部切面的超微结构和大分子结构等。

四、分析电镜

配有能谱仪或波谱仪的扫描电镜或透射电镜称为分析电镜。

1. 特点

除了具有扫描电镜或透射电镜的自身功能以外，还可对样品微区内的元素进行定性和定量分析。

2. 制样技术

按扫描电镜或透射电镜的常规技术处理样品，即可满足使用要求。

3. 应用范围

微区内的定位、定量和定性分析。

五、超高压电镜

为加速电压在 500 kV 以上的透射电镜，目前超高压电镜的最高加速电压为 3 000 kV，发明人为法国图鲁兹大学 G. Dupoy 教授(1962 年)。

1. 特点

分辨率高，加速电压高，穿透力强，对样品损伤小。主要用于材料学、细胞组织和细胞骨架结构的研究，还可通过叠加法对图像进行立体化处理。但造价高昂，难于普及。

2. 制样技术

对样品制备的要求相对较低，切片较厚，含水，都可满足电镜观察要求。

3. 应用范围

可广泛应用于材料科学、生物学、医学中的厚样品，含水样品和活体样品。

六、原子力显微镜(AFM)

是由扫描电镜派生出的一种新型的高分辨率电镜。它通过极细的悬臂接近样品，并检测出样品表面与悬臂之间作用力(原子力)，可以观察到样品表面形态的装置。测检信号为原子间力。

1. 特点

分辨率极高(0.1 Å)放大倍数高达150万倍。观察视野小,所需样品尺寸小,可对样品表面的光洁度和磁力、摩擦力、静电力等各种力进行测量。样品无须处理,可直接在大气环境中进行观察

2. 应用范围

细菌、蛋白质、DNA、高分子、液晶、有机分子的形貌观察和磁力、摩擦力和静电力等各种力的测定。

第五节 电子显微技术的应用与拓展

随着科学研究的深入发展和实验设备的不断改善,电镜在自然科学研究中的应用日益广泛,在以下研究领域里起到不可替代的作用。

一、农、林学领域

观察和研究植物的生长、发育和细胞分化等,以及植物受到胁迫时细胞超微结构的变化,揭示结构与功能的关系,为保护植物和农作物、林木的品种改良与增产等提供确凿的理论依据。

观察和研究木材的结构形态和性能间的关系;为鉴定树种和木材分类提供形态学资料;为研究木材结构与林木生长环境及其利用价值提供可靠依据;研究各种改性、风化、腐朽的木材,为木材改性、加工、高效综合利用和木材防腐措施提供确凿的理论依据。

二、生物医学领域

1. 细胞学

电子显微镜的发明,促进了细胞学的深入发展。超薄切片技术的出现和发展,使人类利用电镜对细胞进行了更深入的研究,观察到了过去无法看清楚的细胞超微结构,如,各种细胞器的形态、生物膜的三层结构等。

2. 病理学

生物体发生疾病都会导致细胞发生形态和功能上的改变,通过细胞超微结构观察的变化可为疾病诊断和分析提供有力依据。电镜揭开了病毒结构的奥妙,在发现和识别病毒方面起到了重要作用,如:肿瘤、SARS、艾滋病毒等,同时也为病毒的分类提供了依据。

3. 微生物

通过细胞超微结构的观察,研究微生物的超微结构形态及生存方式,对真菌、放线菌、细菌等进行分类及科属辨别等都有着重要意义,尤其对病菌的活动、孢子发芽、侵入寄主方式等研究,能获得深入进展。

电镜技术与生命科学中新兴起的技术相结合,促进了新技术的应用。例如电镜放射

自显影技术、免疫电镜技术等，为生物医学的研究提供更先进、更准确的方法。

三、地质学领域

观察、研究矿物质的形态，对不同种类的矿物质进行鉴别、分类并进一步开发功能；对不同类别矿物质的成分进行定性定量分析，为勘探、开采、冶炼、提取制定工艺标准，提高不可再生自然资源的有效利用率；通过观察、研究地层不同区域的动态变异，为保护地质资源和人类的生存环境提供确凿的理论依据。

四、新金属材料学领域

观察和研究现代高性能金属材料微细结构控制和成形。为生产镁、铝、钛等轻质合金以及具有优异性能的钢铁制品、金属基增强材料等，建立以高性能、低成本为特征的材料群，突破高性能特种钢，镁铝合金材料等重大产品的规模化制备提供确凿的理论依据。

五、光电子材料学研究

观察和分析光学功能材料、激光材料、发光材料、光电信息传输材料（主要是光导纤维）、光电存储材料、光电转换材料、光电显示材料和光电集成材料、敏感材料等的结构及其状态与性能间的关系，以提高科技开发水平和应用能力，为原始创新提供理论概念与设计。促进芯片、模块和组件的产业化，研究开发新型有机半导体材料及其在光显示等领域的应用。

六、纳米科技研究

观察和研究化工、电子、环保、医药产品、金属氧化物、稀土、多晶硅、石墨烯等各种具有良好表面特征的纳米粉体、纳米催化剂、纳米磁性材料和纳米药物等的形态和功能，为进行材料设计与开发功能提供确凿的理论依据，尤其是纳米碳管的发现引发了纳米材料研究的高潮。

此外，电镜还成为天文地理、考古、公安、外贸等领域中有效的武器，不断发挥着重要的作用。

七、生物学中的拓展

近些年，电镜在生物学中的应用得到显著的拓展，发展迅速。目前已在植物保护，良种繁育，动、植物品种鉴定、性状鉴别，成分分析，土壤改进，纸浆改性，木材，空气治理，环境保护等多方面的科研中取得了显著成绩。因此，电镜深入到生物学的方方面面，以下简单举例说明。

1. 植物学

（1）应用电镜观察植物组织的超微结构，探讨其生长和发育机理，揭示植物结构与功能的关系，为改善植物功能和提高植物产量提供理论依据。

（2）观察植物器官在生长过程中的变异，为提高栽培技术提供依据。

（3）观察植物的花粉、果皮、种皮、叶子表皮等结构的特征，为孢粉学、植物分类学等提供科学依据。

2. 昆虫学

（1）通过观察昆虫的器官和组织，从而加深理解它们在生理机能上的作用，为探索各种生命现象和生活规律提供依据，并为防治和消灭虫害，提供理论依据。

（2）用 SEM 电镜观察昆虫的微观特征，对昆虫分类学，昆虫生物学及虫害的预测、预报等提供重要依据。

3. 微生物学

（1）观察研究细菌、支原体等微生物的超微结构形态，研究病毒的结构和生长发育，也为新病毒、类病毒的发现和辨别提供科研手段。

（2）研究真菌、放线菌、细菌等的结构形态，对其分类，判别科属和判断病源等都有着重要意义，尤其对病菌的活动、孢子发芽、侵入寄主的方式等，能获得进一步结果。

4. 病理学

对动物、植物、昆虫的细胞组织和器官的生理结构和病变形态进行研究，可为防治提供科学依据，其中电镜放射自显影技术和免疫电镜技术应用较多。

5. 木材学

（1）应用 SEM 进行木材超微结构的研究，可为树种鉴定、木材分类等提供依据，并为研究木材构造与林木生长环境与其利用价值提供依据。

（2）应用 SEM 对木材的改性、风化、腐朽的特性进行研究，可为木材的加工和综合利用提供新依据。

（3）应用 TEM 进行木材的进一步分类，为改进加工工艺，改变生长环境提供理论依据。

6. 制浆造纸

（1）应用 SEM 电镜对造纸原料的超微结构变化进行研究，应用 TEM 对纸浆填料的粒径大小和分散程度进行研究，为制定理想的制浆方法和探索合理的工艺条件提供理论依据。

（2）利用 X 射线显微分析技术对造纸用的胶料、填料、颜料和纸张进行分析和研究，为正确的选择原料和设计工艺提供依据。

7. 天然色素

观察天然色素的超微结构形态，对质量和种类进行准确的判别；在萃取过程中跟踪检测，可为制定色素生产工艺提供理论依据。

8. 土壤学

（1）应用电镜对土壤的组成和分类进行研究，对土壤中的有毒物质进行判断，探讨土壤成分对植物生长发育过程的影响，减少污染，防止土壤中的营养成分和水土流失，改善土壤环境。

（2）应用 X 射线显微分析技术判断植物体内微量元素的分布，施肥和生长之间的关系。

9. 环境保护

通过对动、植物器官、组织、细胞超微结构的观察，了解环境的污染情况以及污染物对生物体形成的影响机制，为保护人类的生存空间提供理论依据。

第二章　电镜的基本概念

在了解电镜的基本原理、结构和使用之前，必须掌握与电镜有关的基本概念。

第一节　计量单位

光学显微镜的计量单位为微米，以 μm(micrometer)来表示，为 1 mm 的千分之一。由于电镜的分辨率和放大倍数更高，可见到细胞、病毒等超微结构，因此所需要的计量单位更小，常用的长度单位为纳米(毫微米)，以 nm(nanometer)表示，为 1 mm 的 100 万分之一。电镜的另一长度单位为埃(分毫微米)以 Å 表示，为 1 mm 的 1 000 万分之一。如红细胞的直径为 5～7 μm；人体细胞膜的厚度为 7～10 nm；微绒毛的直径约为 100 nm；纤毛的直径为 400 nm 左右等等。

电镜长度计量单位的换算关系为：

1 mm(毫米)＝1 000 μm(微米)

1 μm(微米)＝1 000 nm(毫微米)

1 nm(纳米)＝10 Å(埃，分毫微米)

1 Å(埃)＝105 fm(费米)

1 fm(费米)＝10^{-5} Å(埃)

第二节　分　辨　率

分辨率又称为分辨力和分辨本领。它表示仪器的分辨能力足以清楚地分开两个小点间的最小距离。这距离指两个质点圆心间的最小距离。人眼的分辨率为 0.2 mm，指当两点间的距离小于 0.2 mm 时，人眼就不能清楚地看成两个点了。光学显微镜的分辨本领约为 0.2 μm，即光镜能够分辨出的两个小点之间的最小距离为 0.2 μm。

一、分辨率的计算

1874 年，德国的阿贝(E. Abbe)提出分辨率的计算公式，又称之为 abbe 公式，表示为：

$$\delta = \frac{0.61\lambda}{n\sin\alpha}$$

式中：δ—分辨率；

λ——照明波长；

n——镜头的折射率；

α——物体与物镜间所成夹角（孔径角）的 1/2。

此公式表明，要提高分辨率必须做到两点：① 减小照明波长 λ；② 采用尽可能大的孔径角。

光镜 α 的最大值为 90°，则 $\sin\alpha=1$，镜头的 n=1.4～1.6，照明源波长 $\lambda=500$ nm，代入 Abbe 公式中，光镜的分辨率则为：

$$\delta=\frac{0.61\times 500\ \text{nm}}{1.6\times 1}\approx 200\ \text{nm}=0.2\ \mu\text{m}$$

光镜的分辨力约等于光源波长的一半。

二、与分辨率有关的基本概念

(1) 埃利(Airy)斑：物质成像时，每一物点都有一个对应的像点，由于光的衍射，这个点不是一个几何点，而是一个中心较亮，周围明暗相交的环形斑，中心较亮之处即称之为埃利斑（如图 2-2-1(a)）。

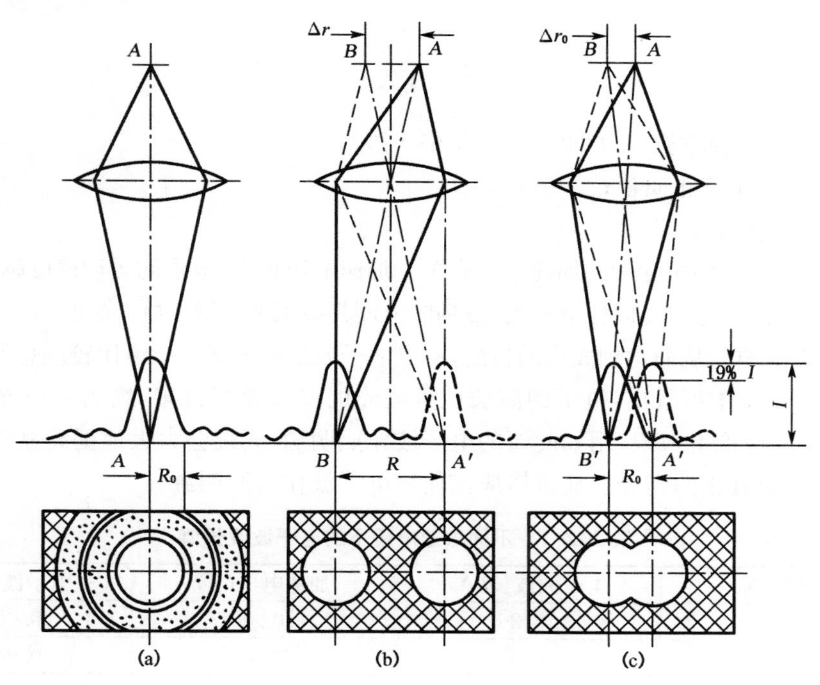

图 2-2-1　透镜像点分布示意图

(a) 物点的埃利斑像及其光强分布。其中 A 为物点，R_0 为埃利斑半径。
(b) 相距较远的两埃利斑像。其中 A、B 为两物点，Δr 为两物点间距离。
(c) 能分辨两物点间的最小距离，两物点间的距离等于埃利斑半径，定义为分辨率。其中 A、B 为两物点，Δr_0 为两物点距离，R_0 为埃利斑半径，即 $R_0=\Delta r$。

(2) 瑞利(Lord Rayleigh)准则:是分辨两个埃利斑的依据。指样品上相应的两个物点间的距离等于埃利斑半径时为透镜能分辨的最小距离,从理论上即定义为透镜的分辨率(图 2-2-1(c))。图中 19%为两中央峰叠加强度与中央峰最大强度之比值,在此范围内,肉眼仍能分辨两个物点的像。

三、照明源的波长性质

要提高透镜的分辨率,关键是要使用波长短的照明源。因此需要从小于光波长的照明源中进行选择。

(1) 紫外线的波长为 130 Å～3 900 Å,小于光波长。但大多数样品物质都强烈的吸收短波紫外线,因此可供照明使用的紫外线仅限于 2 000 Å～2 500 Å 的范围之内。因此用石英玻璃聚焦成像制造出的紫外线显微镜,分辨率只比光学显微镜提高一倍。显然采用紫外光不是提高分辨率的有效途径。

(2) X 射线波长很短,为 0.5 Å～100 Å,如用它作照明源,分辨率会显著提高,但 X 射线通过物体时不能折射成像,只能通过投影方式成像,因而分辨力和放大倍数都受到极大的限制。目前,还无法制造出能使 X 射线汇聚的透镜,因此,X 射线不是理想的高分辨设备照明源。

(3) 电子波长很短,其波长取决于电子的速度。

即:

$$\lambda = \frac{h}{m \cdot v}$$

式中: h——普朗克常数(6.624×10^{-27}尔格·秒);

m——电子静止质量;

v——电子运动速度。

电子速度和它们所受到的加速电压有关。加速电压越高,电子的运动速度越快,电子的波长则越短。由于电子可以凭借电场、磁场的力使其会聚或发散,就像光波可以凭借玻璃透镜的折射作用一样,从而达到成像的目的,所以电子波是高分辨显微镜比较理想的照明源。

从表 2-2-1 中可看出,电子的波长比可见光的波长要短得多,约为可见光波长的十万分之一。从理论上来说,用如此短的电子波作照明源,无疑会大大地提高显微镜的分辨本领,也就是说真正的高分辨显微镜应该使用电子波作为照明源。

表 2-2-1 不同加速电压下的电子波波长值

加速电压(V)	电子波波长(Å)	加速电压(V)	电子波长(Å)
1	12.26	50 000	0.053 6
10	3.88	60 000	0.048 7
100	1.23	70 000	0.044 9
1 000	0.388	80 000	0.041 8
10 000	0.122	100 k	0.037 0
30 000	0.069 8	200 k	0.025 1
40 000	0.060 1	1 000 k	0.006 87

第三节　放大倍数

放大倍数指通过仪器把物体的像放大至人眼可辨认的程度，即人眼分辨率和仪器分辨率的比值：

$$M_{有效} = \frac{\delta_{人眼}}{\delta_{仪器}}$$

如光镜的 δ 为 0.2 μm，表明只能帮助我们看清 0.2 μm 左右的物体细节，这比肉眼能够观察 0.1 mm 的物体来说分辨率是有了提高：

$$M_{有效} = \frac{0.1\ \text{mm}}{0.2\ \mu} = 500\times$$

由上式算出的放大倍数，称之为“有效放大倍数”。超过此界限，得到的只会是空虚模糊的图像，人眼也无法看清其细节，毫无价值可言，称之为“空放大”。

一台显微镜要求其放大倍数与其分辨本领相适应。分辨率确定后，有效放大倍数也就随之而定。因此，在评价一台显微镜时，通常把分辨率列为主要指标，其次才是放大倍数。

第四节　电镜的照明源

电镜的照明源来自于电镜顶部的电子枪，是决定电镜性能的主要因素之一，电子枪由阴极、栅极和阳极组成，在高真空的镜筒内好像三极电子管，阴极是钨丝做成的灯丝，被加热至 2 227 ℃以上时即可发射出大量电子，这些电子在高真空环境下，受数万伏加速电压的作用，形成电子束，向下发射，就形成了电镜照明源。

第五节　电子透镜

电子透镜是电镜的重要部件，分为两种，即静电透镜和磁透镜。

利用电场做成的透镜被称之为“静电透镜”；利用磁场做成的透镜则被称之为“磁透镜”。在电镜中，除了发射电子的电子枪是静电透镜外，其余的透镜都是磁透镜。

电子透镜由线圈，铁壳（高导磁材料）和极靴组成，通电后形成磁场。这样的磁场相当于光镜的双凸透镜。可以使通过的电子束发生偏转，并把电子束会聚起来（图 2-5-1）。

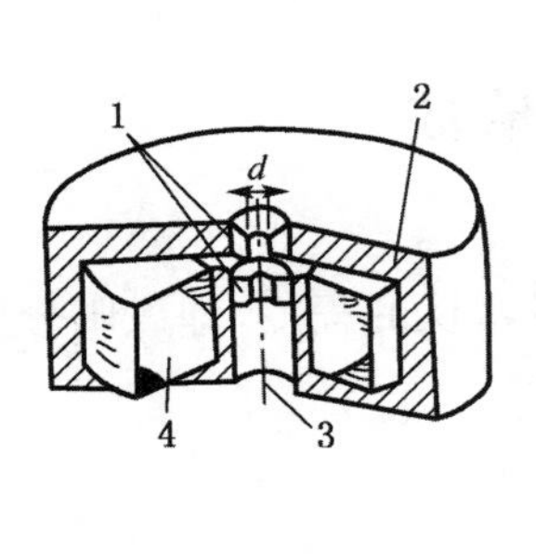

(a) 结构图

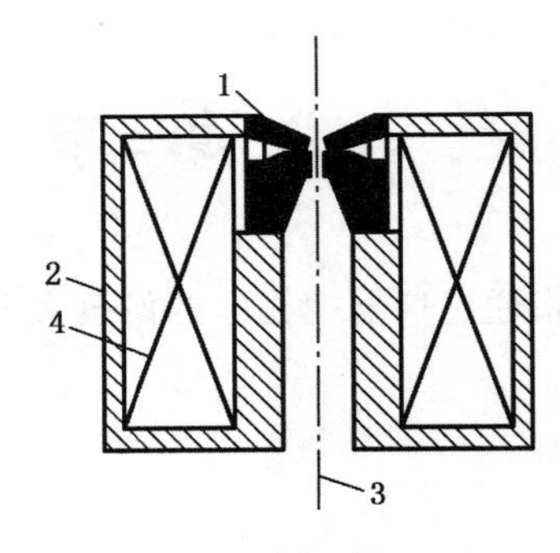

(b) 剖面图

图 2-5-1 磁透镜

1. 极靴 2. 铁壳 3. 对称轴 4. 线圈

磁场的强度、线圈数 N 和通过导线的电流 I 成正比，即 I、N 越大，磁场越强，反之，则越弱。磁场越强越集中，就越能将电子束在较短的距离内会聚起来，这就形成短焦距透镜，又称之为强磁透镜。磁场越弱越分散，电子束就在较长的距离处会聚，这就形成长焦距透镜，称之为弱磁透镜。

第六节 像 差

电镜和光镜一样，由于照明源和透镜的缺陷，会发生各种像差，在光镜中可以利用玻璃透镜的折射进行不同形式的组合去消除或减小像差，但在电磁透镜中存在的球面差和色差，是很难通过发散和会聚方式消除的，这就成了影响成像质量的主要因素。因此无论是电镜的制造者还是使用者，都必须对像差引起重视。在电镜中像差主要可分为如下四种：

一、球面像差

从物点发出的射线，离光轴远的折射能力强，在光轴上会聚的距离近；离光轴近的折射能力差，在光轴上会聚的距离远，使得射线无法在光轴上会聚于同一焦点，形成了一个小的散焦斑，即称之为球面像差(图 2-6-1(a))，在图像中主要表现在中央和边缘不一致以及放大倍率上差异。透射电镜，观察时间过长，有时会出现凸感，即为球面像差现象。它是电磁透镜的几何缺陷造成的，今天的技术还无法将之消除，但可以使像差保持在一个很小值内，具体解决办法是尽可能使用小孔径的光阑，或通过辅助装置，使孔径减小，远轴区电子的距离也随之减小，那么形成的散焦斑就小。近年来，电子显微镜的进步显著，最为突出的是球差校正技术的开发。特殊的球差校正构造结合了 TEM 的透射和成像功能，实现了即便加速电压值 200 kV 也无法实现的 0.1 nm 的分辨率，使单个原子等级上的位置锁定和元素识别成为可能。

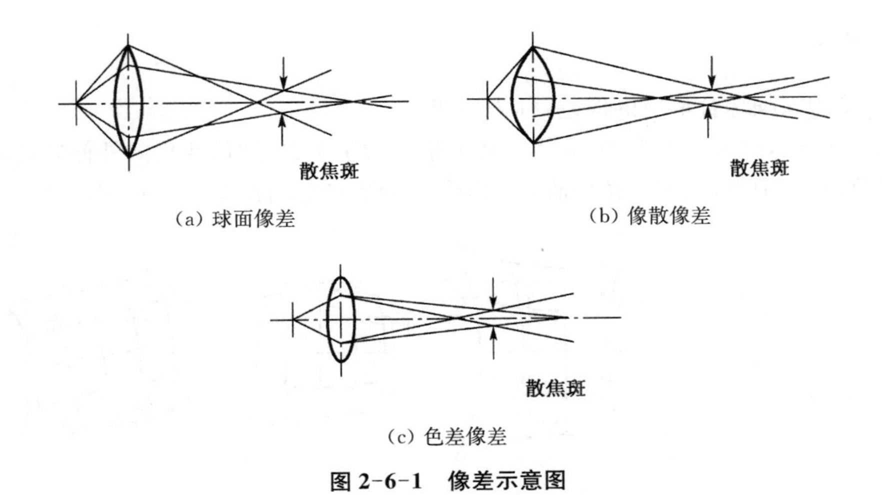

(a) 球面像差　(b) 像散像差

(c) 色差像差

图 2-6-1　像差示意图

二、像散像差

由于透镜极靴的各向磁导率差异、极靴与光阑的加工精度不高以及污染等都会造成透镜磁场的非旋转对称，以至电子束的折射也不对称，即射线通过磁场后不能聚焦成一点而形成散焦斑，称之为像散像差(图 2-6-1(b))。

像散像差有方向性，往往造成图像朝一个方向上偏斜，它在电镜中出现的频率最高。消除像散的方法主要是:(1) 在制造透镜的过程中使用高导磁且结构均匀的材料;(2) 提高加工精度和工艺水平;(3) 保持镜筒的高真空度并且定期清洗镜筒，尤其是清洗物镜光阑;(4) 使用消像散器加以校正。做到以上四点，即可获得最好的图像效果(在样品制备优良的基础上)。

消像散器有机械式、电磁式和静电式三种，其中电磁式为最常用(图 2-6-2)，它是用一个焦距和方向合适的小圆柱透镜产生一个小的可变化的反向磁场来抵消电子束在某个方向上的散焦，使两个失焦的平面重合。

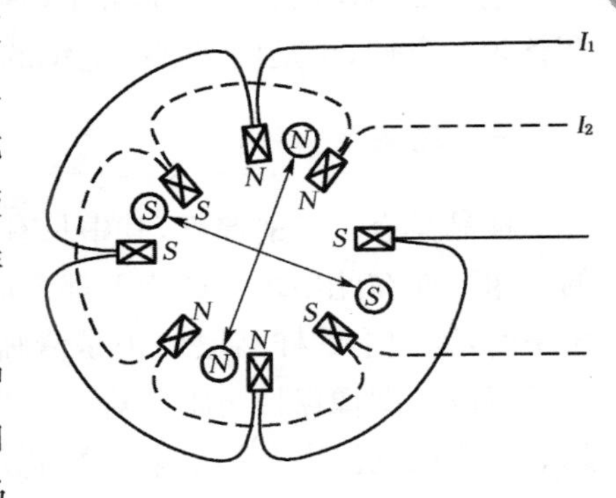

图 2-6-2　消像散器原理示意图

三、色差像差

不同颜色的光有不同的波长，当这些光线通过光学透镜时，将在不同的点上聚焦，产生一个多色模糊圆斑，这种现象称为色差像差(图 2-6-1(c))。电子透镜的光源是电子束，其波长随加速电压变动，加速电压稳定时，电子束波长一致性较强，当加速电压不稳定时，电子束波长的一致性就很差，因而就产生和光镜类似的像差，也称之为色差。

色差对图像的稳定性和成像质量都有着较大影响，因此必须在尽可能的范围之内，保证电源、尤其是激磁电流和加速电压的稳定性。否则图像质量就差。

四、畸变

各透镜的缺陷综合形成的像差，称为畸变。

如图 2-6-3，以方形图形为例，周边放大倍数大于中央，图像四角向外伸展是枕状；周边放大倍数小于中央，图像四角内收，呈桶形；各透镜的综合缺陷叠加呈扭曲形。

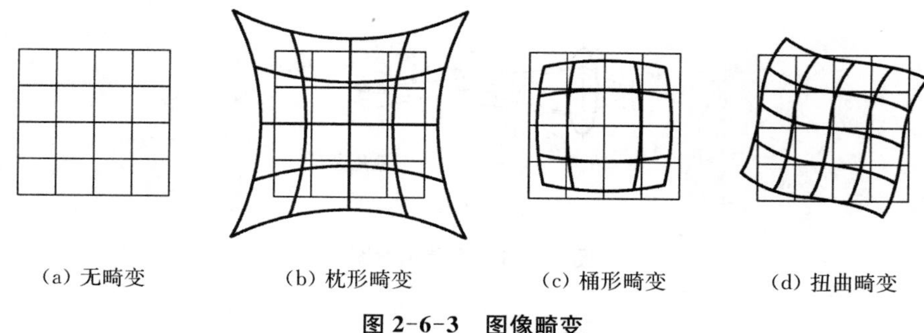

图 2-6-3 图像畸变

第七节 电磁透镜的场深和焦深

电子磁透镜的孔径角非常小，具有场深（景深）大，焦深长的特点，这样的电镜操作和调整较为方便，也是用户选择电镜的重要指标。

一、场深

样品具有一定的厚度，其中只有一层与透镜的物面相符合，处于正焦位置，产生清晰的图像。而在此层之上或之下都会造成不同的失焦，若失焦所造成的误差不超过透镜分辨率时，物面上的样品层像仍是清晰的，这个范围即为场深。试样在场深范围内沿镜轴上、下移动，图像保持清晰。对于扫描电镜来讲，场深越大，图像的立体感越强，成像质量越好。所以场深大是扫描电镜的最大特点。场深的计算公式：

$$D_{\mathrm{f}} = \frac{2\delta}{\alpha}$$

式中：D_{f}——场深；

δ——分辨率；

α——孔径半角。

上式表明要加大场深必须做到两点：(1) 提高分辨率；(2) 减小孔径半角。

二、焦深

当透镜焦距和物距一定时，像平面在一定的轴向距离内平移，也会引起失焦，如果失焦斑尺寸不超过透镜衍射和像差引起的散焦斑，则像平面在一定的轴向距离内移动，不影响透镜像的分辨率，这个像平面允许的轴向偏差为透镜的焦深。

像平面在焦深范围内移动，图像仍保持清晰。对于透射电镜来说，焦深大是获得清晰图像的重要保证。所以焦深大是透射电镜的最大特点。焦深的计算公式：

$$D_s = M^2 \cdot D_f$$

式中：D_s——焦深；

M——放大倍数；

D_f——场深。

透射电镜成像系统的总放大倍数是所有透镜放大倍数之乘积，因此焦深很大，以至于我们在透射电镜中把记录系统（底片）放在下方，或者移动荧光屏的上下位置都可以得到清晰的图像。

第八节　电子束和样品的相互作用

电子束在加速电压的作用下，以极高的速度投射到样品上，高速电子与样品中的原子及核外电子碰撞，发生弹性散射和非弹性散射作用，并产生带有各种样品信息的信号。根据不同的研究目的，可利用这些信号形成不同的图像。图 2-8-1 为电子束照射样品后产生的电子信息。

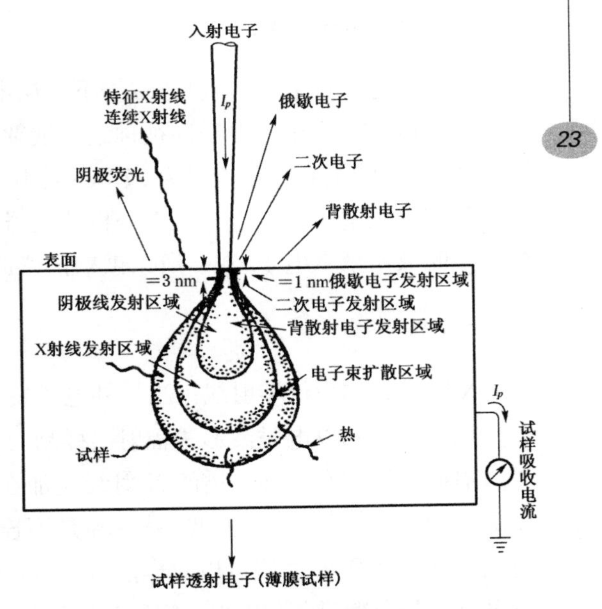

图 2-8-1　电子束与样品作用后产生的电子信息

一、透射电子(TE)

当样品做得比较薄时（500 Å 左右），入射电子就可以穿透样品，即称之为透射电子。穿透力的大小与加速电压成正比。当加速电压为 25～120 kV 时，透射电子像的分辨率较高，可达 2 Å，其透射电子的能量极小，仅能穿透 500 Å 的超薄切片和复型膜，只有当加速电压达到 300 kV 以上时，透射电子才能穿透较厚的样品。

扫描透射电子亦属透射电子，但分辨率比透射电子低，可以用于观察厚一些的样品，对样品的污染和损伤较少，图像反差较好。

二、二次电子(SE)

样品原子的核外电子受入射电子（一次电子）的激发后，逸出样品表面，即称之为二次电子。

二次电子的分辨率可达 5 Å，是扫描电镜的主要成像信号，具有景深长、立体感强的特点，产生于样品表面 500 Å 的深度内，但由于样品的吸收作用，只可能在深度 100 Å 之内逸出。

二次电子的能量在 0～30 eV 之间，产额率是决定图像质量的主要因素，二次电子的数量越多，亮度越大，图像质量越好。

三、背散射电子(BE)——反射电子

入射电子与样品成分发生碰撞之后，被反射回来，即称之为背散射电子，又可称之为反射电子。该电子能量较高，呈直线进入检测器，有明显的阴影效应。由于该电子从样品深处被反射出来，它在样品内部已经进行了扩展，范围比入射电子直径大得多，所以分辨率也比二次电子低得多。

背散射电子的产额率随原子序数的增大而增多，该电子适用于显示样品内元素分布状态和表面形态。

四、俄歇电子(AE)

当样品电子被轰击后逸出样品，下一层电子即发生跃迁，并将能量传递给同层的另一电子，使其逸出，逸出的电子即被称之为俄歇电子，每种元素各能级间的俄歇电子能量都是常数，如碳的俄歇电子能量为 273 eV，因此可利用检测俄歇电子来进行元素分析。

利用俄歇电子信号进行元素分析的仪器的叫做俄歇电子谱仪。由于轻元素($Z<30$)受激发时放出俄歇电子较多，所以俄歇谱仪适用于超轻元素分析。

五、X 射线

X 射线又称为伦琴射线。当核外电子发生跃迁时，有些能量以俄歇电子形式释放，而另一部分能量则以电磁波形式辐射出样品，其波长在 0.1～100 Å 之间。

辐射时往往有两种线谱的 X 射线迭加在一起，一种是连续的从某一短波(由加速电压决定)开始一直伸展至长波；另一种是不连续的，只有几条特殊的谱线，称之为特征 X 射线。利用特征 X 射线可以对样品进行定性或定量分析。用于分析的仪器主要有两种，一种是波长分散谱仪(WDS)，简称为波谱仪，另一种则是能量分散谱仪(EDS)，简称为能谱仪。

六、吸收电流

既不能穿透样品，又没有转换成其它发射形式的电流。入射电子与样品作用后，有一部分能量消耗殆尽之后便被样品吸收，即被称为吸收电子。当吸收电子被收集并经处理后，显示出的图像就是吸收电流像。吸收电子的产量与二次电子或者背散射电子相反，所以吸收电子像反差柔和，无阴影效果。

七、阴极荧光

某些物质，如硫化锌晶体，荧光粉等，受到电子轰击后，会被激发出具有一定波长和强度的荧光，经收集、检测、放大、分析并显示其图像，可用来研究该物质的发光域、成分、含量和结构等。

八、质量厚度

质量厚度＝厚度×密度，它表示入射电子通过样品后产生的散射电子与样品的厚度、密度成正比关系，样品的厚度和密度大，与入射电子碰撞的机会就多，产生的散射电子也多，因此，质量厚度是衡量散射电子量的重要指标。

第三章　透射式电子显微镜

透射式电子显微镜(Transmission Electron Microscope,TEM)(图 3-1)是通过穿过样品的电子进行成像的放大设备。电子束穿过样品以后,带有样品信息,再将这些信息进行处理和放大,便可在荧光屏上显示出物质的超微结构形态,它的分辨率高达 1 Å,放大倍率在几百倍到 80 万倍间连续可调,主要应用于观察物质内部的超微结构,成分分析及粒径测定等。

(a) 钨灯丝透射电镜(JEM1400)

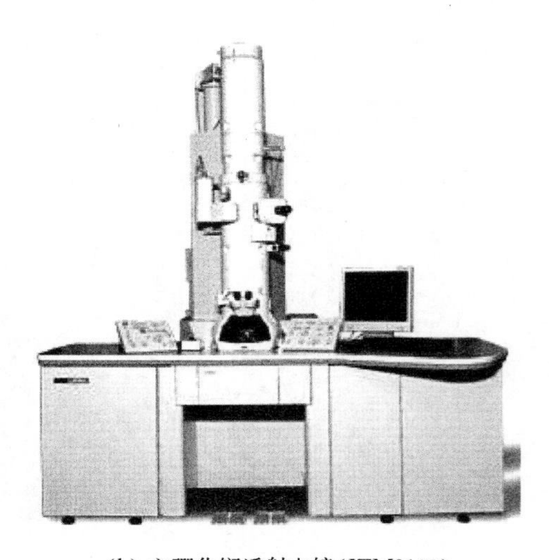

(b) 六硼化镧透射电镜(JEM2100)

图 3-1　透射电子显微镜

第一节　概　　述

由于透射电镜的精度高,直观性强,所以对电源稳定度,加工精度和真空等方面均有较高的要求,因此,结构较复杂,它主要由电子光学系统、真空系统、控制系统和电源系统四部分组成。

一、透射电镜的部件排列

呈直立圆筒式,顶部是电子枪,接着是聚光镜,样品室,物镜,中间镜和投影镜,最下部分是荧光屏和照相装置,利于固定,密封和观察(图 3-1-1)。

二、透射电镜的工作方式

用电子枪发射出的电子束做照明源，电子束需在加速电压作用下高速穿过阳极孔，被聚光镜会聚成很细的电子束，穿透样品。由于电子穿透能力很弱，样品要求做得很薄（500～1 000 Å）穿透过样品的电子束强度取决于样品微区的厚度和结构的差别。经过物镜聚焦放大在其像面上形成一幅反映样品微观特征的高分辨透射电子像，然后再经中间镜和投影镜进一步放大成像投射到荧光屏上，使透射电子的强度分布转换为人眼直接可见的光强度分布，并进行摄像记录。从而得到一幅具有一定衬度的放大图像。对于性能较好的透射电镜，为了确保电子枪电极间绝缘，减小污染，镜筒内必须保持高真空，一般要求优于 10^{-6} 托。

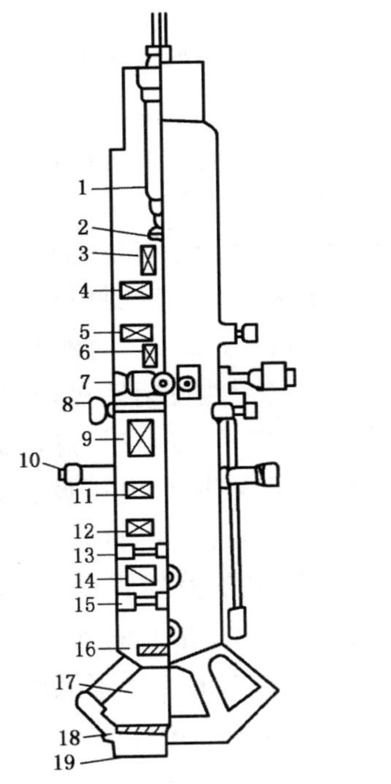

图 3-1-1　透射显微镜剖面图

1. 电子枪　2. 阳极　3. 偏转线圈　4. 第一聚光镜　5. 第二聚光镜　6. 偏转系统　7. 试样室　8. 试样台　9. 物镜　10. 第二试样室　11. 中间镜　12. 第一投影镜　13. 第一衍射试样室　14. 第二投影镜　15. 第二衍射室　16. 辅助观察屏　17. 观察室　18. 观察屏　19. 照相装置

第二节　电子光学系统

电子光学系统即成像系统。全部置于镜筒之内，是透射电镜的主体。由照明系统、样品室、成像放大系统和观察系统四部分组成。

一、照明系统

照明系统由电子枪和聚光镜组成，电子枪的作用是提供一个稳定度高、强度大、束斑小的电子束。而聚光镜的作用则是提高照明效率，把来自电子枪的电子束会聚于样品上。

1. 电子枪

是透射电镜的电子发射源，也是成像系统的照明源，对电镜的分辨本领起着重要作用，因此必须满足如下要求：(1) 足够的电子发射强度；(2) 束斑要小；(3) 束流大小可以根据样品的需要进行调节；(4) 高稳定度的加速电压。

电子枪的灯丝，有两种，即热阴极和冷阴极，热阴极是预先通上电流加热灯丝，使灯丝尖端的电子蒸发，形成束流。冷阴极是利用真空中残存气体的电离作用产生电子，电镜多数用热阴极灯丝，在工作环境和温度正常情况下，寿命 50 小时左右，所以在使用中要特别小心，换灯丝时，要在显微镜下仔细对中和根据说明书参数调准灯丝尖端和栅极孔圆心间的距离。

电子枪由阴极，栅极和阳极组成（图 3-2-1）。阴极：是 V 形灯丝，它们的亮度和寿命都比普通灯丝高得多，灯丝的两端焊接在穿过绝缘材料制成的圆盘支架上，如图 3-2-2。这种 V 形灯丝又称之为发叉形热发射阴极，当灯丝通电加热到 2 227 ℃以上时，灯丝尖端开始发射热电子，在阳极电压吸引下产生极高的速度，形成很细的电子束流。栅极：用于控制电子发射强度，根据样品需要，使用较小的电子束流，就调大栅极电压，使用较大的电子束流就调小栅极电压，电子源的亮度随束流变化，又与阴极发射的电流密度平方成正比，即灯丝的亮度大，阴极蒸发的电子速度也加快，必然会使灯丝的寿命缩短，因此，在实际操作中必须做到以下三点：

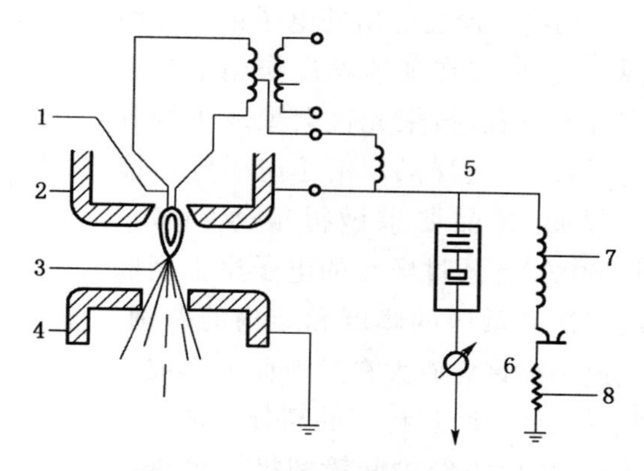

图 3-2-1　电子枪电路示意图

1. 灯丝　2. 栅极　3. 交叉点　4. 阳极　5. 偏压可调电阻
6. 束流表　7. 高压分压电阻　8. 高压变动检测电阻

（1）根据电镜要求将灯丝调整到最佳高度或允许的范围之内。调近灯丝尖与栅极孔圆心间的距离意味着减小栅极电压，束流可相应加大，反之束流则减小。

（2）将束流强度控制在饱和点之内。当电子束流达到饱和点后，即使再增加灯丝加热电流，束流也不会再增加，荧光屏上的亮度也不会再增加，但由于灯丝的电子发射量加大，会使灯丝寿命大大减短。

（3）根据样品需要合理地调节电子束流强度。对于一些分辨率不高的样品，可使用较低的束流，以延长灯丝寿命。

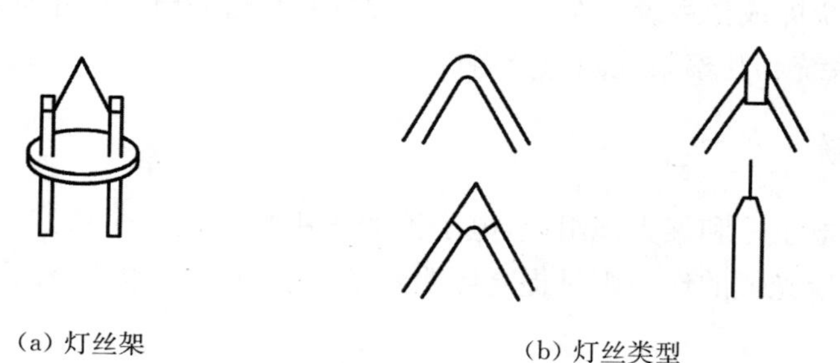

(a) 灯丝架　　(b) 灯丝类型

图 3-2-2　灯丝组件示意图

2. 聚光镜

是将电子枪发射出的电子束会聚于样品之上，提高其照明效率，同时起到控制照明强度和孔径角的作用。它由电磁透镜、光阑、和消像散器三部分组成。聚光镜有单聚光镜和双聚光镜二种：单聚光镜用于普通电镜，双聚光镜用于高性能电镜（图 3-2-3）。

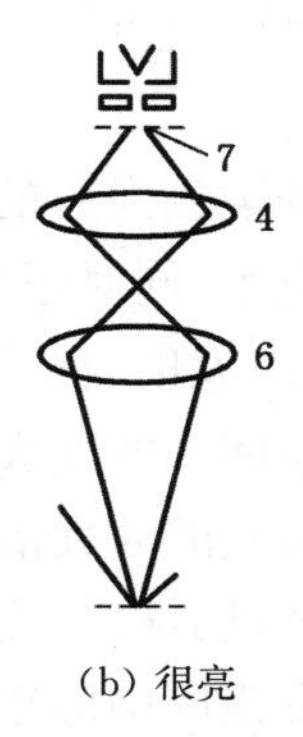

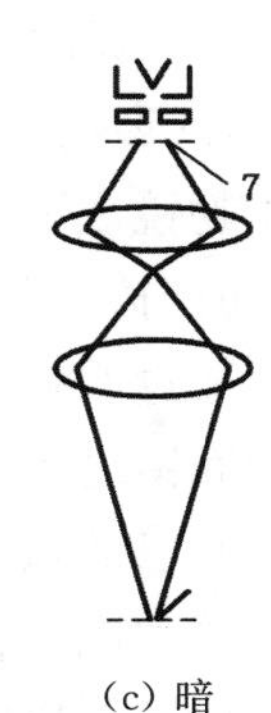

(a) 亮　　(b) 很亮　　(c) 暗

图 3-2-3　聚光镜

(a) 单聚光镜　(b)和(c) 双聚光镜

1. 电子枪　2. 阳极　3. 交叉点平面　4. 聚光镜　5. 第一聚光镜　6. 第二聚光镜　7. 束斑

单聚光镜的工作原理：磁透镜放大倍数 $M=1$ 左右，因此光斑直径在样品聚焦时与电子光源一致，约 30～50 μm 之间，如再放大几十倍，照明束斑就充满了整个荧光屏，面积增大，电子密度则会降低，束斑亮度也随之减弱，影响观察效果，要增加亮度就要增加电流强度，这样又会加重电子束对样品的轰击，引起样品的热效应，导致样品开裂，同时也会减短灯丝的使用寿命。

特点：① 照明效率较低；② 样品易产生热效应；③ 灯丝寿命较短；④ 镜筒易污染。

双聚光镜的工作原理：由两级磁透镜，光阑和消像散器组成，第一级聚光镜是强磁透镜（短焦距）可使束斑缩小到 1 μm 左右，再由第二级弱磁透镜进行放大，聚焦到样品上，得到 2～3 μm 的束斑，通过改变第一聚光镜电流控制成像系统

的放大倍数而且只照射在样品上，第一聚光镜离电源较近，接受电子较多，随聚光强度增加，照明效率和总亮度有很大提高，用第二级聚光镜聚焦。在保持第二聚光镜光栏不变时，样品上不会产生更高的电子密度，这种双聚镜只在很高倍时光斑较暗，需提高电子束流来弥补。

特点：① 照明效率高；② 灯丝寿命长；③ 镜筒污染少；④ 样品稳定性好。

二、成像系统

1. 样品室

位于聚光镜之下，物镜之上，可承载并移动 3 mm 的铜网。通过移动载有铜网的样品杆，将样品随意的取出和放进。主要结构为：样品台、样品移动控制杆、冷阱及样品转换装置。样品室的必备条件是：① 更换样品机构灵活；② 必须配有气锁装置。以防止镜筒内腔，尤其是电子枪阴极附近侵入空气。更换样品时，镜筒必须保持真空状态。

2. 物镜

物镜位于样品室之下，直接放大样品中的细微结构，它的任何缺陷都会被下面的其他透镜放大，导致终像严重失真。是电镜的最关键部件，一般放大 50 倍。物镜中的关键部件是极靴，以至对极靴的材料纯度，导磁均匀度，加工精度和清洁度都要求很高。物镜的

正常工作条件是:① 提供极为稳定的激磁电流;② 良好的真空状态。

3. 中间镜和投影镜

中间镜位于物镜之下,作用是将物镜放大后的像进一步放大,中间镜是弱磁透镜,配有活动光阑,以便挡掉一部分远轴区电子,同时还配有固定光阑,以增加反差。它的放大倍数约 20 左右,通过调整可控制总的放大倍数。

投影镜在中间镜之下,作用是将中间镜的放大像进一步放大,形成最终成像,它是强磁透镜,配有光阑,以消除远轴区电子,它的放大倍数为 100 左右。

在使用中需放大成像时,可改变物镜激磁强度,使物镜成像于中间镜之下,中间镜将对物镜缩小的图像射至投影镜上,投影镜以中间镜为物,成像于荧光屏或记录系统,结果获得几千至几万倍的电子像,

需低放大倍数成像时,可减小透镜数目和放大倍数,如关闭物镜,减弱中间镜激磁强度,投影镜以中间镜像为物,成像可获得 100～400 倍,可为选择区域提供方便。

需高放大成像时,第一中间镜用于中放大倍数成像,第二中间镜用于高放大倍数成像。第一、第二中间镜同时使用时可获得很宽的变倍范围。

三、观察与记录系统

镜筒末端为观察室及记录装置,用于结构观察和图像记录,带有样品信息的电子在荧光屏上显示成图像。目前的图像记录装置主要分为两种形式:一种是 CCD 自动摄影,计算机保存,图像直观,信息丰富,操作方便,使用效率高;另一种是照相装置人工摄影,底片由机械装置送到荧光屏下方。照相系统为自动控制,可将加速电压,放大倍率,底片编号等拍摄在底片上。底片上的倍数是真正的放大倍率,而荧光板上的图像倍率约小于 20%。照相底片为电镜专用底片,有干板和软片两种,较为普遍使用的国产 SO 软片,底片上的颗粒比荧光板上的颗粒小,因此底片上得到的分辨率更高。得到的信息也更多。为保证底片曝光亮度,电镜上装有自动曝光检测装置,以便操作者掌握好适宜的曝光条件。

第三节　真空系统

电镜对于电子光学(镜筒)部分的真空度要求很高,真空系统的好坏是决定电镜能否正常工作的重要因素。

通常说的真空是指小于常压的空间,真空度越高,气压就越低,真空几乎可以说是气压的倒数,因此可用气压进行测量,在国际上真空度用“托”(Torr)表示 1 托＝1 mm 水银柱的压力＝1/760 大气压。

低气压空间可分为:

低真空:10^{-2}～10^{-3}托;

高真空:10^{-6}托;

超真空:优于 10^{-8}托。

一、电镜对真空度的要求

普通电镜要求的真空度为 $10^{-4}\sim10^{-6}$ 托，超高压电子镜为 10^{-8} 托，从提高电镜的使用性能和延长寿命的角度考虑，真空度是越高越好。

二、气体对电子束通道的影响

气体和电子束碰撞，减小电子发射量，影响成像质量：

(1) 容易引起镜筒污染，造成高压放电，影响电镜的稳定性能；

(2) 氧化灯丝缩短灯丝使用寿命；

(3) 污染样品。

三、真空系统的组成

由机械泵，油扩散泵，真空管道，真空阀门和检测系统所组成，设有自动保护电路，当真空度达不到要求时，高压自动断路，以此保证高压必须在高真空状态下工作。镜筒的高真空状态由旋转机械泵与油扩散泵(抽至高真空)串联抽气而实现。

1. 机械泵的工作原理

机械泵是一种油浸偏心刮片式旋转泵，转子是偏心的，顺时针方向旋转时，空隙 1 变大，由进气管吸气，空隙 2 不变，空隙 3 又变小，气体被压缩，从排气管排出，如此反复进行(图 3-3-1)。可抽到的真空度为 $10^{-2}\sim10^{-3}$ 托。

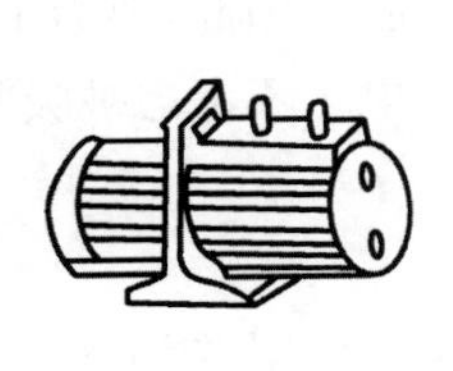

(a) 旋片式机械泵外形

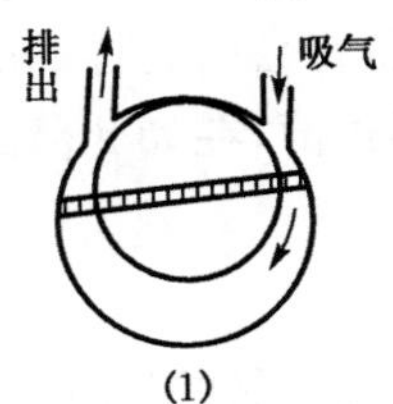

(2)

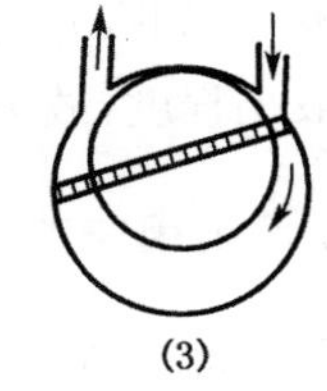

(b) 工作原理图

图 3-3-1 机械泵工作原理示意图

2. 油扩散泵的工作原理

泵内的油在底部电炉的加热下变成蒸汽上升，以伞状喷出后与镜筒向下扩散的气体相撞，再被泵壁上的冷却水冷却，凝成液体回到泵底(图 3-3-2)。它的极限真空度可达 $10^{-5}\sim10^{-6}$ 托。

3. 离子泵

使残余的气体电离成离子后被金属(泵内)吸附，达到更高的真空度，这一般应用于超高压电镜中。

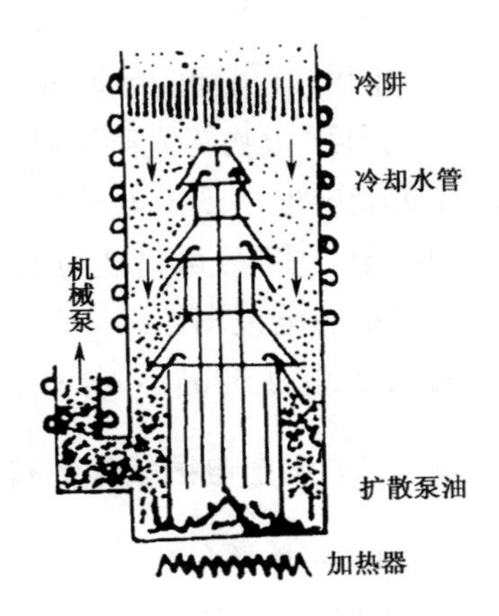

图 3-3-2 扩散泵工作原理示意图

第四节 电气控制系统

电镜的电路主要由高压电源，透镜电源，偏转线圈电源，真空系统电源，照相系统电源和安全保护电路五部分组成。

高压电源需能产生 25 kV～120 kV 高压的高稳定度小电流电源，稳定度必须达到每分钟 2×10^{-6}数量级，方能满足电子枪的电子束发射需要。否则将降低电镜的分辨率。

透镜电源是大电流低电压电源，用于透镜的聚焦与成像，稳定度必须达到每分钟 1×10^{-6}数量级，方能满足磁透镜(尤其是物镜)的工作需要，也是决定电镜分辨率和稳定性能的关键部位。

偏转线圈电源、真空系统电源、照相系统电源等也需稳定，但要求略低，采用一、二级稳压电路即可。

第五节 透射电镜的成像机理

电镜和光镜的光路形式相似，但成像机理不同，在光镜中，由于样品各部分对光的吸收不同形成明暗不同的区域，反映出的图像就是样品对光的吸收情况。但在电镜中显示的样品极小，如吸收达到可观察的程度，将会引起样品的漂移和损害，因此，要力求使吸收减小到最小程度，故电镜样品要求切得很薄，在如此薄的样品中，电子不考虑被吸收。

一、透射电镜的成像原理

透射电镜的电子束射向样品，在通过样品的过程中和样品发生作用，穿出样品已带有样品信息，然后再进行放大处理，在荧光屏上显示出物质结构。

电子束穿出样品时，除了构成了图像背景的主要成分以外，还受到质量厚度影响，产生不同散射角度的弹性散射电子。样品质量密度高的区域，产生大角度的散射电子(大于 0.1 弧度)被物镜光阑遮挡，仅有小角度的散射电子通过光阑孔，以至这部分电流密度小，在荧光屏上呈现出电子致密的暗区；相反，在质量密度低的区域，大角度散射电子少，透过的电子较多，故可呈现为电子透明的亮区。这样，即可形成一个具有明暗反差对比的、容易辨认的电镜图像。因此，电镜图像的反差是由样品不同部位电子散射力的差异所决定的，也反映了样品不同部位电子密度的差异。

二、透射电镜成像的有关概念

1. 弹性散射

快速入射电子和样品的原子核碰撞，使电子偏离很大的角度，其轨道有明显的偏斜，称为弹性散射。

2. 非弹性散射

快速入射电子和样品绕核运动的慢速电子相碰撞，重新分配它们的速度，这种相互作用称为“非弹性散射”。由于样品中的电子远比核的数量重要，因此在透射电镜成像过程中，非弹性散射是影响图像反差的最重要因素。

三、成像形式

当电子束通过后，对把样品上质量厚度不同部分的电子密度投影到荧光屏上后，产生了明暗不同的区域，就形成了我们需要的图像。

第四章　扫描电子显微镜

第一节　概　　述

扫描电子显微镜(Scanning Electron Microscope，SEM)是电子束在样品上进行动态扫描时，将样品上带有形态和结构信息二次电子逐点逐行的轰击出表面，经检测器处理后在荧光屏上显示出该范围的动态画面，这种画面实际上和电子束作同步扫描，以至样品表面上的深凹高凸的信息能以三维立体形像如实的反映出来。

SEM 的分辨率高达 10 Å，放大倍数通常可从几倍放大到几十万倍。它的图像景深大，立体感强，对样品的适应性广，主要应用于观察物质表面的超微结构。由于 SEM 属于二次电子成像，其电器线路较透射电镜更为复杂。

SEM 的部件排列可分为两部分：一部分是镜筒，样品室和真空装置等为主机部分：另一部分则是荧光屏，各种控制开关及调节旋钮等为控制部分，详见图 4-1-1 所示。

扫描电镜中，电子枪发射出直径为 10～50 μm 的电子束，在加速电压的吸引下，射向镜筒，经几级聚光镜会聚成十至几十个 Å 的电子探针，在末级透镜的扫描线圈作用下，电子探针在样品表面作光栅状扫描运动并激发出多种电子信号，再送到显像管的栅极上调制显像管的电子束亮度。显像管中的电子束在荧光屏上也作光栅状的同步扫描运动，这样即获得衬度与所接受信号强度相对应的扫描电子像。

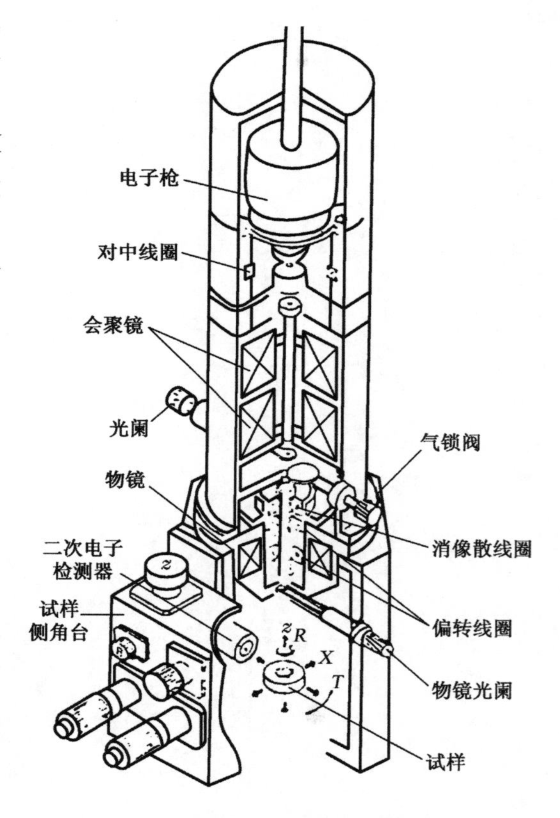

图 4-1-1　扫描电子显微镜剖面示意图

第二节　扫描电镜的结构和原理

扫描电镜主要由电子光学系统(镜筒),信号检测及显示系统,真空系统、电源系统和摄像系统组成。

一、电子光学系统(镜筒)

位于主机的上部,由电子枪,聚光镜,灯丝,对中线圈,光阑,扫描偏转线圈,消像散器,样品室等部件组成。作用是产生束斑小,强度高的电子束流,

以轰击样品使其激发出结构信息电子。

1. 电子枪

扫描电镜的电子枪构造和用途与透射电镜相似,用于产生电子束源,加速电压可在 1～30 kV 中选用,生物样品常用 5～20 kV,六硼化镧灯丝或钨单晶场致发射枪性能更佳。

2. 聚光镜

在电子枪下方装有 3～4 级磁透镜,将电子枪发射出的 20～50 μm 的束斑会聚成 1～10 μm 的细小探针,其中最下一级聚光镜离样品最近,故称之为物镜,镜筒中有一可动光阑,称之为物镜光阑,孔径为 100、200、300、400 μm 等。

电子枪与聚光镜之间装一空气闭锁装置,起到阀门作用,可关断或开通电子枪室与镜筒之间的联系。当打开闭锁时,电子束可从电子枪射向样品并对电子枪抽真空;关闭时,可维持电子枪室的真空,使换样品时空气不能进入电子枪室,保持灯丝不受气体氧化,从而延长灯丝寿命。

3. 扫描线圈

也叫偏转线圈,由两组小电磁线圈构成,可控制电子束在 X、Y 两个方向上有规律的偏转,扫描线圈分别装在扫描电镜中的三处:一处装在镜筒中末级聚光镜的极靴内,可使电子探针以不同的速度和方式在样品表面作扫描运动;另两处分别装在观察用和摄影用的显像管中,用于控制显像管中的电子束在荧光屏上作同步扫描运动。

4. 样品室

位于镜筒下端,内装各种检测器及样品微动装置,样品微动装置能在水平方向移动 30 mm,在垂直方向上升降 5～40 mm,此外还可旋转 360°;倾斜(－10～90°)。并且可更换对中样品台,冷冻样品台等各种不同用途的样品台。

二、信号检测显示系统

(1) 信号检测放大器:可将检测出的各种电信号,进行放大,提供给显示系统作为调制信号。扫描电镜中有二次电子检测器,背散射电子检测器和吸收电子检测器等等。SEM 电镜显示的图像质量很大程度取决于检测器的好坏,应特别注意保护。当信噪比和

灵敏度下降时，就要考虑到更换检测器。

二次电子检测器的结构(图 4-2-1)由收集极、探头、光导管和光电倍增管组成。

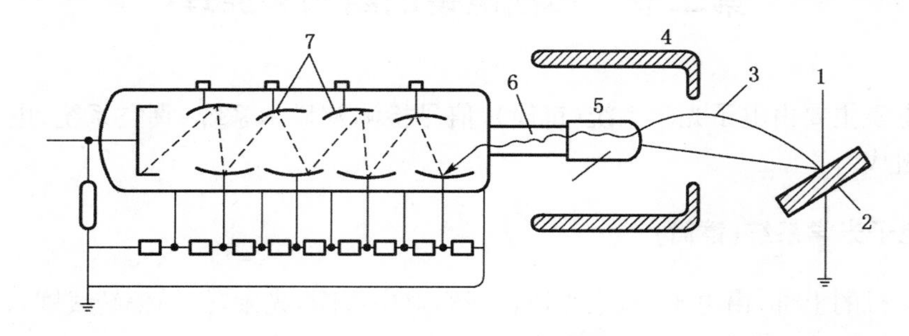

图 4-2-1　二次电子检测器

1. 入射电子　2. 样品　3. 二次电子　4. 收集极　5. 探头　6. 光导管　7. 光电倍增管

收集极位于检测器前方，是前端带有金属网并加有 200～500 V 电压的金属筒。探头由光导管和闪烁体组成，光导管用光学玻璃制成，可以传递光信号；闪烁体是由短余辉荧光粉沉积在玻璃片上制成。荧光粉表面镀上 100～150 nm 厚的铝膜，允许二次电子通过，并加上 10 kV 的加速电压，加大对二次电子的吸引动能。光电倍增管再将光信号变成电信号进行放大。

检测器的工作原理：二次电子经过铝膜，撞击荧光粉时激发出荧光(可见光)信号，经光电倍增管被转换成电信号并进行放大，信号达 10^{e} 的增益，但还不够推动显像管显像，因此需要再放大，然后加至显像管的栅极，由于栅极电压信号的强弱变化，在显像管的荧光屏上就得到了一个相应的图像。

(2) 亮度调节由视频放大器的亮度旋钮控制，凡是比该电平低的信号，将得不到放大和显示，如基始电平太高，即使无信号输入，也会产生一个明亮的背景，而当有信号输入时反差就会被减弱。确定基始电平时，以无信号输入时，荧光屏上见不到亮为准。这样，就是输入弱小的信号，也能在荧光屏上显示出来。

(3) 反差调节由光电倍增管的旋钮控制。电压越高，光一电接受灵敏度也越高，对信号的倍增幅度也越大，使强弱信号的幅度加大，就增大了反差。但电压过高，光电倍增管和闪烁体的噪音将会成指数倍的增大，从而在图像信号上被显示出来。因此，最佳的反差调节是在其信号最强时，能使图像达到最亮的程度，但以不产生噪音麻点为准。反差和亮度是相互牵制的，应该综合考虑。

三、图像显像管和记录装置

由观察显像管、摄影显像管、照相机及调整、计数器组成。作用是将调制信号通过显像管转换成图像。

用于观察的显像管是长余辉管，用于摄影的显像管是短余辉管，两者显示的图像都是与镜筒内电子束扫描同步。显像管本身的分辨率也很重要。如本身分辨率不高，就不能包含很多像素，从而无法容纳检测系统所获得的信息量，摄影时，是对图像一点一点地依次曝光，只有在电镜性能很稳定的前提下，加上优秀的制样，熟练和精确的仪器调试及操作的最佳组合，才能得到质量优良的照片。

在显示图像的同时还可以显示片号、放大倍数、标尺长度及加速电压等，并可一起拍摄到底片上，观察屏上显示的放大倍率大于摄影屏的放大倍率，一般来讲摄影屏的放大倍率是观察屏的 0.6 倍。我们所看到的数码管显示指的是观察屏上的放大倍率。

电镜与计算机相连之后，底片就退出了舞台，拍照、图像结果及保存均在计算机上完成。

四、扫描电镜的工作原理

扫描电镜的工作原理与闭路电视系统非常相似。

在闭路电视系统中(如图 4-2-2(a))，景物在摄像机镜头上形成“图像”，再由摄像机的电子束向镜头上的图像进行逐点、逐行的扫描，把镜头上不同像点的光强度成比例的转变成电信号，经视频放大后用来同步的调制监视器显像管电子束强度，便在荧光屏上得到一幅与拍摄景物相对应的“电视图像”。

在扫描电镜中由电子枪发射的直径为 20～30 μm 的电子束，经几级聚光镜会聚后，在末级透镜内的扫描线圈作用下，在样品表面进行逐点逐行的光栅状扫描，并激发出多种样品信息信号，这些电子信息信号被检测器收集、放大、转换，变成电压信号，最后被送到显像管栅极调制显像管亮度，显像管中的电子束在荧光屏上也作光栅状扫描，并且这种扫描运动与样品表面的电子束扫描运动严格同步，这就获得了衬度与所接受信号强度相对应的电子扫描像，它反映了样品表面的结构形态(图 4-2-2(b))。

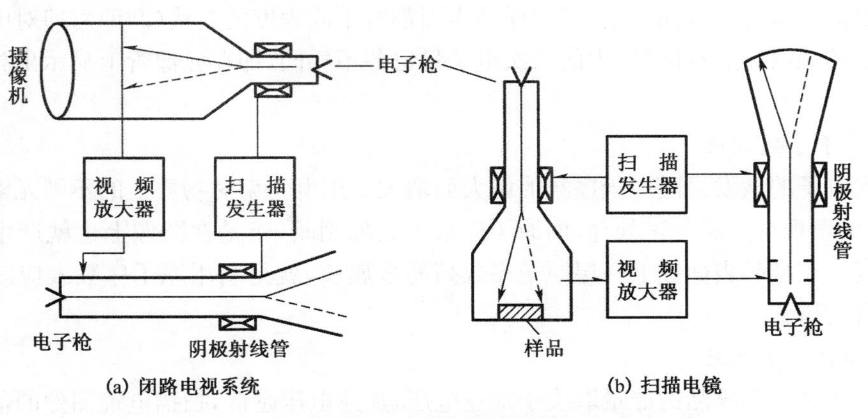

图 4-2-2　闭路电视系统和扫描电镜的运行方式比较

第三节　扫描电镜的成像机理

电子束与样品作用时，由于样品表面形貌、结构差异、各处被激发出的二次电子数量不同，从而在显像管上显示出对应的明暗反差图像即为样品形貌特征。

一、获得优质图像的必备条件

1. 足够的分辨本领

扫描电镜的分辨本领取决于电子束斑点的大小，小于斑点尺寸的细节是不能被辨清的，故分辨本领不能小于束斑尺寸。如分辨率为 30 Å 的电镜，束斑直径必须在 30 Å 之内。

2. 丰富的像素

扫描电镜图像由许多明暗相间的小点组成，这些小点是构成图像的基本单元，称之为像素。像素越多，图像质量越好，反之图像就粗糙，缺少细节。扫描电镜观察时可根据需要选择不同像素的图像。

3. 充足的扫描线条

电子束对样品进行扫描，是从左到右，自上而下进行的。从左到右称之为行扫描，自上而下称之为帧扫描。行扫描比帧扫描快得多，对于 1 000 条扫描线的图像，行扫描完成一行时，帧扫描仅完成一格即 1/1 000 的距离，行扫描转行时留下的痕迹称之为“扫描光栅”光栅越密，行间间隔越小，能呈现出的细节也越多。可见要使扫描电镜的分辨率高，扫描线也应该多。

二、影响二次电子图像质量的主要因素

1. 倾斜效应

当入射电子束强度一定时，二次电子信号的强度随样品倾斜角的增大而增大，即称之为倾斜效应。从另一方面来说，任何样品表面都有不同程度的起伏(凸凹)，即对电子束有不同程度的倾斜，相应部位发出的二次电子量也各不相同，即在显像管上显示出相应的亮度差异。

2. 原子序数效应

二次电子的激发量随原子序数的增大而增大。用电子束对物质上的不同元素部位进行轰击，可发现重金属元素处亮，而原子序数小之处则暗，于是在图像上也就产生了原子序数衬度。在样品表面镀上一层原子序数高的金属膜，就是利用原子序数效应改善像质的一种有效措施。

3. 加速电压效应

电子探针射入样品的能量取决于加速电压，加速电压越低，扫描电镜图像的信息越限于表面，图像越显得自然丰满，但放大倍数不能太高。反之，加速电压越高，电子探针越容易聚焦变细，分辨率越高，放大倍数也越大，但噪音也随之增加，图像会显得不自然。所以，在放大倍数能达到要求的前提下，尽可能的选用较低的加速电压。

4. 边缘效应

样品边缘和尖端在受到电子束轰击时，极易造成二次电子脱落，出现异常明亮现象，称之为边缘效应，边缘效应既影响图像质量，又影响观察效果，严重时会使人难以看到样品的形貌细节。在实际工作中可通过减小电子束能量。降低加速电压等措施减少边缘效

应的影响。

5. 充放电效应

是非导电样品的通病，主要是入射电子不能在样品中构成回路导入大地所致。堆积在样品上的入射电子造成负电荷区，产生突然放电现象或排斥后续电子，严重的影响观察和图像质量，是必须避免和消除的现象。通常采用导电胶粘贴、填实和镀膜的方法进行解决。

6. 检测器位置对图像质量的影响

检测器与试样表面越接近垂直时，二次电子收得率越高，图像质量越高，反之则低。由于受倾斜效应的影响。二次电子的发射率随倾斜角的增大而增大，为了兼顾二次电子的发射率和接受率，只能采用折中的办法，将试样与入射电子束成 450 位置放置，让检测器与入射束间的夹角固定在 900 或更大的角度上。

7. 背散射电子图像

背散射电子产生在样品的 500～1 000 Å 深度内，能量大于 50 ev，由于经过多次碰撞，其散射方向不规则，但离开样品后沿直线运动，它的产生与入射角有关，由于电子穿透深，背散射量大，反差也就大，在平整的表面上提供了可辨别的元素差异。它所形成的图像可与二次电子像互补，低凹处亮，高处暗，适用于观察凹处形貌。

8. 透射电子图像

将扫描电镜样品台改成中心具有穿孔的结构，装入载网，使电子束以光栅扫描的形式逐点穿透样品，使得下方的检测器收到信号，便可在显像管上得到扫描透射电子像。

第四节　环境扫描电子显微镜及其应用

前几节所介绍的扫描电子显微镜，其正常工作时，样品室和镜筒内均为高真空（优于 10^{-3} Pa），只能进行可导电导热或经导电处理的干燥固态样品表面的扫描观察，难以得到理想的科研结果，甚至会导致仪器出现故障。而环境扫描电子显微镜具有三种工作模式：(1) 高真空（普通电镜常用模式）；(2) 低真空；(3) 环境，环境模式是指可以在自然状态下观察图像，对于生物样品、含水样品、含油样品，既不需要脱水，也不必进行导电处理，可直接进行分析，避免以往的脱水失真，也可观察±20 ℃内的固液相变过程。

环境扫描电子显微镜广泛用于生物学、医学、金属材料、非金属材料、高分子材料、化工原料、地质矿物、商品检验、产品质量控制、宝石鉴定、考古和文物鉴定及公安刑侦物证分析等方面。

含水量较多的生物样品未任何前处理，直接在环境扫描模式下，形态饱满，图像清晰，如图 2-4-1 至图 2-4-6。

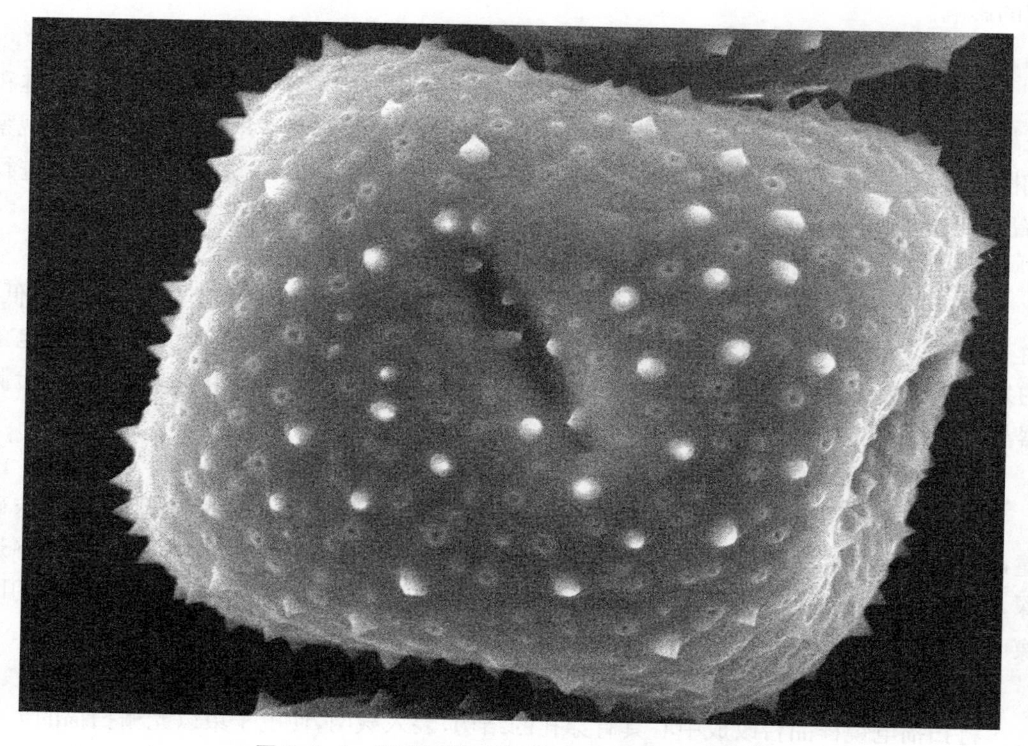

图 2-4-1　环境扫描下的蟹爪兰花粉粒(×2 800)

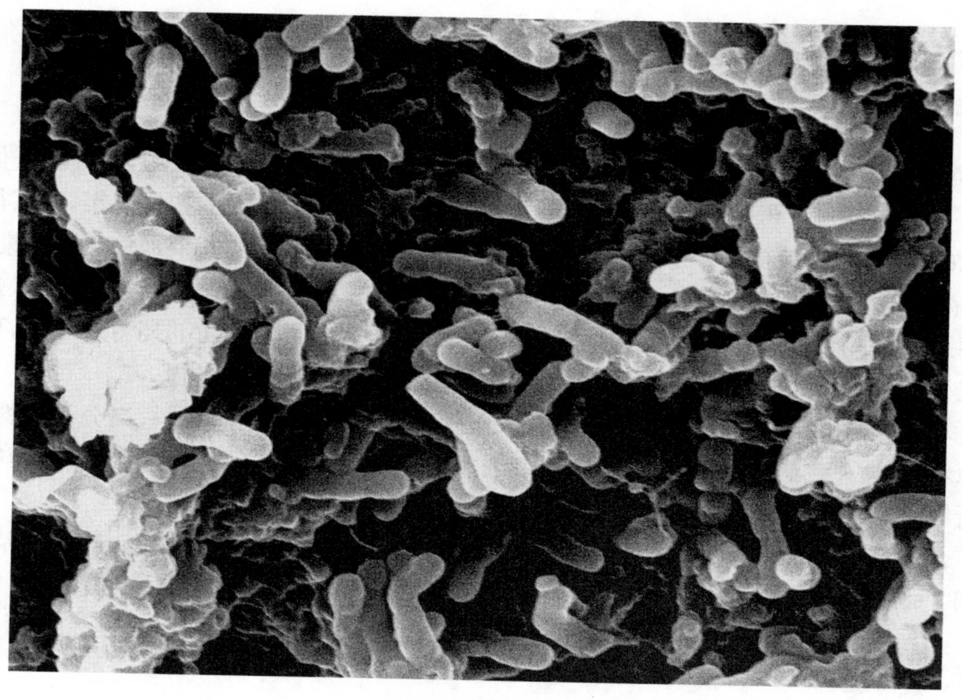

图 2-4-2　环境扫描下的杆菌(×6 000)

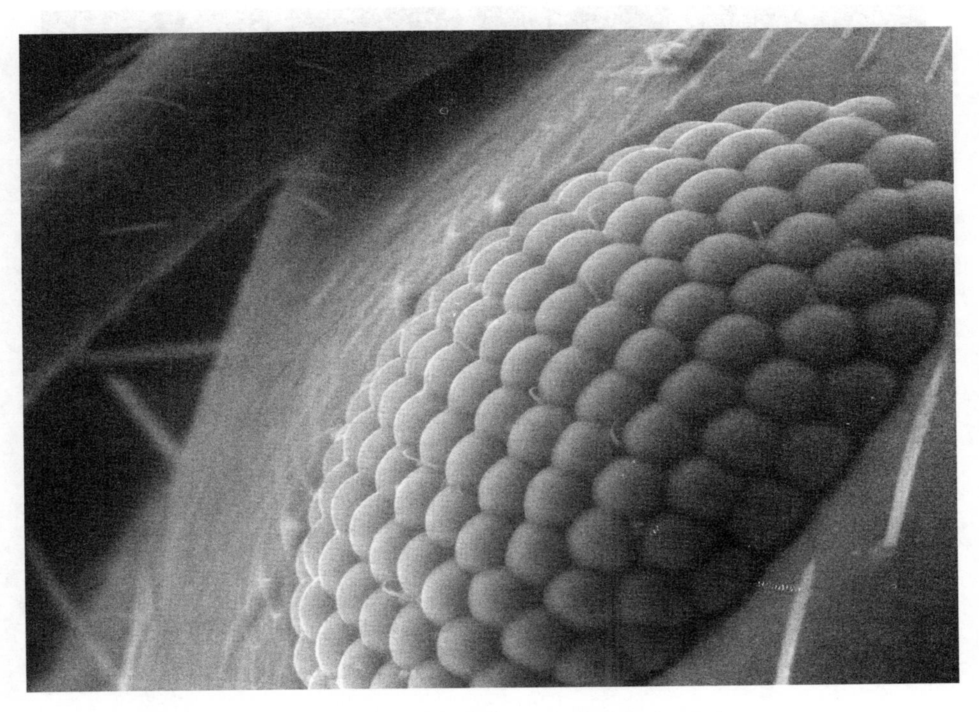

图 2-4-3　环境扫描下的蚂蚁复眼(×5 000)

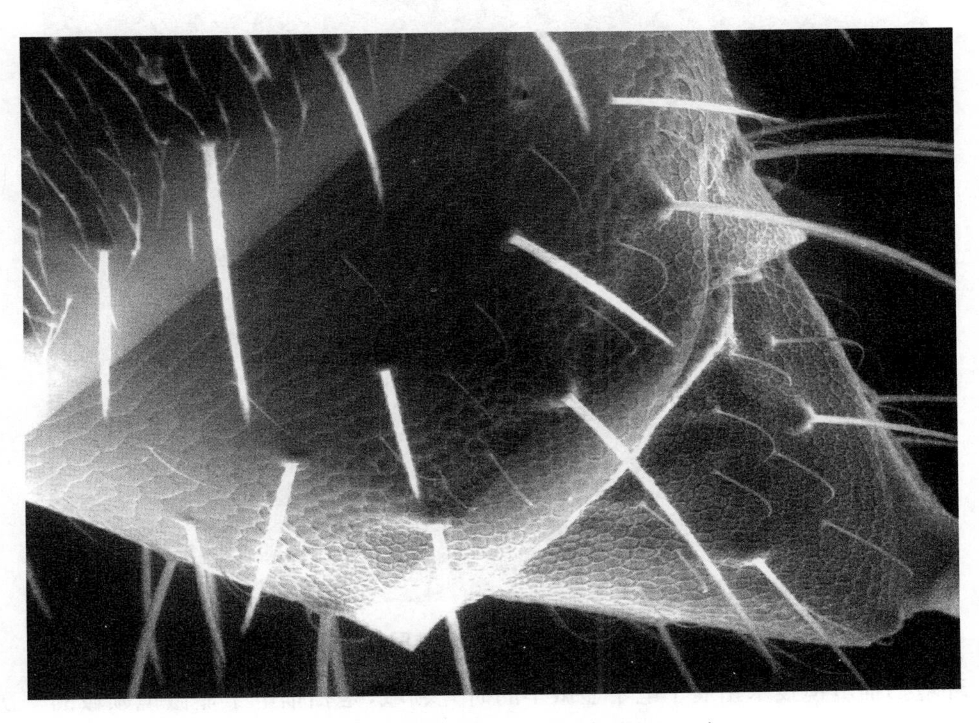

图 2-4-4　环境扫描下的蚂蚁复眼(×600)

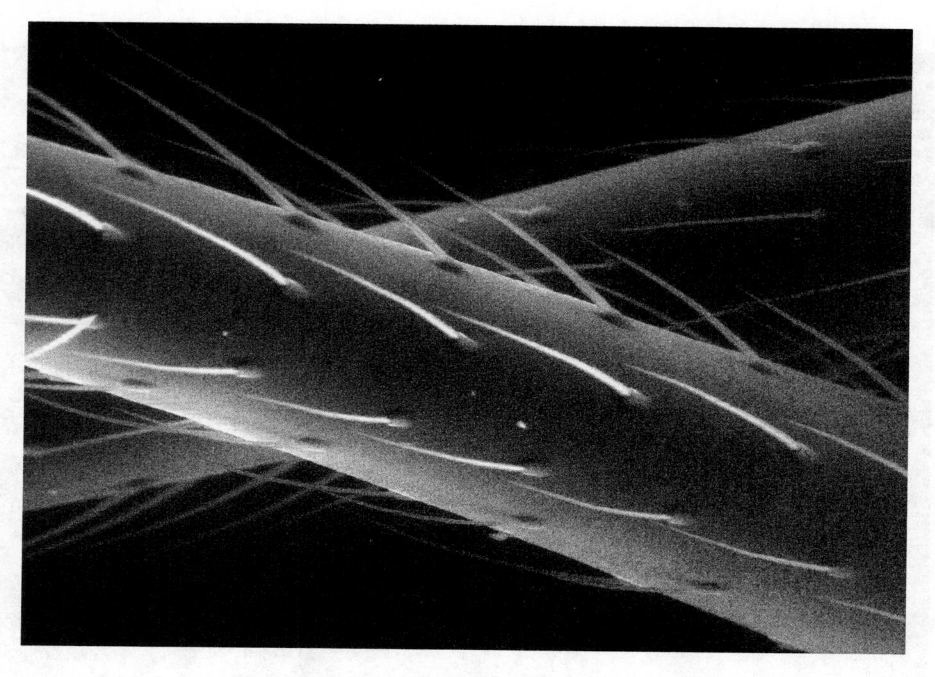

图 2-4-5　环境扫描下的蜘蛛的前腿(×600)

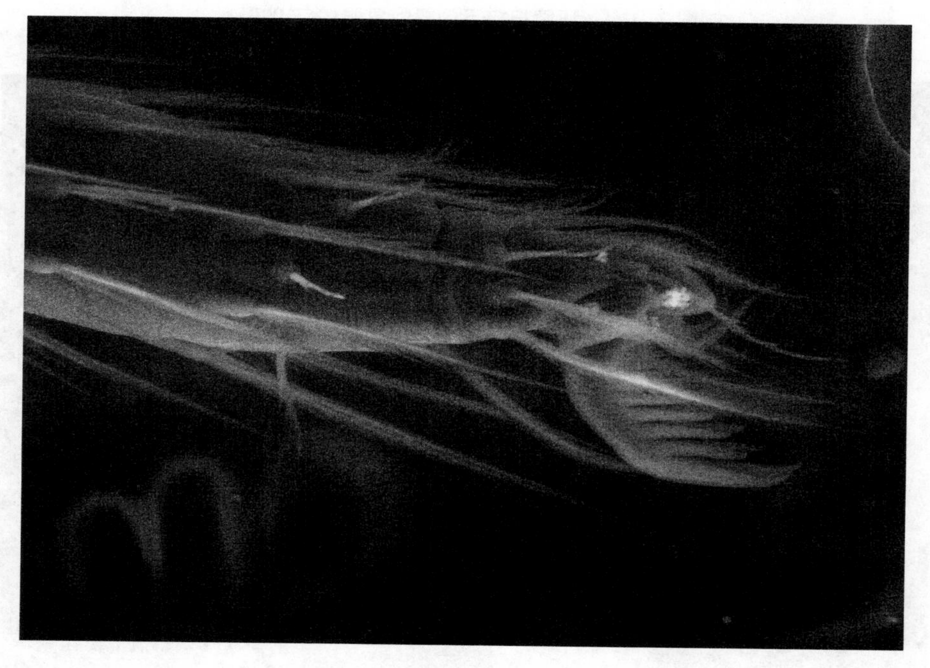

图 2-4-6　环境扫描下的蜘蛛尾部(×1 600)

环境扫描电镜技术拓展了电子显微学的研究领域，是扫描电子显微镜领域的一次重大的技术革命，因此受到了国内外科研工作者的广泛关注，具有广阔的应用前景。

第五章　扫描透射电镜

第一节　概　　述

扫描透射电镜为兼具透射和扫描双重特性的电镜。它分为高分辨型和附件型两种，高分辨型为专用的扫描透射电镜，分辨率达 3～5 Å，能够直接观察单个重金属原子像；附件型是在透射电镜上加装扫描附件和扫描电子检测器后组成的扫描透射装置，它的分辨率为 15～30 Å。

第二节　扫描透射电镜的结构和原理

在扫描透射电镜中，照明电子束被强激励的聚光镜系统汇聚成极细的电子探针，使用钨丝热发射电子枪时，直径为 15～20 μm，使用场发射电子枪时探针直径可达 3～5 μm，在工作过程中探针直径不变。扫描透射电子探测器装在透射电镜荧光板下面，当电镜以扫描形式工作时，荧光屏移出光路，检测器暴露在光路里。扫描透射电子像的观察装置控制电子探针在样品表面扫描，扫描透射电子经过样品下方的透镜汇聚到电子检测器的闪烁体中，由于样品各处质量厚度不同，检测出的信号也不断变化，于是显像管上就出现扫描透射电子像。它的放大倍数等于显像管上扫描线长度与样品上扫描长度之比，与样品下方的成像透镜的放大倍数无关。

第三节　扫描透射电镜的优点

一、可以观察较厚的切片

由于扫描透射电子检测信号与透射电子的强度和多少有关，与慢速电子焦点附近形成的弥散无关，所以中间镜和投影镜的色差不影响像的分辨率，以至观察较厚切片图像仍能清晰。

二、扫描透射电镜可以人为地调整图像的反差和亮度

图像的反差和亮度是通过电子学方法进行调整的，所以无需通过染色或选用小孔光阑的方法增加反差，只要通过调整亮度和反差旋钮，便可使像质达到最佳状态。

三、对样品损伤小

电子束在样品上逐点扫描，逐点成像，位置不断更换，造成的损伤也就很小。

第四节　扫描透射电镜的缺点

要充分发挥扫描透射电镜的优秀性能必须采用场发射电子枪，这种电子枪价格昂贵，并且需要特殊的真空系统，使用和维护都很复杂。此外，目前的透射电镜样品制备技术已经比较完善，制成 1 000 Å 厚度以下的样品并不困难，用常规透射电镜观察的效果已经很好。鉴于以上原因，扫描透射电镜的应用不太普遍，但它的潜能将不断地被人们认识、发掘和利用。

第六章　扫描隧道显微镜

扫描隧道显微镜(Scanning Tunneling Microscopy,STM)是一种高精度的探针显微分析仪器。STM的发明被国际科学界公认为20世纪80年代世界十大科技成就之一,它使人类第一次能够直接观察到物质表面上的单个原子及其排列状态,并且可以在低温下利用探针尖端精确的操纵原子排列,使纳米技术研究迈入了新阶段。

第一节　扫描隧道显微镜的工作原理

1982年,在苏黎世(Zurich)IBM实验室工作的科学家格尔德·宾尼(Gerd Bining)(图6-1-1)和海因里希·罗雷尔(Heinrich Rohrer)(图6-1-2)研制出扫描隧道显微镜,并因此与电子显微镜的发明者恩斯特·茹斯卡(Ernst Ruska)共同获得了1986年的诺贝尔物理学奖。扫描隧道显微镜是根据量子力学中的隧道效应原理,通过探测固体表面原子中电子的隧道电流来分辨固体表面形貌的新型显微装置(图6-1-3)。

图6-1-1　格尔德·宾尼(Gerd Bining)

图6-1-2　海因里希·罗雷尔(Heinrich Rohrer)

什么是隧道效应?根据量子力学原理,由于粒子存在波动性,当一个粒子处在一个势垒之中时,粒子越过势垒出现在另一边的现象称之为隧道效应。

STM利用非常细的金属探针的针尖在样品的表面上进行扫描,针尖与样品表面的距离很近,小于1 nm时,两者的电子云有重叠,在它们之间施加一偏置电压,电子就会穿过势垒,通过电子云的狭窄通道流动,由此形成的电流称之为隧道电流。

在扫描隧道显微镜中,可以将探针针尖作为一个电极,样品表面作为另一个电极,在两者之间加上电压后,探针与样品表面之间就会产生隧道电流。当探针针尖在样品表面扫描时，遇到样品表面的有微小(原子尺度)起伏时，电流便会随之波动，这些千变万化的波动信息经过存储、转换和处理后，即可在荧光屏上显示出样品表面的三维结构形貌。

图 6-1-3　扫描隧道显微镜(STM)

第二节　扫描隧道显微镜的基本结构

扫描隧道显微镜的结构主要有隧道针、三维扫描控制器、震动隔绝系统、软件系统、电子学控制系统等。

隧道针尖相当于电子枪，其大小、形状和化学同一性不仅影响着扫描隧道显微镜图像的分辨率和图像的形状，而且也影响着测定的电子态，因此非常重要。制备针尖的材料主要有金属钨丝、铂铱合金丝等。针尖表面如果覆盖着一层氧化层，或吸附一定的杂质，会造成隧道电流不稳、噪音大和图象的不可预期性。因此，每次实验前，都要对针尖进行处理，一般用化学法清洗，去除表面的氧化层及杂质，保证针尖具有良好的导电性。

三维扫描控制器要控制针尖在样品表面进行高精度的扫描，普通机械的控制很难达到要求，一般采用压电陶瓷，利用了压电现象。所谓的压电现象是指某种类型的晶体在受到机械力发生形变时会产生电场，或给晶体加一电场时晶体会产生物理形变的现象。用压电陶瓷材料制成的三维扫描控制器主要有 3 种：① 三脚架型；② 单管型；③ 十字架配合单管型。除了使用压电陶瓷，还有一些三维扫描控制器使用螺杆、簧片、电机等进行机械调控。

由于仪器工作时针尖与样品的间距一般小于 1 nm，同时隧道电流与隧道间隙成指数关系，任何微小的震动都会对仪器的稳定性产生影响，因此震动隔绝系统至关重要。

电子学控制系统也是一个重要的部分。扫描隧道显微镜要用计算机控制步进电机的驱动，使探针逼近样品，进入隧道区，而后要不断采集隧道电流，在恒电流模式中还要将隧道电流与设定值相比较，再通过反馈系统控制探针的进与退，从而保持隧道电流的稳定。

所有这些功能，都是通过电子学控制系统来实现的。

扫描隧道显微镜的软件控制系统主要分为“在线扫描控制”和“离线数据分析”两部分。在线扫描主要是通过设置合适的相关参数而获得真实的结构信息，离线数据分析是指脱离扫描过程之后的针对保存下来的图像数据的各种分析与处理工作。

因此，影响 STM 成像质量的因素有很多，主要有以下六方面：

(1) 针尖：精度要很高，并且具有高的弯曲共振频率；

(2) 压电陶瓷的精度必须足够高；

(3) 震动隔绝系统的防震效果要足够好；

(4) 电子学控制系统的采集和反馈需要高的速度和质量；

(5) 各种参数的选择要适当；

(6) 样品的表面状态需要合适等。

第三节　扫描隧道显微镜的应用优势

与其他表面分析仪器相比，STM 具有如下优势：① 能够在较高的分辨水平上观察样品的三维表面结构，横向纵向都能达到原子级的高分辨率，可以观察单个原子层的局部表面结构；② 能够直接获得表面结构信息，不需要特别的制样技术并且探测过程对样品无损伤；③ 适用于不同的探测环境，可在真空、大气、常温等不同环境下工作，甚至水和其他溶液中；④ 可改变观测范围，为研究各种不同层次的结构提供了可能，目前 STM 的扫描范围可从数纳米到 100 μm，使得 STM 能分别在接近原子、分子、超分子、亚细胞乃至细胞水平的不同层次上进行全面研究；⑤ 利用 STM 针尖，可实现对原子和分子的移动和操纵，为纳米科技的全面发展奠定了基础。⑥ 相对于电镜，所需样品量少且成本低。

STM 最初应用在表面物理，并引起了纳米科学的迅速发展。1990 年，IBM 公司的科学家在金属镍的表面用 35 个惰性气体氙原子组成“IBM”三个英文字母(图 6-3-1)。

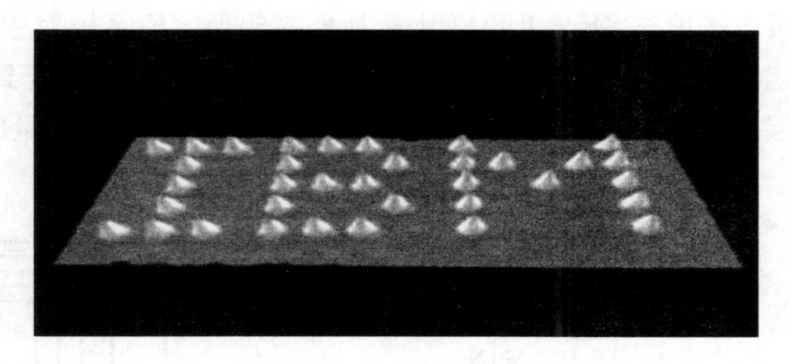

图 6-3-1　在金属镍的表面用 35 个惰性气体氙原子组成“IBM”

STM 最近几年在生命科学上也得到了广泛的应用，例如 DNA 分子结构的观察，氨基酸、人工合成多肽、结构蛋白、功能蛋白的表面特征观察。对生物样品结构能够进行直接观察，排除前处理可能造成的影响，是生命科学家梦寐以求的事情。

第七章　X 射线显微分析

X-射线显微分析(X-ray microanalysis)是目前较为理想的一种微区域成分分析手段，起源于 20 世纪 40 年代，由 Castaing Guinier 首先建立，70 年代以后发展迅速，在材料学、医学、生物学、考古以及天文等领域逐渐得到广泛的应用。其特点是利用能量足够高的细聚焦电子束轰击样品表面，在一个有限深度的微区范围内激发产生特征 X 射线，由相应的检测装置根据特征 X-射线的波长(或能量)和强度，对发射元素进行定性或定量分析。

第一节　X-射线显微分析的原理

一、X-射线的产生

1895 年，德国物理学家伦琴在研究阴极射线时发现了 X-射线，因此亦称伦琴射线。

元素的原子是由原子核和围绕原子核按一定轨道运行的电子组成。核外电子分层排布，由内向外分别用 K、L、M……来表示(图 7-1-1)。各层电子具有不同的能级，由内而外能量依次升高。当高速电子射向样品的某一微小区域时，该区域内各元素的核外轨道电子被轰击逐出，产生的空位就会由能量较高的轨道电子来填充，这种过程称为电子跃迁，发生跃迁的两个能级的结合能之差将以 X 射线的形式辐射出来。例如(图 7-1-2)，K 层电子被击出时，原子系统的能量由基态升高到 K 激发态，这个过程称为 K 系激发。K 层的空位被高能级电子填充，所产生的辐射成为 K 系辐射。K 系辐射中，当 K 层空位被 L 层电子填充时，空位从 K 层转移到 L 层，则受激原子从 K 激发态跃迁到 L 激发态，产生 K_α 辐射，由于 L 层电子能量高于 K 层电子能量，充填后多余的电子能量(E_L-E_K)就会以

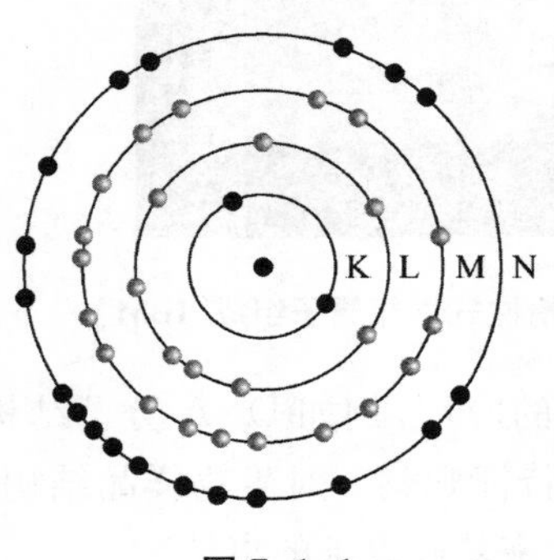

图 7-1-1

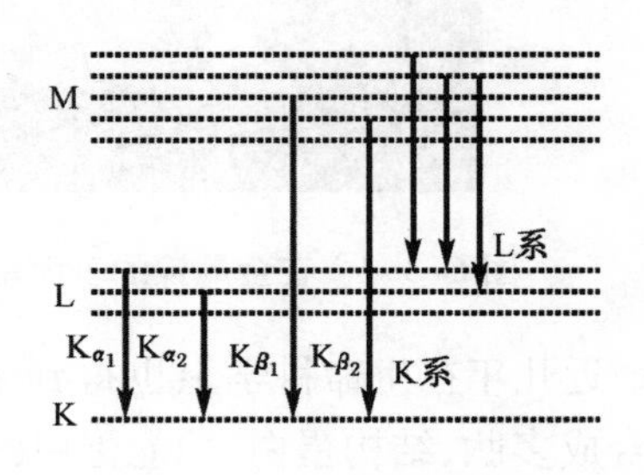

图 7-1-2　特征 X 谱线的产生

X射线的形式发射出来。当K层空位被M层电子填充时，空位从K层转移到M层，则受激原子从K激发态跃迁到M激发态，产生K_β辐射，E_M与E_L的能量差也产生X射线的发射。其余L、M、N……系的激发辐射过程和K系情况类似。在所有特征X射线中，K系列是最主要的。而且，由于K层电子与原子核的结合能最强，导致击出K层电子所做的功也最大，因此，在发生K系激发的同时必定伴随出现其他各系的激发与辐射。

二、X-射线的检测与分析

各元素的原子序数、原子量、核外电子的层次数量都不相同，发射出的特征X-射线也各不相同，因此可依据X-射线的特征进而确定发射源中所含元素的性质，这也就是X-射线显微定性的理论基础。特征X射线谱（Characteristic X-ray）是发射原子独有的特征。特征X射线谱的波长或能量取决于物质的原子能级结构。

利用X谱线的特征波长与原子序数的规律性关系来鉴别元素称为定性分析。1913年，Moseley发现特征X射线的波长与元素的原子序数之间具有一定的关系，称为Moseley定律，公式如下：

$$\lambda = K(Z - \sigma)^{-2}$$

其中：λ——特征X射线的波长；

Z——元素的原子序数；

K、σ——常数。

谱线强度与纯元素或成分已知的标准化合物的谱线强度作比较并校正获知浓度信息称为定量分析。当电子束作用在样品上产生特征X射线时，其波长用于定性分析，强度值用于定量分析。在X射线被激发过程中，特征谱和强度是同时发出的，但在分析时，定性和定量往往是分别进行的。特征X射线强度与样品中元素含量之间的关系为：

$$\frac{C}{C_0} \propto \frac{I}{I_0}$$

其中：C——样品中元素的含量；

C_0——标准样品中元素的含量；

I——样品中X射线强度；

I_0——标准样品中X射线强度。

从式中可以看出，由发射元素X射线的强度I，就可得知元素含量C。但在分析过程中会受到各种因素的影响，所以要求公式中的强度I和I_0是进行修正后的数值，才能用作样品中元素绝对量的测定。

第二节　X-射线显微分析仪

目前，检测元素特征X-射线的方法和分析装置，主要有两种：一种是通过区分波长将特征X射线分散开以形成波谱，称为波长分散型X射线微区分析法（wave length dispersive X-ray microanalysis)，简称为波谱法(WDX)，所使用的仪器为波长分散型 X 射线谱仪，简称波谱仪(WDS)；另一种是将 X 射线所具有的能量转换为电信号以形成能谱，称为能量分散型 X 射线微区分析法(energy dispersive X-ray microanalysis)，简称为能谱法(EDX)，所使用的仪器为分散型 X 射线谱仪，简称能谱仪(EDS)。它们可分别装在透射电镜或扫描电镜上使用，在观察样品超微结构的同时，即可进行 X-射线微区分析，测出观察区域的元素性质及含量。

一、波谱仪

波谱仪由分光晶体，探测器和有关的机械系统和电气系统等组成。当电子轰击样品时产生的 X 射线，只有一小束进入晶体分光计中，X 射线经晶体衍射后进入检测器进行分析，故 WDX 又称晶体衍射法。根据布拉格定律(Bragg's Law，$n\lambda=2d\sin\theta$，其中 n 代表以整数表示的衍射级数，d 为晶体反射面距，θ 为 X-射线衍射角)，对于已知 d 的晶体，当晶体被移动至不同的 X-射线衍射角时，能够发生衍射的 X-射线的波长就不同，根据 λ 与 θ 的对应关系即可由 θ 确定 λ，从而判断出发射元素，其波峰的积分强度则反映 X-射线的强度，并以此强度表示出元素的含量。

二、能谱仪

能谱仪由 X-射线探测器、前置放大器、脉冲处理器及分析处理系统组成。探测器用来探测 X 射线信号并转换为电信号，其多为一种单晶体硅组成的固态半导体检测器，其中含有锂(Li)的称为锂漂移硅检测器，需置于液氮冷却中以减少电子噪音和防止锂漂移，而新型的硅漂移检测器由于特殊的设计可以通过电制冷来减少电子噪音。脉冲处理器从探测器接收、测量电信号并确定所接收到 X 射线的能量，区分不同特征的 X-射线。分析处理系统分析处理特征 X 射线谱，显示并转换为数据，从而确定发射元素的性质和含量。一般扫描电镜配置的 EDX 结构如图 7-2-1。目前，EDX 可分析 Be^{4}～U^{92}之间的各种元素。

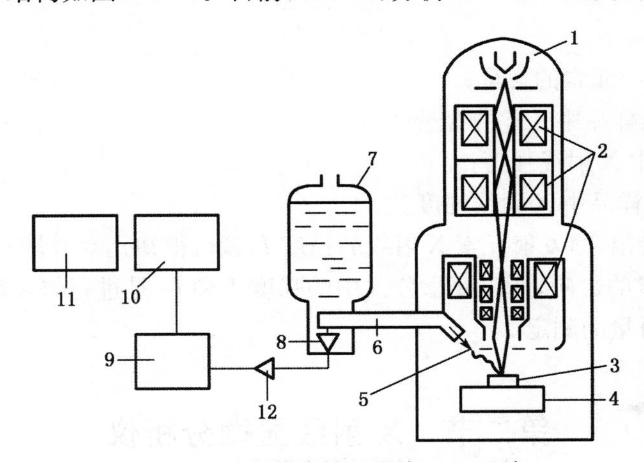

图 7-2-1　扫描电镜配置的 EDX 系统

1. 电子枪　2. 聚光镜　3. 样品　4. 样品台　5. X 射线　6. X 射线检测器
7. 液氮(Si 探测器不需要，使用电制冷装置)　8. 前置放大器　9. 脉冲处理器
10. 分析处理系统　11. 打印机　12. 放大器

WDX和EDX二者相比较而言，WDX优点是能量分辨率较高，准确率高，适合含量较低的元素和轻元素分析，缺点是分析时束流大，易对样品造成污染和损伤，速度慢、占据空间大；EDX速度很快，对样品造成污染和损伤较小，不足之处是能量分辨率较低，准确率相对较低。WDX和EDX各有优缺点，应根据研究需要而加以选用。

第三节　X-射线显微分析方式及应用

X-射线显微分析仪对特征X射线进行检测与分析的工作方式主要有点分析、线分析、面分析三种。本节主要介绍能谱仪在林业上的应用。

1. 定点扫描分析

在样品表面微区根据需要选择对一点或一区域采集特征X谱线，从而对发射元素进行定量或定性分析。图7-3-1和7-3-2为能谱仪对样品的定点分析结果。

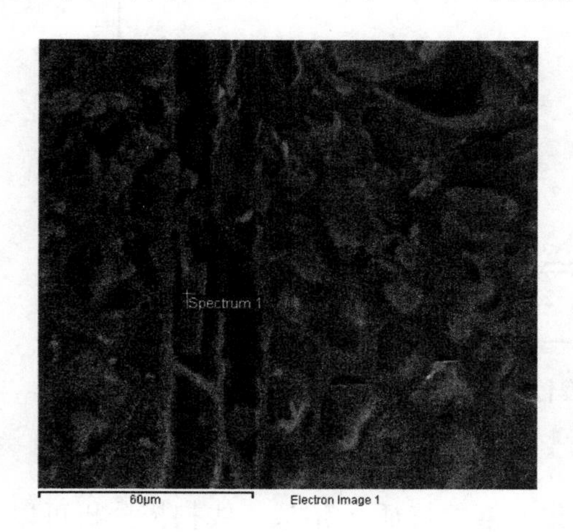

	百分比(%)	百分比(%)
C K	13.63	23.84
O K	39.24	51.51
K K	0.09	0.05
Ca K	46.74	24.49
Mn K	0.30	0.11
总量	100.00	
总量	100.00	

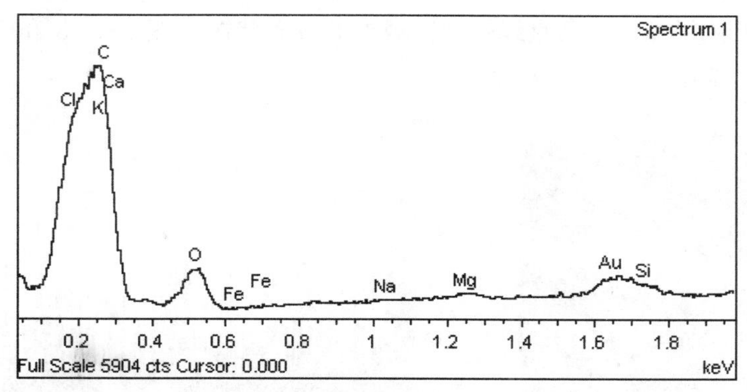

图7-3-1　杨树断面的点扫描

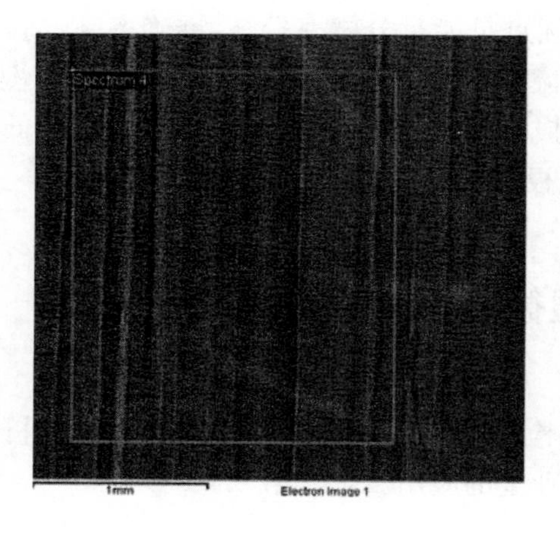

元素	重量百分比(%)	原子百分比(%)
C K	19.50	27.11
O K	55.72	58.61
Si K	24.78	14.73
总量	100.00	
总量	100.00	

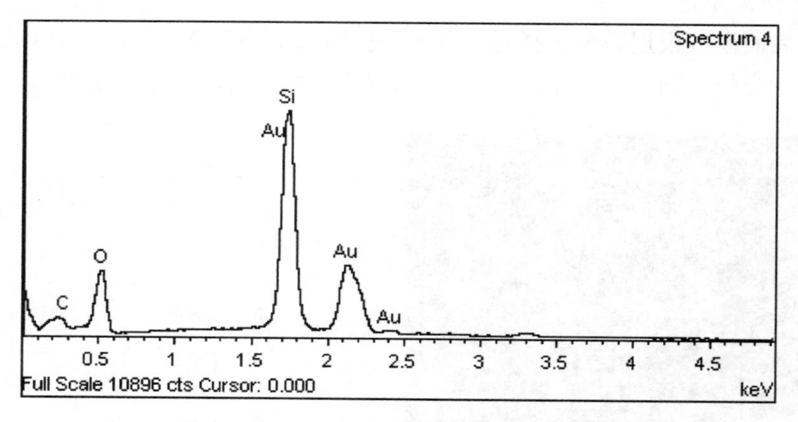

图 7-3-2 特殊处理竹炭断面的点扫描结果

2. 线扫描分析

在样品表面微区沿选定的直线轨迹采集元素的特征 X 谱线。线扫描分析可以表示出某一元素在所测样品的这条直线轨迹区域内的分布状况。图 7-3-3 和 7-3-4 为能谱仪对样品的线扫描结果。

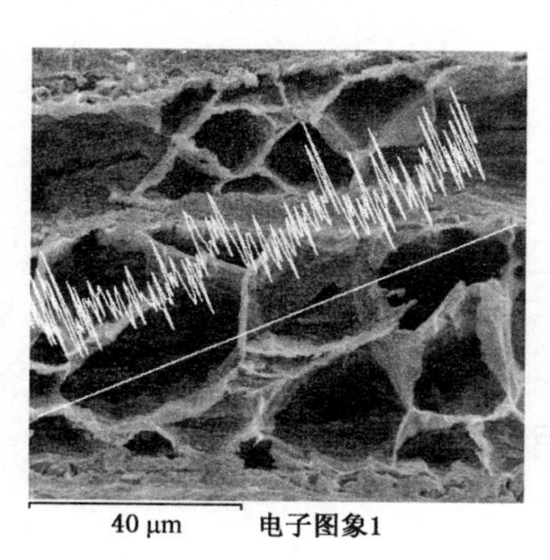

30
20
10
0
0 10 20 30 40 50 60 70 80 90 μm
Palladium La1

图 7-3-3 重金属处理的植物叶片断面铅元素的线扫描结果

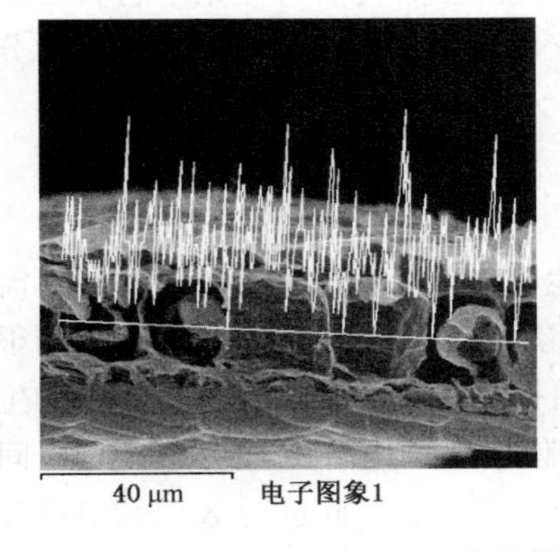

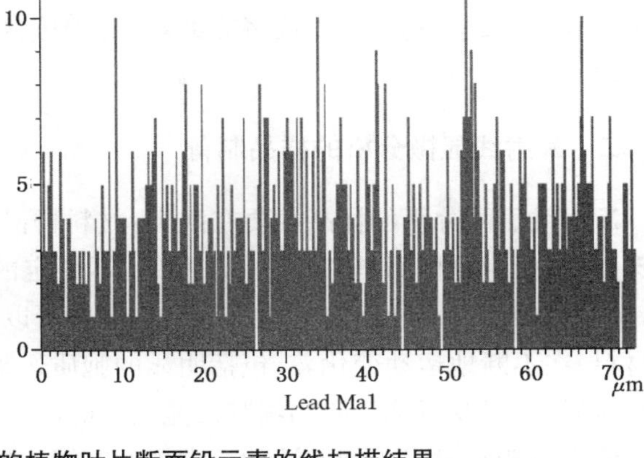

图 7-3-4　重金属处理的植物叶片断面铅元素的线扫描结果

3. 面扫描分析

对样品表面进行扫描显示元素在样品表面的分布图像。图 7-3-5 和 7-3-6 为能谱仪对样品元素的面扫描结果。

图 7-3-5　催化剂断面元素的面扫描分布

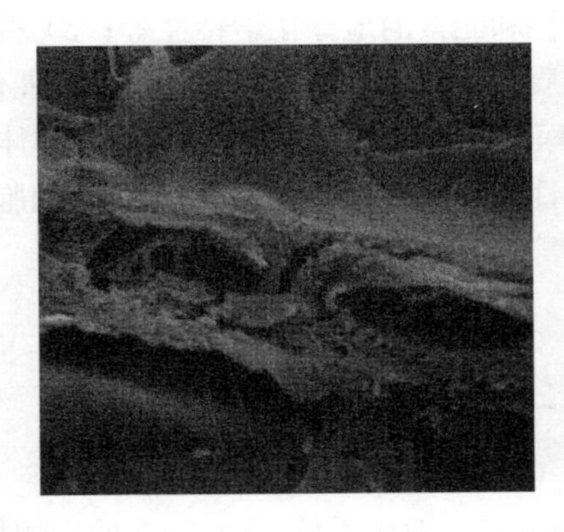

图 7-3-6　Si 元素在杨树断面的面分布

X-射线显微分析仪器与电镜结合使用，称为分析电镜技术，目前广泛用于材料元素测定、环境污染、文物鉴定等诸多方面，为物质所含元素的定性和定量结果提供科学的分析手段。

二、X 射线显微分析的样品制备

X 射线显微分析的样品主要有两类：材料样品和生物样品。其中材料样品一般不需特殊处理，但生物样品是三维的、含水的、不稳定的绝缘体，其各元素的结合程度差别很大，从含硫的蛋白质中稳定的共价键到胞液中可以自由扩散的钾离子等等，尤其是活的生物材料，在不断地运动变化着，包括明显的胞质运动和胞内离子、电解质、分子和大分子间的相对运动，以及新陈代谢和细胞机能结构的破坏和重建等等。因此进行 X 射线显微分析之前必须能瞬时阻止细胞活动。常规的电镜组织处理过程着重保存表面形貌而不顾及细胞可溶性成分的损失，导致部分元素会不同程度地丢失和重新分布。X 射线微区分析样品的制备技术必须既适当地保存结构细节，又保持待分析的元素组成在原位不变，同时具有较好的导热和导电性能。然而，完全达到上述要求十分困难，只能设法尽可能地接近。并且生物样品的类型各式各样，如有块状样品、微生物、分离细胞和细胞器样品、纤维样品、液体样品和切片样品等，各种类型材料制备方法有所不同。因此需要根据分析要求和样品类型选择科学的制备方法。

三、X 射线显微分析的广泛应用

X-射线显微分析方法对原样损伤较小，不需进行研磨、匀浆来提取元素；分析元素范围广（Be_4～U_{92}），定量分析的相对误差低于±2%，还可研究元素的分布状况，同时利用电子图像显示试样表面形貌和组成的变化，因此当前广泛应用在各个学科上，主要有：(1) 金属学，用于测定合金、金属间化合物、偏析、夹杂和脱溶物的组成，研究结晶过程中原子的迁移，考察金属在气相或液相介质中腐蚀和氧化的机理，测定金属渗层、镀层厚度和组成，观察试样中元素的分布，并进行定性定量分析；(2) 岩石矿物、天文地理方面，可用于鉴定微粒矿物，研究矿物内部的化学均匀性和元素的地球化学特性等；(3) 材料科学方面，普遍用于分析研究微电子元器件中的杂质和缺陷；(4) 化工方面，用于对催化剂、颜料、涂料、腐蚀物和纸张改性等的分析；(5) 在医学和生物学方面，用于分析生物体内天然存在的元素，营养元素的运输途径以及跟踪毒性元素在生物体内的分布，检查细胞化学反应产物所含的元素，环境污染对生物体的影响等等。

第四节　EM-EDS 在生物材料上的应用

电镜结合能谱仪的使用一般要求样本保持干燥。对于柔软、含水较多的生物材料，自然晾干会使之失水收缩，虽然不影响所含元素的含量，但会因皱缩而影响进一步对具体组织区域进行更细致的研究。常规的临界点干燥法，能够很好地保存结构形貌，但由于处理过程中化学试剂浸泡、置换的步骤过多，会导致元素成分移动位置或者有少量渗出，影响数据的准确性。因此，如何进行生物样品的前处理至关重要。

笔者多次使用EM-EDS对植物体内重金属元素含量进行检测，通过方法摸索，并且进行结果比较，发现冷冻处理的效果较好，不仅能使结构和成分保存完好，也避免了化学试剂的影响，并且易于操作。

1. 生物材料SEM+EDS测定方法

将5 mm×5 mm×2 mm左右的新鲜样本装在适当大小的铝盒里迅速投入液氮速冻固定，之后将样本进行真空冷冻干燥36 h，干燥的样本经过喷碳或喷金，即可进入扫描电子显微镜结合能谱仪进行组织水平的元素分析。

2. 生物材料TEM+EDS测定方法

将3 mm×1 mm×1 mm左右的新鲜样本装在适当大小的铝盒里，快速投入经液氮冷却的体积比为1∶3异戊烷和丙烷混合液中冷冻固定，之后样本迅速转入真空冷冻干燥48 h，取出干燥的样本加入树脂，25 ℃先真空渗透12 h再常压渗透12 h，包埋，聚合，超薄切片机切片(50 nm左右厚度)，使用透射电子显微镜结合能谱仪进行亚细胞水平上的元素分析。

第八章　电镜的维护、修理和升级改造

电子显微镜属于稀有的设备资源，只有高效利用才能真正提高科研水平，促进其生产力发展，并且避免日趋严重的资源浪费。由于电镜的精度高，结构复杂，任何使用、保养、维修和管理上的失误都会造成设备的损伤，轻则影响科研工作的正常开展，重则造成重大经济损失。这就需要电镜工作者必须具备一定的电子和光学基础，并且不断地提高电镜的维护和修理能力，才能使电镜保持良好的工作状态。

国内的电镜大多于20世纪80年代引进或购置，目前都已处于老化阶段，故障率正在不断提高，影响了超微结构研究工作的正常开展，甚至有些电镜已接近或处于瘫痪状态。分析其原因主要有4方面：

(1) 电镜经过长时间使用后，部分电子器件开始老化，降低了对环境变化的承受能力。

(2) 电镜使用的照明电子束，易对镜筒内的元器件产生污染，保养不当或使用欠妥都会使污染日益严重，导致成像部件的损伤和电源的损坏。

(3) 密集的印刷线路间的距离靠得很近，平常难免会有灰尘吸附，而且时间越长，灰尘吸附得越多，这些灰尘在受潮后，便会导电，产生短路现象以致烧坏元件。

(4) 不规范的修理和操作(尤其是随意开启密封处)致使关键部件功能退化甚至丧失。

针对上述情况，编者首先对电镜的工作环境作了尽可能的改善，使电镜工作室始终保持干净、干燥，同时根据电镜的使用年限相应减短镜筒清洗周期。每次假期过后先将工作室去湿2～3天，方可开启电镜工作，无论有无工作，每周都得开启电镜2～3次，以便使镜筒内保持良好的真空状态。出现故障时，及时排除，对于无法排除的故障，先分析清楚原因，再找经验丰富的专业维修人员配合修理。

必须引起注意的是不能轻易拆卸电镜，任何不恰当的修理所引起的损伤比正常损耗要大得多，甚至会造成无法弥补的故障和重大的设备事故。现将实际操作中的维护、修理方法和升级改造技术介绍如下。

第一节　镜筒的维护

镜筒是电镜的成像场所，所有的部件都必须十分干净，才能保持电镜的高分辨率本领。新电镜的镜筒1～2年清洗一次即可，而使用10年以上的电镜，每年至少清洁1～2次，方可得到信息丰富的高清晰度照片。尤其是在出现以下几种情况时，表明镜筒内的污染已经很严重，应立即清洁，否则不但会降低电镜的分辨本领，还会因放电的冲击力烧坏电子元件和电源。

(1) 图像上出现方向性的畸变，表明物镜光阑污染严重。

(2) 荧光屏出现抖动或忽明忽暗现象，表明电子通道污染严重。

(3) 摄影时，荧光屏的背景上呈现横栏，表明污染已影响了电子束的正常工作。

(4) 镜筒内出现细小的啪啪声，表明电子枪，瓷瓶表面，栅极和阳极不干净引起放电。

每次清洗前都必须认真翻阅说明书，领会清楚清洗原理和步骤，才能逐步提高清洗速度和清洗质量，清洗程序和注意事项如下：

(1) 工作室打扫干净，放好工具和用品。

(2) 拆卸镜筒时，一层一层往下进行，拆下的零件要记住相互间的位置和次序，记不清楚的地方，用笔做好标志。然后用竹签卷上长纤维棉球，沾上荧光屏洁净剂进行逐一清洗，遇到污染严重处，可先用细抛光膏擦去污垢，再用洁净剂清洗，无水乙醇(或丙酮)脱水。拆下的元件如能每次清洗和脱水时都用超声波清洗 5～10 分钟，则效果更好。

(3) 用光镜仔细检查清洗过的部件，确定干净后用电吹风吹干放好。

(4) 用丙酮清洗瓷瓶和镜筒内壁，如瓷瓶上已出现细小的褐色条纹，则先用抛光膏擦洗干净，再用丙酮清洗、脱水，电吹风吹干。

(5) 重新安装时，要按次序进行，并在密封圈上涂上一层薄薄的真空脂。

第二节　真空系统的维护

真空系统是保证电镜正常工作的关键部分。应经常关注其工作状态，并注意日常的维护和保养。一般情况下，电镜每星期须抽真空 2～3 次，即使电镜没有工作，也应如此，尤其是梅雨季节，更要注意真空系统的保养，在做好长时间去湿工作的同时，要使镜筒始终处于真空状态。

一、机械泵

机械泵是让真空系统达到低真空状态的部件。要经常检查油位是否保持在水平线上(机上有指示)，如油位下降，要补充新油，以免造成排气速度减慢，如油变色变质则要更换新油，一般情况下 2～3 年更换一次即可。此外每星期应打开真空压缩机的放气阀放气 2～3 次(新设备每星期放气一次即可)。

二、油扩散泵

油扩散泵是保证真空系统达到高真空状态的部件。如扩散泵太脏或油变质，会延长抽真空的时间，需进行清洗和换油；如果电炉丝(即加热器)变细，阻值增大，抽气速率也会下降，这时可换上同功率的合适炉丝。此外，扩散泵加热器电源下降，也会降低抽真空效率，所以在真空系统故障排查时，应考虑到检查电源电压值是否正常。

三、检漏

使用多年的电镜出现漏气情况，多数属于橡皮垫圈的损坏和老化引起。所以应先注意密封橡皮垫圈之处：如活动光阑杆，标本气锁阀，荧光屏转动轴，照相底片置换机构等，逐个轻轻晃动这些零件，或者用酒精棉球在其周围来回抹擦，并注意真空读数，如有指针相应摆动，则表明此处密封不好，可取出橡皮垫圈，用放大镜或者略微拉长仔细观察，为果伤痕不深，可用细砂低将其擦除，处理干净后，再涂上薄薄一层真空脂，按原位装好即可；如橡皮垫圈出现严重损伤或呈现出龟裂状的老化现象，则应立即更换。此外，在清洗镜筒的过程中，密封圈的位置偏移也会出现漏气现象，尤其是镜筒末端的小橡皮垫圈偏离原位很难注意到，因当在镜筒的高真空度达不到，又找不出漏气原因时，可轻轻取出衬管，重新仔细放置各部分的垫圈，镜筒便可达到高真空状态。

第三节　电子线路及电源检查

电镜的电子线路及各部分电源都很复杂。随着使用时间的增长，部分元器件的老化，故障率会不断提高，因此电镜工作者必须能熟练地掌握一些检查和维修的方法，才能维持电镜工作的正常开展。

检查时可从以下几方面着手：

(1) 从各种电表的指示，聚焦控制钮的位置，荧光屏上的图像和显微照片等判断故障在那一部分；更换保险丝，开关按钮等。

(2) 检查插线接头部分接触是否良好，有无线头脱落或虚焊现象。

(3) 检查电源各部分的电压输出值是否正常，电源的工作点电压变化，往往是造成故障的主要原因。

至于线路的故障和检修，则需由经验丰富的专门维修人员进行修理。高压电源是电镜中最容易发生故障的部分，主要是高压输出端污染后，受潮导电放电现象，以至损坏电子器件和电子枪。因此，电镜工作人员千万不要轻易开启高压包。如果肯定高压箱中有放电现象或其他故障，则应检查其耐压性能。如绝缘强度下降到 25 kV/2.5 mm 以下时，对于固体高压包来说要找专职人员进行修理；而油箱高压包则需要更换新油。换油时，操作人员应注意干燥和卫生，穿上工作服，戴上手套、口罩，认真细致地取出旧油，检查内部元件有无损伤，取出油箱中的脏物、纤维等，将所有元件和箱体用新油清洗干净，再灌入耐压在 40 kV/2.5 mm 以上的新油，切记勿将水和潮气漏入油箱，整个过程宜在晴天进行，时间越短越好，如有空气进入，便会降低耐压强度，严重时甚至会引起电击穿而损坏高压包等器件。处理过的高压包，最好能静置 1～2 天，待气泡上升后再逐步上升高压使用。现将电镜的常见故障列表如下：

表 8-3-1　电镜常见故障的原因或排除方法

故障现象	原因或排除方法
关掉灯丝后，表上有暗电流	1. 电子枪密封不好，受潮放电。 2. 加速电压源出现故障，使加速电压升高。 3. 真空泄漏，或有沥青、绝缘材料等漏出。
束流太大，不能饱和	1. 高压电源的元件损坏或受潮，应立即关掉灯丝，去湿 1～2 天后再开机加上灯丝电流，如是元件受潮，故障可自动排除；如元件已损坏，需对电源部分或高压电缆芯间的绝缘部分进行修理。 2. 灯丝装偏，或是离栅极帽太近。
有束流无束斑无图像	1. 机械对中不好，或电子束通道上的光阑、样品架、衍射挡光板等将光挡住了。 2. 如有半边或一部分光斑，是因未合轴好形成束斑倾斜或偏转线圈的电路出现了故障。
光斑忽明忽暗	1. 电子枪放电。 2. 灯丝不饱和或灯丝电源工作不稳定。 3. 灯丝脚、高压插头座及电路中有接触不良现象。
无束流	1. 灯丝断。 2. 灯丝电源出现故障。 3. 高压插头座或灯丝接触不良。 4. 偏压电源出现故障或灯丝位置太低。
光斑出现伸缩现象，并自行变大或变小	1. 加速电压工作不稳定。 2. 聚光镜电流不稳定或线圈间出现短路、跳火或接触不良的现象。 3. 电子枪放电或电压中心开关未关。
照明光斑比正常时大或小	1. 第一聚光镜稳流器电路出现故障。 2. 第一聚光镜电流变大、变动或短路了。
光斑出现跳动和漂移	1. 电压中心开关未关。 2. 电子束通道污染严重。 3. 电磁偏转电路有寄生振荡或其他电路故障。
照明光斑出现双像或中间镜散焦并有双像现象	1. 电子枪灯丝尖端开裂。 2. 地线接地不好。 3. 镜筒或主机有交流漏电电流通过。
像漂移	1. 样品破裂、不干燥或粘台不牢。 2. 样品台螺丝松动或样品未装好。 3. 电子束束流太大或聚光镜光阑孔太大。 4. 循环水工作不正常，没有达到正常的制冷效果。
像单方向跳动	1. 物镜电流不稳定或线圈间绝缘不好。 2. 电子束通道污染严重。 3. 电子枪放电或高压电源工作不稳定。
物镜不能聚焦或聚焦电流不正常	1. 样品铜网不平。 2. 加速电压工作不正常。 3. 样品架未压到底，样品杯与光阑相碰。

（续表）

故障现象	原因或排除方法
图像移动或跳动	1. 投影镜线圈绝缘不好。 2. 投影镜电源工作不正常。
图像上噪点大且难对中	1. 灯丝装偏。 2. 灯丝架绝缘不好或开裂。
灯丝电流不能饱和或瞬间增大	1. 灯丝高度不适中，离栅极太近。 2. 灯丝没有对中。
图像出现散焦或抖动现象	1. 灯丝架受到严重污染。 2. 高压电源工作不稳定或电子枪的绝缘部分老化。 3. 灯丝插座绝缘不好。 4. 灯丝电源出现故障。

第四节　电镜的升级改造技术

我国自80年代初，从国外引进了大批电镜，它们在提高科研水平和发展国民经济中起到了很大的推动作用，但是经过长期使用性能下降，故障增加，已经不能满足科研、教学和生产的需要，如果报废仪器，就意味着贵重资源的严重浪费，因此对大型仪器进行技术改造，既避免了浪费，更是充分挖掘了大型精密仪器的使用潜力。

一、扫描电子显微镜的升级改造

扫描电子显微镜的维护和保养难度很大，成为当今最难维护和修理的大型精密仪器之一。因其线路和结构极其复杂，不但难以提高使用效率，而且使用寿命也仅在5～10年之间。这不但影响了形态学研究的深入发展，也增加了国家的经济负担。因此，电镜工作者必须重视扫描电子显微镜的升级改造工作。南京林业大学的飞利浦SEM-505扫描电子显微镜于1981年购进，1993被列入报废行列，由于编者重视电镜的维护技术和升级改造，不但提高了电镜的使用效率，也延长了电镜的使用寿命，至今仍保持高分辨运转状态。

1. 扫描电子显微镜升级改造的必备条件

（1）具备良好的技术改造基础。电镜室必须具有熟悉扫描电子显微镜的结构、原理和功能开发的人才。

（2）具备良好的物质改造基础。扫描电子显微镜机械和光学系统的主要结构保持完好，具有改造价值。

2. 扫描电子显微镜升级改造的技术路线

（1）排除和修复镜筒和高压的打火现象。

（2）对整机的各系统及部件进行检查和修换，尽可能的除去故障隐患。

（3）在短余辉显像管前安装上带有PV门的专用数码相机，配合电镜的工作状态，进行调试，达到仪器原有的分辨率和应用功能后，即可开展工作。

二、透射电子显微镜的升级改造

由于透射电子显微镜主要依靠电子光学系统成像，使用寿命较长，但因摄影系统落后，导致工作效率低下和成本提高(胶片价格上涨)。只有经过升级改造，才能提高使用效率和避免大型精密仪器的资源浪费。

1. 透射电子显微镜升级改造的必备条件

(1) 具备良好的技术改造基础。电镜室必须具有熟悉透射电子显微镜的结构、原理和功能开发的人才。

(2) 具备良好的物质改造基础。透射电子显微镜的机械和光学系统的主要结构保持完好，具有改造价值。

2. 透射电子显微镜升级改造的技术路线

(1) 检查高压系统：如高压部分的稳定度降低或出现图像闪烁现象，应及时修复有关部件或更换高压油箱中的绝缘油。换油时要注意环境干燥和防止灰尘等异物污染。

(2) 检查真空系统，清洗潘宁规，更换老化的气管和水管。

(3) 对整机的各系统及部件进行检查，更换磨损严重的老化部件，尽可能除去故障隐患。

(4) 在透射电子显微镜的侧面安装上 CCD，配合电镜的工作状态，进行调试，达到仪器原有的分辨率和应用功能后，即可开展工作。

第九章　电镜技术的相关专利与标准技术

第一节　电镜技术的相关专利

在研究电镜升级改造过程中，笔者发明的《提高扫描电子显微镜内部绝缘性能的方法》(专利号：200810123279.7)是全国重点专利推广项目，被国务院[57号令]列出为鼓励外商投资项目。具体内容如下：

说　明　书

提高扫描电子显微镜镜筒内部绝缘性能的方法

一、技术领域

本发明属实验、分析仪器设备制造技术领域，具体涉及一种扫描电子显微镜的镜筒结构设计发行和高电压绝缘技术。

二、背景技术

扫描电子显微镜(Scanning Electron Microscope，简称SEM或扫描电镜)于1965年发明问世，其工作原理是用一束极细的电子束扫描样品，在样品表面激发出次级电子，次级电子由探测体收集并用闪烁器转变为光信号，再经光电倍增管和放大器转变为电信号来控制荧光屏上电子束的强度，显示出与电子束同步的扫描图像。扫描电子显微镜的特点是景深大，可获得三维图像，图像分辨率可达6～10 nm，能用来对样品的形貌、成分、结晶学及其他物质进行观察和分析，样品不需专门制备，原始状况不会受到破坏，是认识微观世界、进行科学研究和产品研发所必备的现代化大型精密仪器。我国自20世纪80年代开始便从国外购买引进大批扫描电镜，这些设备在提高我国的科研水平和发展国民经济中起到了很大的推动作用。

扫描电镜由真空系统、电子束系统以及成像系统三大部分组成。成像系统和电子束系统均内置在真空柱中，电子束系统由电子枪和电磁透镜两部分组成，主要用于产生一束能量分布极窄的、电子能量确定的电子束用以扫描成像，电磁透镜需要使用高达数万伏的直流电压驱动。

但是，由于设计和材料等方面的原因，现有扫描电镜经过一段时间(约 5～10 年)使用后，装有高压控制组件的镜筒内部绝缘材料开始老化、绝缘性能下降，以致镜筒内产生高压放电，严重干扰扫描电镜的正常工作，轻则在荧光屏上出现黑色不规则横向条纹，影响电镜的分析质量甚至无法成像，重则损坏镜筒内的电子光学部件，甚至造成高压电源击穿。因此，扫描电镜镜筒的使用寿命普遍较短，由生产厂家进行的维修或更换，不仅费用高昂(约为电镜总值的 1/5 左右)，且修理时间较长，严重影响正常工作。

三、发明内容

本发明的目的是改造原有电镜镜筒的内部结构，提高镜筒的内部绝缘性能。

本发明的技术解决方案为：一种提高扫描电子显微镜镜筒内部绝缘性能的方法，其特征是在填充胶 6 和隔离筒 4 之间增加一个胶片层 9，并在隔离筒 4 的下部增加一个绝缘垫圈 7。

胶片层 9 的材料为普通感光胶片片基，绝缘垫圈 7 的材料为聚四氟乙烯。

为了达到更好的绝缘效果，将原有的填充胶 6 改用室温硫化硅橡胶。

具体改造方法在实施例中详细叙述。

四、附图说明

图 9-1 为改造后的电镜镜筒结构示意图。图中 1 为镜筒外壳，2 为连接电缆，3 为灯丝电源控制电路板，4 为隔离筒，5 为高压控制组件，6 为填充胶，7 为绝缘垫圈，8 为灯丝座，9 为胶片层。

五、具体实施方式

菲利浦 SEM 505 型扫描电子显微镜，使用不到 10 年后，装有高压控制组件的镜筒绝缘材料开始老化、绝缘性能下降，以致镜筒内产生高压放电，靠近镜筒甚至能听到内部的放电声，严重干扰扫描电镜的正常工作。

改造方法：

取出高压控制组件 5，清除原有的变质填充胶 6，清除时注意保护好高压控制组件 5 内的元器件，以防损坏。然后将高压控制组件 5 置于 80℃烘箱内 12 小时；

在隔离筒 4 的内部增加一个胶片层 9，用 8～10 层感光胶片片基卷成；

隔离筒 4 的底部增加一个绝缘垫圈 7，绝缘垫圈 7 的厚度为 12 mm，材料为聚四氟乙烯；

高压控制组件 5 经烘干处理后，用国产 704 胶(单组分室温硫化硅橡胶，约需 500 克)，代替原有的填充胶 6 均匀填充于高压控制组件 5 和胶片层 9 之间，注意应将胶液均匀灌入高压控制组件 5 的内部空隙处。

待填充胶 6 全部固化后，装上电镜镜筒下部的灯丝座 8，扫描电镜即可重新恢复正常使用。

有益效果：

经过以上改造后的飞利浦 SEM 505 型扫描电镜镜筒，绝缘性能明显上升，安装使用几十年，目前仍能正常工作，镜筒部件的使用寿命可延长 10 年以上。

说明书附图

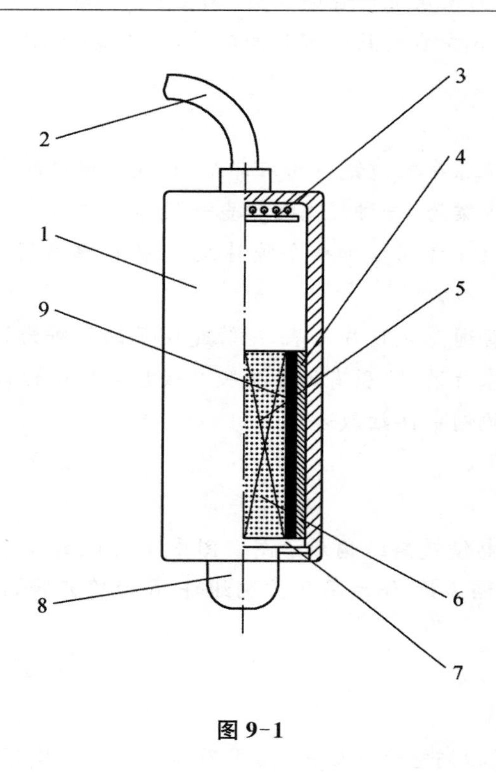

图 9-1

第二节　电镜标准技术

在研究电镜样品制备技术过程中，笔者有关资源再生利用和环境保护方面的成果受到了国内外学者的关注，并得到来访学者的一致好评，其中两项对江苏的经济发展起到了较大的推动作用，被评定为电镜标准技术。内容如下：

一、纸浆纤维组织内部超微结构变化的检验方法

1. 范围

本标准规定了纸浆纤维内部超微结构形态的扫描电镜测定方法。

本标准适用于纸浆纤维内部超微结构形态的检验，其他纤维、纤维素的内部结构变化也可参照使用。

2. 原理

将树脂渗透进纸浆纤维组织中，使纤维细胞腔内外都充满树脂，高温聚合，修平带有纤维的树脂块，通过蚀刻法除掉纤维细胞内外的树脂，再进行导电处理，便可通过扫描电镜观察到纸浆纤维内部结构的裂隙形状和大小。

3. 试剂和材料

(1) 磷酸氢二钠

(2) 磷酸二氢钠

(3) 戊二醛

(4) 锇酸

(5) 丙酮

(6) Epon812(环氧树脂)

(7) DDSA(十二烯基丁二酸酐，固化剂)

(8) MNA(甲基内次甲基二甲酸酐，增塑剂)

(9) DMP-30[2,4,6 三(二甲氨基甲基)苯酚，加速剂]

(10) 氢氧化钠

4. 仪器和设备

(1) 超薄切片机

(2) 离子溅射仪

(3) 扫描电子显微镜

(4) 包埋模板

(5) 玻璃刀

5. 测定步骤

(1) 固定

取少量纸浆纤维置于盛有 4%戊二醛的样品瓶中，预固定两小时以上，0.1 M 磷酸缓冲液清洗 3 次，每次 10 min；再用 2%锇酸后固定两小时，0.1 M 磷酸缓冲液清洗 3 次，每次 10 min。

(2) 脱水

丙酮梯度脱水：70%(10 min)——90%(10 min)——100%(两次，每次 10 min)。

(3) 渗透

样品置于干燥处，按 1∶1;1∶2;1∶3 的比例逐级加入包埋剂，每次间隔 2 小时，让丙酮在 12 小时内挥发干净。

(4) 包埋

将写好标签放进包埋板的槽底部，用镊子将理顺的纤维放进包埋槽尖端部位，添满包埋剂后放入恒温箱内梯度聚合：35 ℃(过夜)——45 ℃(过夜)——60 ℃(过夜)。固化后将样品块剥出。

(5) 修面

将宽 25 mm 厚 6 mm 的玻璃条切割成 25 mm 的方块，再将方块裁成两把 45°角的玻

璃刀。把修好的包埋块夹在超薄切片机的样品夹中夹紧，顶端露出 2 mm，锁住样品臂，再将带有

水槽的玻璃刀放在刀夹中夹紧，并与刀夹旁的标尺等高。水平移动刀台，使刀刃对准组织块，松开样品臂固定锁，一手转动样品臂升降钮使其上下运动，一手调节中调或微调钮，在立体显微镜下修平样品组织表面。

(6) 蚀刻

将包埋块放入 NaOH 饱和溶液中浸泡 6 分钟，进行蚀刻处理后，用蒸馏水清洗样品表面，无水乙醇脱水，再切下包埋块端部，切面朝上，粘台，放入离子溅射仪中喷镀 2 min，取出后即可。

(7) 测定

将处理好的纸浆纤维样品放入扫描电镜样品室内，观察纤维的结构变化，利用荧光屏上的标尺和放大功能测定纤维内部结构的裂隙，读出裂隙值。

图 9-2-1 为新纸浆纤维轻度打浆后的表面和横断面。可见纤维表面有细小纤毛，表明木浆纤维之间结合面积增大，能够增强纸张强度；横断面中细胞壁结构完整，壁、腔分明，表明具有很好的柔韧度和强度。

图 9-2-2 为回用 1 次的纸浆纤维表面和横断面。纤维表面卷曲，不再具有细小纤毛，失去具有高强度的条件；横断面可见由于干燥作用，使得细胞壁出现裂隙，结构受到一定程度的损伤，表明纤维本身的柔韧度和弹性开始下降，强度也必然下降。

图 9-2-3 为回用 3 次的纸浆纤维表面和横断面。纤维表面外表层破裂、分离，降低外表层对纤维的固定作用；横断面细胞壁裂隙加大加深，表明纤维本身的柔韧度和弹性下降加剧，强度大大下降。

图 9-2-4 为回用 5 次的纸浆表面和横断面。纤维表面外表层剥离严重，失去对纤维的固定作用；横断面细胞壁呈全面开裂状，表明纤维丧失了柔韧度和弹性，强度也必然下降。

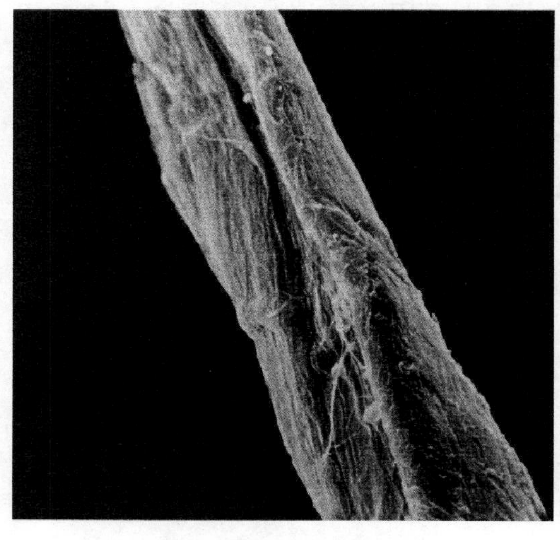

纤维表面超微结构(×1 800)

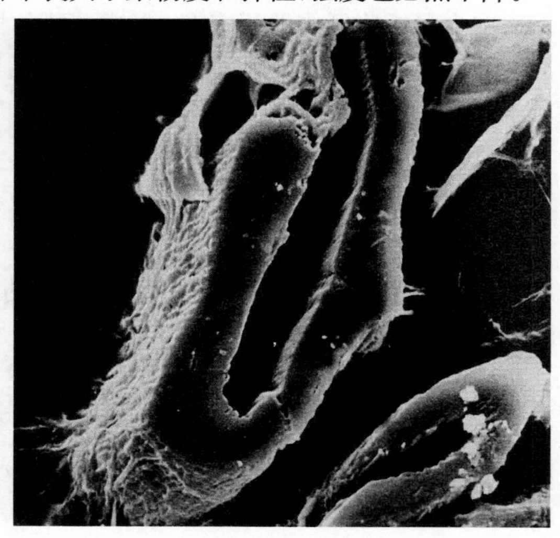

纤维横断面超微结构(×2 000)

图 9-2-1　新纸浆纤维经过轻度打浆

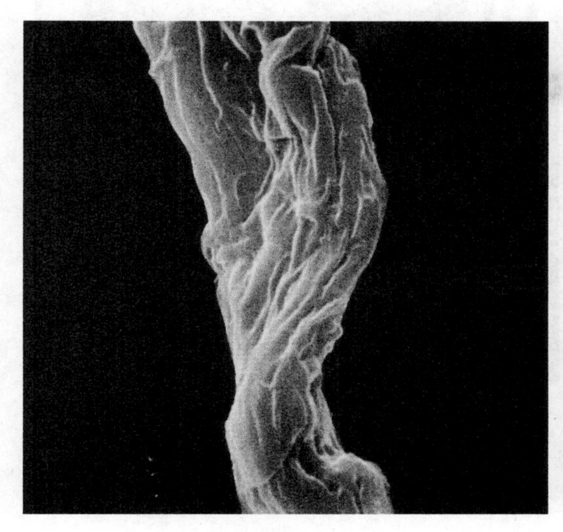

纤维表面超微结构(×1 800)

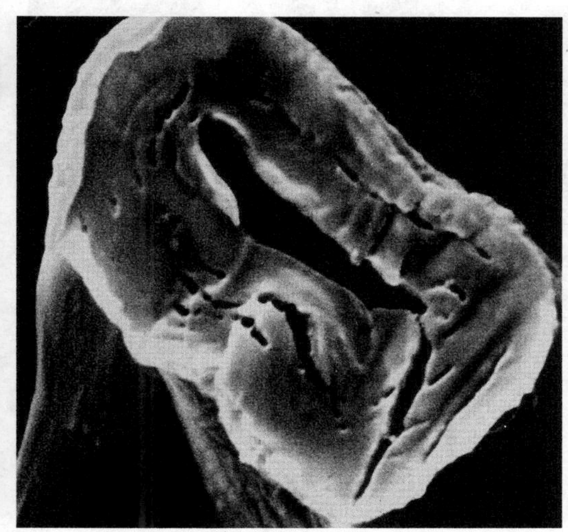

纤维横断面超微结构(×5 000)

图 9-2-2　回用 1 次的纸浆纤维

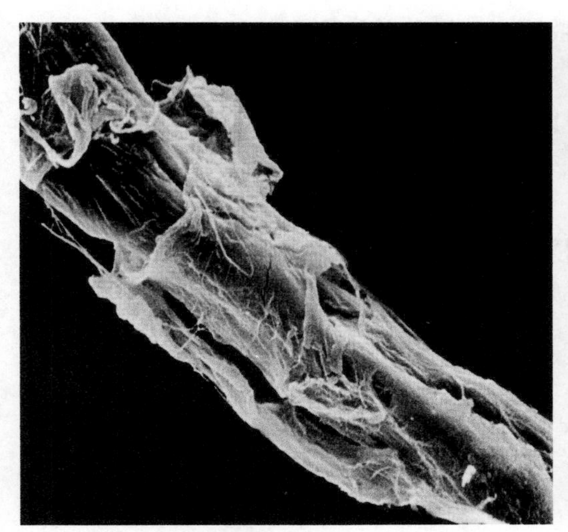

纤维表面超微结构(×1 800)

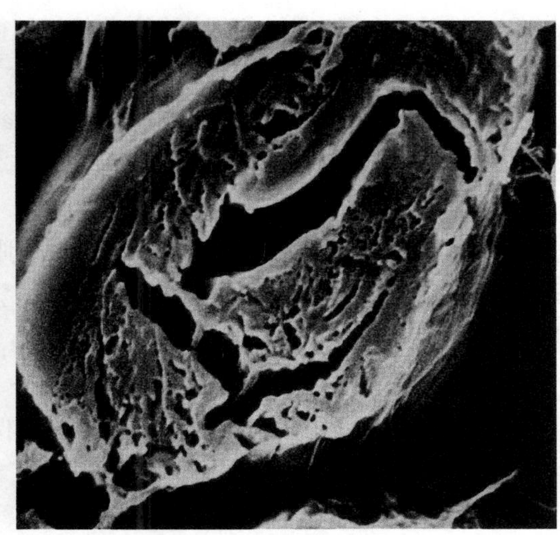

纤维横断面超微结构(×5 000)

图 9-2-3　回用 3 次的纸浆纤维

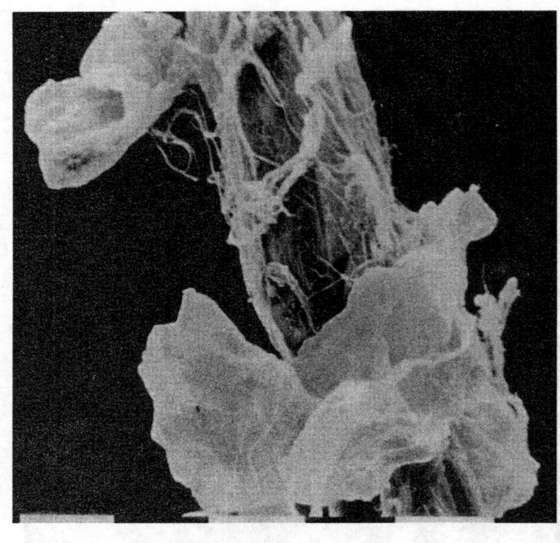

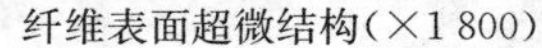

纤维表面超微结构（×1 800）

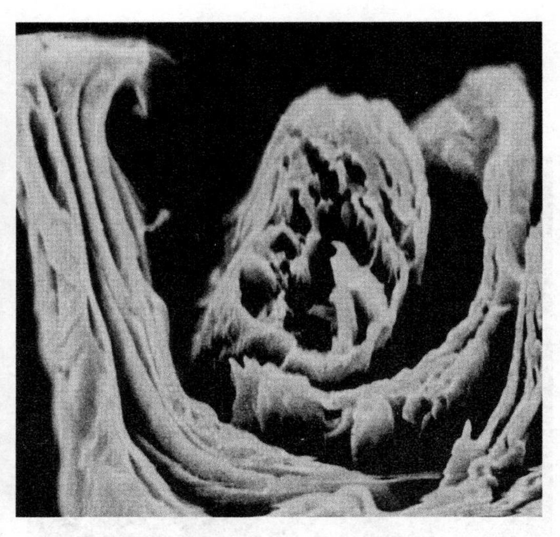

纤维横断面超微结构（×5 000）

图 9-2-4　回用 5 次的纸浆纤维

二、鹅掌楸花部的超微结构变异分析及其元素含量的检测

1. 范围

本标准规定了濒危树种—鹅掌楸花部超微结构变异及其元素含量检测方法的原理、试剂和材料、仪器和测定步骤。

本标准适用于濒危树种—鹅掌楸，其他珍贵树种、速生材树种的花部结构和元素含量的分析可参照使用。

2. 方法原理

根据鹅掌楸花器官发育的不同时期，分别采集花芽、花粉，及时用 4%戊二醛固定，磷酸缓冲液清洗，分别进行扫描电子显微镜和透射电子显微镜样品制备，观察超微结构变异并进行元素含量的测定。

3. 试剂和材料

(1) 鹅掌楸：又名马褂木，国家Ⅱ级重点保护野生植物，主要生长在长江流域以南。

(2) 戊二醛：分析纯。

(3) 锇酸：分析纯。

(4) 乙醇：分析纯。

(5) 丙酮：分析纯。

(6) 磷酸缓冲液：0. 2 M，pH7. 2；0. 1 M，pH7. 2。

(7) 4%戊二醛：用 0. 2 M，pH7. 2 的磷酸缓冲液稀释戊二醛原液至浓度为 4%。

(8) 2%锇酸：蒸馏水稀释锇酸原液至浓度为 2%。

(9) Epon812(812 环氧树脂)：分析纯。

(10) DDSA(十二烷基琥珀酸酐)：分析纯。

(11) MNA(甲基内次甲基二甲酸酐):分析纯。

(12) DMP-30(2,4,6-三(二甲基氨基甲基)苯酚):分析纯。

(13) 包埋剂:Epon812 51 mL,DDSA 12 mL,MNA 37 mL 和 DMP-30 2 mL 混合均匀。

4. 仪器和设备

(1) 临界点干燥仪:英国 EMITECH K850。

(2) 离子溅射仪:日本 HITACHI E-1010。

(3) 超薄切片机:美国 RMC。

(4) 扫描电子显微镜:荷兰 FEI Quanta200。

(5) 透射电子显微镜:日本 HITACHI-600。

(6) 能谱仪:英国 Oxford E-250。

5. 测定步骤

(1) 取样固定

采集南京林业大学校园内鹅掌楸的花芽、花粉并及时用4%戊二醛固定4 h,0.1 M 磷酸缓冲液清洗3次,每次10 min。

(2) 扫描电镜样品制备

乙醇对样品进行梯度脱水:70%(10 min)——90%(10 min)——100%(两次,每次10 min)。然后放入已经制冷的临界点干燥仪内,进行干燥。取出干燥好的样品,使用导电胶粘于样品台上,放入离子溅射仪中,用7微安电流进行3分钟的金离子溅射处理。将处理好的花芽、花粉样品放入扫描电镜样品室内,观察结构变异的过程并进行相关的元素测定。

(3) 透射电镜样品制备

4%戊二醛固定的样品,用0.1 M磷酸缓冲液清洗3次,每次10 min,然后2%锇酸固定至完全黑透。0.1 M磷酸缓冲液洗涤3次,每次10 min,用30%、50%、70%、90%浓度的丙酮逐级脱水,100%丙酮脱水两次,每级每次20 min,然后包埋剂逐级渗透、包埋,于恒温箱中35 ℃ 24 h;45 ℃ 24 h;60 ℃ 12 h进行聚合。取出包埋块,使用锋利刀片将包埋块顶端修成梯形,超薄切片机进行超薄切片,50 nm厚度,铀铅染色,透射电子显微镜观察。

(4) 仪器工作的参考条件

① 扫描电子显微镜:电压20 kV,9.8 mm～13 mm。

② 透射电子显微镜:电压75 kV。

③ 能谱仪:电压20 kV,工作距离10 mm。

(5) 结果分析

① 扫描电子显微镜检测

正常花粉如图9-2-5,数量居多,近球形,形态上呈不同程度的收缩、干瘪。

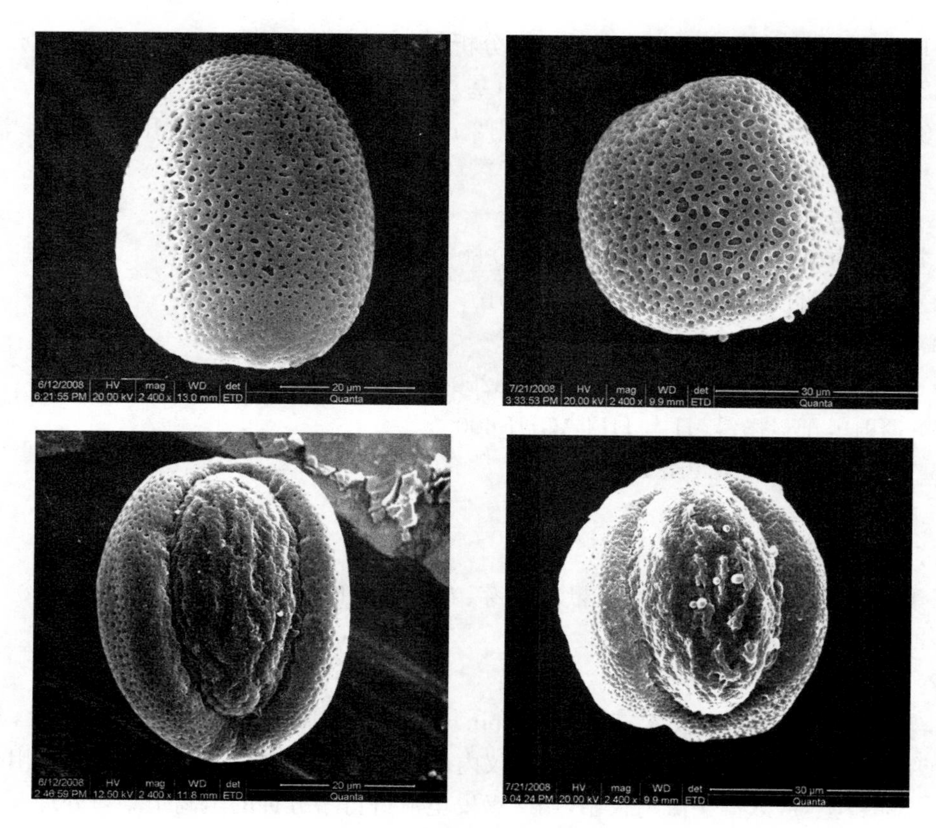

图 9-2-5　鹅掌楸正常花粉

变异花粉如图 9-2-6，数量较多，形态饱满，近球形，萌发沟清晰。

② 透射电子显微镜检测

鹅掌楸花粉透射电镜下的超微结构如图 9-2-7。

图 9-2-7 中 1 为小孢子母细胞正常结构，其细胞质丰富，细胞器结构清晰；2、3 中所示的小孢子母细胞呈现了早期败育状态，其细胞器结构紊乱，细胞质凝聚，呈发育萎缩状，已经失去了活性功能，不能进入减数分裂。

图 9-2-7 中 4 为小孢子母细胞进入减数分裂后形成四分体的正常结构；5 所示的小孢子四分体的胼胝质壁积累异常，内部细胞质凝聚，细胞器退化，局部出现空白区，失去活性的状态明显，不能正常发育形成小孢子；6 所示的小孢子母细胞边缘局部较厚，线粒体形态变异，中间出现空白区，有少数细胞器退化；但小孢子母细胞内仍有许多细胞器和脂滴存在，表明细胞仍有一定的活性，还具有完成减数分裂的可能。

图 9-2-7 中 7 所示的小孢子四分体局部细胞质凝聚，有些细胞器结构不清晰，但部分线粒体结构正常，表明细胞虽然发育不良，但具有活性功能，有进入减数分裂的可能，但很难完成正常的减数分裂或形成四分体。杂种鹅掌楸的花芽分化期正处于细胞分裂旺盛期(一般在春季的 2 月下旬到 3 月上旬)需要大量的营养物质才能满足细胞分裂、生长和发育的需要，但测定结果显示，此时期的蛋白质含量明显下降，这对细胞分裂处于旺盛时期的杂种鹅掌楸来讲，必然会引起营养供应不足，导致小孢子母细胞败育。

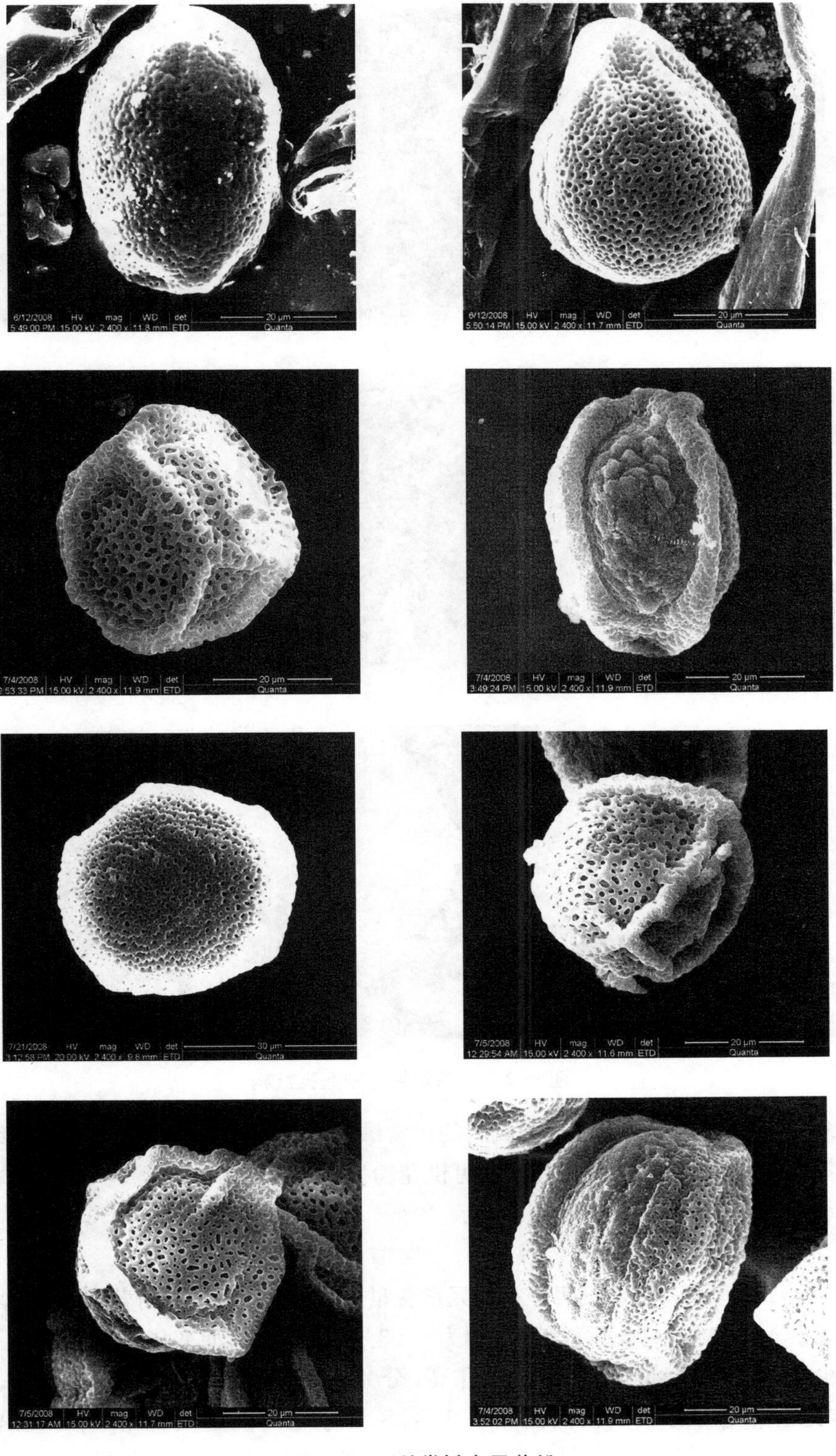

图 9-2-6　鹅掌楸变异花粉

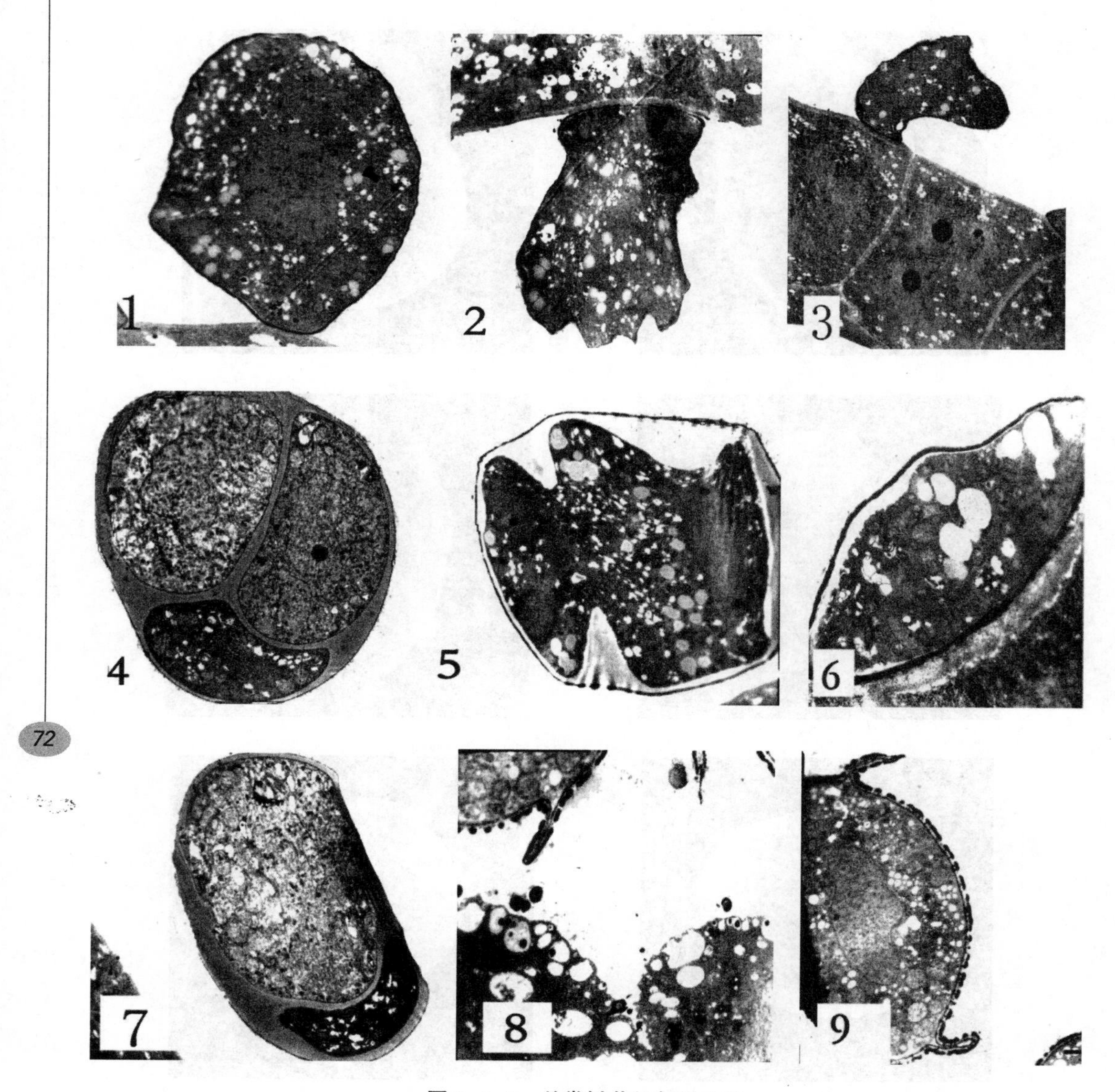

图 9-2-7　鹅掌楸花粉超微结构

图 9-2-7 中 8 为单核小孢子形成后的正常绒毡层结构，其细胞器结构清晰，纤毛转换成营养物质向腔内输送，在边缘处也有可供花粉发育的液泡和脂滴等营养物质输出，其腔内单核小孢子大多数发育良好，如 9 所示。

③ 元素分析

由表 9-2-1 可见，鹅掌楸两种花粉元素含量区别明显，正常花粉营养元素含量较高，重金属元素 Mn 和 Cu 的含量较低，分别为 0.03%和 0.02%；而变异花粉内营养元素含量相对减少，Mn 和 Cu 的含量大幅度升高，分别为 1.31%和 0.93%，S 元素含量为 1.30%，比正常花粉的 0.19%高出几乎 6 倍，Si 元素也出现类似状况，同时又出现了 Ni 元素，含量高达 0.87%。通过结合其他指标的分析，推测这些元素的明显增多可能与花粉的败育有着直接或间接的关系。

表 9-2-1　鹅掌楸花粉元素含量比较

检测项目	正常花粉	变异花粉
元素种类	质量(%)	质量(%)
C	63.73	61.33
O	34.09	31.46
Na	0.86	0.75
Si	0.23	1.32
S	0.19	1.30
K	0.52	0.18
Ca	0.35	0.55
Mn	0.03	1.31
Cu	0.02	0.93
Ni	0.00	0.87

第十章　开展电镜技术工作的要求

第一节　电镜的选择

随着科技的发展，电镜指标的变动和附件的更新也比较快，大约5～8年就更新一代。不同厂家和不同型号的产品，虽然成像的基本原理相同，但往往各具特色。而电镜这种大型精密仪器，属于社会稀有资源，结构复杂，价格昂贵。所以，电镜的选购至关重要。

选购电镜可从以下五方面进行论证：① 满足本单位、本地区的使用范围和功能需求；② 符合本单位的中心任务、发展方向和规划；③ 具有电镜的相关人才和技术力量；④ 性价比高；⑤ 生产厂家有良好的售后服务信誉。

目前，全世界生产电子显微镜的厂家主要有荷兰FEI(原飞利浦)公司、日本日立公司、日本电子公司、韩国MIRERO等，为响应不同学科的研究需要，透射电子显微镜的主要类型有：普通透射电子显微镜、超高压电子显微镜、场发射透射电子显微镜、纳米分析电子显微镜等，扫描电子显微镜的主要类型有：冷场发射扫描电子显微镜、热场发射电子显微镜、钨灯丝电子显微镜、环境扫描电子显微镜、高低真空电子显微镜、分析型电子显微镜、可移动式扫描电子显微镜等。

第二节　电镜的主要辅助设备

电镜的辅助设备分为两部分，一部分是必需的设备，包括空调、去湿机、冰箱、温度计。另一部分则是配合各种电镜技术需要而配置的辅助设备，主要有以下几种：

(1) 离心机：利用离心机转子高速旋转产生的强大的离心力，加快液体中颗粒的沉降速度，把样品中不同沉降系数和浮力密度的物质分离开。在电镜实验中主要用于颗粒较小的样品和液体样品的制备。

(2) CO_2 临界点干燥仪：利用物质在临界状态时，其表面张力等于零的特性，使样品的液体完全汽化，并以气体方式排掉，来达到完全干燥的目的，避免了表面张力对试样的损坏。此时的温度和压力即称为临界点。临界点介质常用 CO_2，它的临界点在+31 ℃及1 072 p. s. i.，操作方便，而水的临界点为+374 ℃及3 212 p. s. i.，很不方便并且容易损坏试样。在电镜实验中主要用于含水扫描电镜样品的制备。

(3) 冷冻干燥仪:冷冻干燥就是将经过冷冻的样品置于高真空中,通过升华除去样品中的水分或脱水剂的过程。它的原理是冰从样品中升华,即水分从固态直接转化为气态,不经过中间的液态,不存在气相和液相之间的表面张力对样品的作用,从而减轻在干燥过程中对样品的损伤。在电镜实验中也是用于含水扫描电镜样品的制备。

(4) 离子溅射仪:真空状态下,在阳极与阴极两个电极之间加上几百至上千伏的直流电压时,电极之间会产生辉光放电。在放电的过程中,气体分子被电离成带正电的阳离子和带负电的电子,并在电场的作用下,阳离子加速跑向阴极,而电子加速跑向阳极。阴极用金属(常用电阻率较小的金属,如金、铂、钯等)作为电极,在阳离子冲击其表面时,其表面的金属粒子被打出,被溅射的金属粒子是中性,不受电场的作用,靠重力作用下落到样品表面,形成一层金属膜,从而增加样品导电性能,防止充、放电效应,在扫描电镜下获得良好的二次电子图像。

(5) 冷冻割断仪:主要用于冷冻割断技术。迅速冷冻后进行割断,操作简便,超微结构保存良好,已得到广泛应用。

(6) 超薄切片机:为透射电子显微镜观察提供超薄切片样品(厚度在 10～100 nm 之间),也用于扫描电镜样品断面的制备。

(7) 真空喷镀仪:主要用于金属投影技术。使原子序数大、化学性能稳定、熔点高的金属在真空状态受热熔化,蒸发出极细小的颗粒喷射到样品上,在样品表面形成一层金属膜。

(8) 能谱仪:与电镜一起用于 X 射线微区分析。电子轰击样品表面产生 X 射线,通过区分能量将特征 X 射线分散开以形成能谱,对样品所含元素进行定性定量分析。

(9) 波谱仪:与电镜一起用于 X 射线微区分析。电子轰击样品表面产生 X 射线,通过区分波长将特征 X 射线分散开以形成波谱,对样品所含元素进行定性定量分析。

第三节　电镜的可选配件

电镜的内置配件可以增加电镜的应用功能,近年来,随着电镜的使用范围不断拓展,内置配件的需求量也在不断增加,电镜可根据本单位的需要和工作开展情况予以配置。因配备部件的价格比较昂贵,购置前,应对配备部件的功能和应用范围及使用效率进行考察。目前电镜的内置部件主要有冷台、热台、EBSD(背散射电子衍射)、拉伸台、环境扫描探头、背散射探头、阴极荧光等,其中冷台、热台、EBSD(背散射电子衍射)、拉伸台多用于材料学,一般用于生物学的有冷台、环境扫描探头等,阴极荧光多用于地质学等。

第四节　电镜室的环境要求

电镜设备是集光、机、电的尖端技术于一体的大型精密仪器,对安装条件和环境的要求很高,需要具备防磁、防震、防尘、防暗流等条件,才能免受外界因素干扰,保证技术指标的稳定,以至得到真正的测试结果。因此,电镜室的布局和环境建设必须满足一定的要求。

一、建筑设计要求

1. 防磁

磁场对电镜的技术指标和正常工作有干扰作用,因此,电镜室应远离高压电缆、变电室以及产生磁场的一些设备。

2. 防震

震动会影响电镜的性能和降低分辨率。因此,电镜室应避开马路,避免震动和噪音干扰;电镜设备不要靠近电梯;主机室应为框架结构,抗震强度需在 7 级以上。

3. 防尘

电镜室需要严格防尘,首先是电镜主机室,其次是超薄切片室,样品处理室及其他相关设备操作室。实验室须采用双层密封窗;地面光滑,易除尘;四周墙壁和顶部既需保温隔热,又要便于打扫。

4. 恒温恒湿

(1) 主要仪器操作室的室内温度保持在 18～25 度之间,相对湿度为 70%左右。

(2) 仪器操作室的墙壁应具有保温和吸音效果。

5. 水

(1) 安装净化水和蒸馏水装置。

(2) 全部水管选用镀锌钢管,禁止使用铸铁水龙头;下水道采用硬质防酸材料,以防止水锈和其他杂质对仪器的影响。

6. 电

(1) 电镜室需要有专用电源线供电,室内设总电源箱和分电源箱,以防止来自电源的干扰。

(2) 电镜室的供电量应超出实用功率 50%,以保证用电安全和留有发展余地。

(3) 主要仪器操作室应安装电源启动器、交流接触器和电流保护器,以防止停电或其他突然故障对仪器带来的影响。

(4) 主机室应安装独立地线,阻抗值<4 Ω,深埋 1 m;其他各仪器操作室可用共用地线,室内安装地线插座。

二、安全措施

(1) 电镜室需要有周密的防火安全措施,如灭火器、消火栓等设备,并落实具体的安全责任人。

(2) 样品制备室需要有毒气柜、通风橱等,以适应配制有毒药品和有异味试剂的工作和安全需要。

(3) 电镜室需要备有不间断电源、应急照明灯和手电筒等,以防止突然停电使用。

三、实验室的布局

电镜室的布局应按照电镜技术的工作特点、性质及程序，进行科学、合理和紧凑的安排。

(1) 电镜室应为独立建筑，设有接待室、值班室，以处理日常事务和假期值班使用。

(2) 电镜室的进入处应设有二道门(缓冲地带)，主要仪器操作室应设有缓冲间，以减少灰尘进入和防止其他污染。

(3) 主机室的门框尺寸应该尽量大，可采用1/3既能打开又能插死，其余2/3全部活动的设计方式，以保证电镜仪器的进入。

(4) 功能比较齐全的电镜室总建筑面积约需1 000平方米，主机房的建筑面积应在30～40平方米，以方便使用和维修需要，其他实验室的建筑面积可在20～30平方米之间。

第五节　电镜工作者的必备条件

电子显微学是自然科学深入研究的重要基础，是一门运用高科技手段探索物质奥妙的交叉型学科，其发展前景十分广阔。电镜技术的科技含量和技术难度都很大，又不断面临着技术的创新挑战，只有综合素质较高的工作人员，才能充分开发电镜功能，满足科研需要。因此，电镜工作者需满足以下几个方面：

(1) 热爱电镜工作，积极上进，认真负责。

(2) 具备较强的光、机、电基础，掌握电镜的原理、结构和基础理论知识。

(3) 具有一定的专业基础，学习和掌握细胞超微结构的构造、功能、发育和变异等理论知识。

(4) 掌握电子显微技术及样品制备技术的要点，熟悉每项电镜技术的应用范围，并具有较强的动手能力。

(5) 不断学习，经常查阅文献，参加学术交流，及时掌握电镜研究方面的国内外发展新动态。

(6) 具有开展科研和教学的能力，不断加强学科之间、单位之间及地区之间的科研协作，在扩大电镜应用范围的基础上，不断提高电镜技术，成为优秀的科研人才。

第六节　电镜实验室的管理

电镜室是集科研、教学、技术服务和资源共享于一体的综合性实验室，其任务多、担子重，而且大型精密仪器的使用、保养和维护难度很大，因此，电镜室需要建立一套科学的管理方法，才能保证各项工作顺利开展。主要包括以下几方面：

（1）制定安全措施，以保证电镜室的工作顺利进行。

（2）明确工作范围和发展目标，制定可持续发展计划。

（3）建立一支有足够实力的科研、教学和技术优势的学术团队。

（4）工作人员职责明确。

（5）根据电镜室的工作特点，严格制定仪器使用制度、仪器保养制度、仪器修理制度、器材保管制度、外借制度和对外服务等各项规章制度。

（6）制定各项仪器操作规程，建立技术档案，做好器材和药品的补充规划，使电镜室的工作始终处于正常运转状态。

第十一章　透射电镜样品制备技术

在利用电镜进行研究之前，把需要观察的实物制备成特殊样品的方法，称之为电镜样品制备技术。

样品制备的成功与否是电镜研究工作的成败关键。只有制备出真实、饱满、反差适中和导电性良好的样品，我们才能在电镜下找出一些尚未被人们发现的结构和细节。只有十分重视电镜制样技术的应用、提高、改进和创新，才能不断地提高电镜的应用水平。

现有的制备技术可分成二大类，一类是透射电镜样品的制备技术，包括超薄切片技术，负染技术，复型技术和投影技术等；另一类是扫描电镜样品的制备技术，包括真空喷镀技术，组织导电技术，冷冻割断技术，临界点干燥技术等，将在第十二章作详细介绍。

第一节　超薄切片技术

超薄切片是透射电镜生物样品制备方法中最基本、最重要的常规制样技术，主要应用于生物组织和细胞器的研究，具有分辨率高(20～25 Å)和可以长期保存的优点。但操作过程复杂，制备烦琐，操作者除了掌握有关技术外，还须认真对待每一个操作步骤，否则将导致前功尽弃的后果。成功的超薄切片必须达到如下几点：

(1) 切片平整均匀，没有刀痕、皱褶、震颤及染色剂的沉淀污染；

(2) 切片厚度一般为 50 nm(500 Å)左右，较薄的切片分辨力较高，但反差较弱，而较厚的切片反差虽好，但分辨力稍差；

(3) 细胞的超微结构得到良好的保存，没有明显的人工假象；

(4) 切片的包埋介质不变形、不分解、不升华，耐受电子束的照射；

(5) 切片染色后，具有良好的反差并可获得清晰的图像。

超薄切片技术的制片过程很复杂，要求很细致，全部过程包括：取材、前固定、清洗、后固定、清洗、脱水、浸透、包埋、聚合、修块、切片及染色等步骤，如图 11-1-1。

一、取材

生物材料在离开机体或正常生长环境后，将不可避免地发生各种“死后”的细胞变化，为了尽可能使生物材料保持生活状态，必须在做好实验前的试材、器材和试剂等各项准备工作后依据“快、准、轻、小”的原则，进行取材。

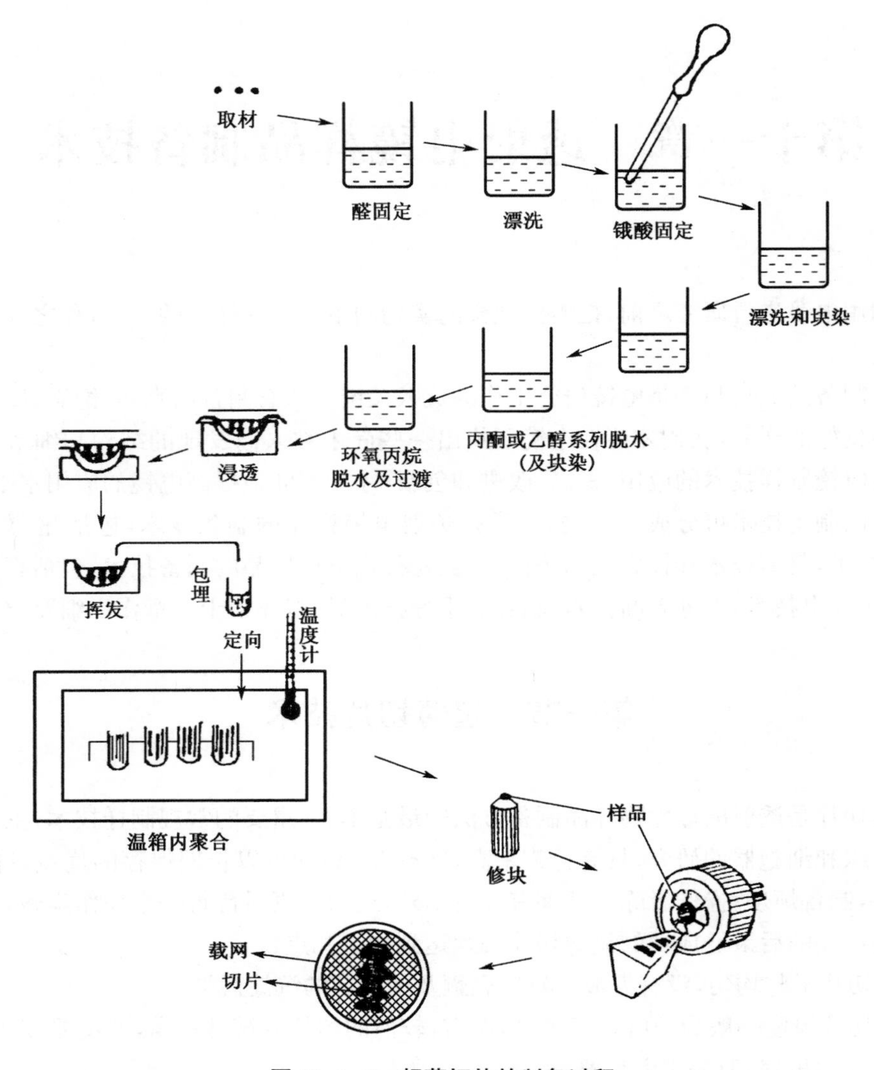

图 11-1-1　超薄切片的制备过程

“快”:操作时要目标明确,动作迅速,而且使样品必须在离体 0.5 min 或 1 min 内浸入固定液,以免时间过长出现细胞自溶和结构变化现象。

“准”:取材的部位要准确,同时还应注意材料的方向性。

“轻”:动作轻柔,不仅要避免对组织的挤压及钳拉,还要注意使用锋利的器械,否则将引起组织结构的人工损伤。

“小”:在不影响观察目标的前提下,取材尽量以小为宜,一般在 0.5～1 mm^3 左右。

1. 植物组织的取材

植物离体后会因失水而引起超微结构的变化,同时植物细胞的细胞壁也阻碍了固定液的迅速渗透,所以在取材时应将样品迅速取下放入随身携带的戊二醛中,回来后,再将所取的材料放在载玻片上的固定液中切成 0.5～1 mm^3 小块,立即放入新鲜固定液中再固定。对于观察时有方向需要的植物根、茎、木材和竹叶等在取材时就要将定位问题考虑在内。

此外，由于植物样品细胞腔大，比重轻，在固定时会出现漂浮现像，使药剂得不到良好的渗透，严重地影响了样品的固定效果，需通过针筒抽气和机械泵抽气的方法加以解决。

2. 动物组织的取材

动物组织的取材是将动物麻醉或急性处死，将需要部分浸入戊二醛，用锋利的解剖刀取出需要的器官和组织，放入戊二醛中固定 10～20 min，然后取出放在带有戊二醛的玻片上，用新的，锋利的刀片将材料切成 1 mm^3 的小块，迅速放入新鲜的固定液中进行固定。对于复杂的器官及脑组织等，应进行原位固定或流灌固定，将组织适度硬化后再行切取。

3. 体外细胞的取材

倒去培养液，倒进适量的醛类固定液，放置 5～10 min，然后用刮刀刮下瓶壁上的细胞，将含有细胞的样品倒入试管中，用离心机低速离心(2 000 r/min)15 min，使细胞类物质凝聚于试管底部，倒去上清液，换上新鲜固定液，继续固定。

二、固定

固定是指用物理方法和化学方法迅速杀死细胞的过程。常用的固定技术有物理固定法和化学固定法两大类。物理固定法指用冷冻、高温和蒸煮等方法迅速杀死细胞组织的过程，在电镜样品制备中主要用于特殊目的。而化学固定法应用更为普遍，它是采用一定的化学试剂来完成固定的全过程。这种化学试剂则称之为“固定剂”，它能和细胞内的大分子物质，发生化学结合形成交联，使蛋白成分得以凝固稳定，也能保存糖类和脂肪，使其保持生活时的状态和位置，从而保存好细胞的精细结构。

1. 理想的固定剂应具备以下条件

(1) 使细胞不产生收缩及膨胀作用，不产生人工假象。

(2) 能迅速而均匀地渗入组织细胞内部，稳定细胞内各种成分。

(3) 立即将细胞“杀死”，尽可能保持细胞微细结构，减少死后变化。

(4) 可保存一定的酶的活性，以利于细胞化学测定工作的进行。

2. 影响固定效果的因素

固定液的酸碱度(pH 值)、渗透压、固定液的温度和时间，以及缓冲液的选择等因素，都会对固定效果产生直接影响。

(1) 固定液的酸碱度(pH 值)。固定液的酸碱度必须与被固定组织的酸碱度基本一致。大多数动植物组织酸碱度的平均值是 7.4，所以固定液的 pH 值也必须在此范围，即必须在 7.2～7.4 之间，对高度含水组织的 pH 值可在 8.0 左右，才能很好地保存动物组织的精细结构。例如原生动物及胚胎组织适用 pH8.0～8.5 的固定液，胃粘膜以 pH 值在 8.5 时效果最佳，而对细菌、病毒等 pH 值可选在 7.0 以下，植物细胞则以 pH 值在 6.8～7.1 之间最好。

(2) 渗透压。固定液的渗透压对维持被固定细胞原有的特定外形十分重要。尽管较致密的组织受影响不太显著，但对疏松化的或含水量大的组织则影响较大。当采用渗透压高时，组织则出现收缩；当采用的渗透压低时，组织又会出现肿胀现象，尤其是高度液泡化的植物细胞，由于液泡液的释放，使细胞突然失去充填而导致细胞膜断裂。因此，如何使固定液和被固定的组织块之间，保持渗透平衡是十分必要的。一般情况下，在固定液内加入适量的非电解质或电解质类物质，可调节其渗透压，使之成为等渗溶液。通常使用的调节试剂有钾、钠、钙盐等电解质或蔗糖、葡萄糖等非电解物质。

(3) 缓冲液。固定液的综合性能，对于组织精细结构的保存十分重要。由于细胞本身的缓冲能力有限，在配制固定液时需加入缓冲液，其目的是把固定液的 pH 值维持在生理值上，保持一定的离子成分，以阻止因渗透压效应而引起的细胞肿胀和收缩。如在非缓冲的固定液中固定时，组织会因逐渐酸化而受到损伤。电镜技术中常用的缓冲液有磷酸盐缓冲液，二甲胂酸盐缓冲液，醋酸巴比妥缓冲液。三甲基吡啶(S-collidine)缓冲液。

① 磷酸盐缓冲液：是仿效细胞外液配制的，最接近细胞的生活状态。无毒，富有生理功能，适合各种固定液配制。长期保存易出现沉淀，临时配制效果最好。

② 二甲胂缓冲液：因含胂而有毒、有异味、需在通风橱中操作。此液可长期保存，不易污染。

③ 醋酸巴比妥缓冲液：与醛类会发生化学反应，不适用于配制醛类固定剂。只适用于后固定剂四氧化锇固定液的配制，不易长期保存，易污染。

④ 固定的时间、温度和样品块的大小。在一般情况下，如果固定时温度较高，不仅可以增加固定剂与组织细胞成分之间的化学反应速度，而且会提高固定剂渗到组织内的速度和组织自溶变化的速率。所以不同固定剂在保存样品质量方面，对固定时间及温度的要求有一定差异。例如：渗透及固定作用都很强的固定剂(如丙烯醛)，一般要求固定温度低，固定时间短；渗透慢和固定适中的固定剂(如四氧化锇)，则要求较长的固定时间，但固定温度可稍高。当前大部分样品采用的标准固定时间是 1～4 h，固定温度为 0～4 ℃。但细胞中的微管、微丝、微菌、孢子和树木的茎干应在室温下固定，并根据其细胞特点相应的延长固定时间，方能得到良好的效果。

“小”的样品是实现均匀固定的最重要条件。如果缺少对电镜样品要“小”这一概念的认识，取材时往往贪大，因而常造成失败。此外由于大多数固定剂，其穿透力每小时仅有 0.25～0.5 mm，所以取材固定时，0.5～1.0 mm^3 是较理想的电镜样品尺寸。

3. 固定液试剂的类型、特点

化学固定剂可分为凝固性和非凝固性固定剂两类。其中凝固性固定剂，可与蛋白质之间发生反应产生不可逆的永久性变化，变为大块凝聚性沉淀。这类固定剂(包括乙醇、丙酮、醋酸、苦味酸及某些重金属)只适用于光镜样品的固定。非凝固性固定剂，可使蛋白质交联成稳定的凝胶结构，而蛋白质分子结构并不发生明显的凝聚变化。这类固定剂包括各种醛类、四氧化锇及高锰酸钾等。但各种固定剂对细胞成分的固定都是有选择性的。所以在实际应用中，应根据不同的实验目的选择相应的固定剂。

(1) 四氧化锇(OsO_4，锇酸)。四氧化锇是一种淡黄色、具有强烈刺激味的剧毒晶体，分子式为 OsO_4，分子量为 254.2，它的水溶液呈中性，故“锇酸”二字实为一种误称。四氧化锇具有强氧化剂特点，是一种很好的电子染色剂，当样品经四氧化锇固定后，金属锇可被结合在细胞结构里，因而在电镜观察时可以获得很好的图像反差。它与氮原子有很强的亲和力，因此在蛋白质分子之间形成交联，使蛋白质的分子固定。它能固定脂蛋白，使生物膜结构的主要成分磷脂蛋白稳定；还可与变性 DNA 以及核蛋白起反应。

四氧化锇不能固定糖类和核酸，如单独用四氧化锇固定时，大部分碳水化合物包括糖原皆可被溶掉。

四氧化锇固定剂的缺点是其分子较大，渗透能力较弱，在 1～1.5 h 内，仅渗透 0.1～0.5 mm，常会出现固定不均现象，因此取材不应超过 0.5～1.0 mm^3。此外，经四氧化锇长时间的固定会造成脂蛋白复合体的溶解，使组织变脆。给切片带来困难，所以四氧化锇固定的时间应控制在 1～4h 内。四氧化锇还是酶的钝化剂，因而不适于作细胞化学的固定。四氧化锇易与乙醇或醛类等发生氧化还原反应产生沉淀，故用四氧化锇固定后的样品，必须用缓冲液或双蒸水彻底清洗后，才能进入乙醇溶液中脱水。

四氧化锇具有强烈的挥发作用，即使在晶体状态下亦如此，挥发的蒸气具有一定毒性，对皮肤、呼吸道黏膜和角膜等都有固定损伤作用，所以在配制时应注意通风，最好在通风橱中进行操作，由于受热受光更易引起四氧化锇的氧化挥发，所以配好的四氧化锇储存液(2%的水溶液)，必须贮存于棕色带磨口塞子的试剂瓶中，外包黑纸，置于冰箱中保存待用。存放锇酸溶液的容器不干净，或配制时间过久，锇酸就会被氧化还原为黑色"锇黑"，此时的四氧化锇水溶液逐渐失去原有的固定效力。因此，锇酸溶液最好在使用前配制，其正确的配制方法是：用砂轮在装有四氧化锇晶体的玻璃管上划一深痕后，用双蒸水洗净，将玻璃管放入干净的磨口瓶内，用力将其震碎，再迅速倒入量好的双蒸水，适当震荡，完全溶解的时间约需 1～2 天，贮存待用。

(2) 醛类。醛类固定剂包括戊二醛、丙烯醛、甲醛、多聚甲醛等，此类固定剂的优点是：

a. 对样品的穿透力较强，能固定较大的组织块。

b. 能很好地固定蛋白质和糖原等结构。

c. 不易使酶丢失活性。

d. 长时间固定不会使组织变脆，因此能较好的保存组织的超微结构。

其缺点是：

a. 不能保存脂类。

b. 对细胞膜显示较差。

c. 无电子染色作用。

① 甲醛：是醛类固定剂中最简单的单醛，市售甲醛液仅含 36%～40%的甲醛俗称福尔马林。福尔马林内含有 10%～15%甲醛(稳定剂)和微量蚁酸，甲醇的存在有损于微细结构，如作为固定剂时应预先进行处理。

由于甲醛的分子较小，渗透较快，在固定很致密的种子，脆弱的脑组织等方面具有良好作用。在细胞微细结构的保存方面稍劣于戊二醛，但在酶活性保存上却比戊二醛好，所以甲醛液一般多用于组织化学固定或快速固定。为了保证获得新鲜的配液，现用多聚甲醛粉在临用前配制。

② 戊二醛：是电镜样品制备中，最常用的固定剂。它具有简单结构的五碳醛，含有两个醛基，对细胞的精细结构有很强的亲和力，因此是一种很好的固定剂。其分子式为 $C_5H_8O_2$，其分子量为 100.12。如果戊二醛的水溶液浓度较高则易发生聚合，故其商品多为 23%及 25%的戊二醛水溶液。目前使用的戊二醛大都为进口分装。日久后会变质发黄，影响固定效果。若将其纯化，可加入活性炭或蒸馏提取，则可大大提高固定效果。提纯的戊二醛应保存在 4 ℃环境中，否则仍会聚合，且 pH 值可下降至 3.5 左右。

戊二醛作为生物样品的固定剂，具有以下优点：

a. 对组织的渗透力比锇酸大，而且能保存组织内某些酶活性。

b. 与蛋白质之间的反应较快，能较好地保存蛋白质的结构。

c. 对细胞内的微管及滑面内质网、线粒体等膜性结构保存较好。

d. 可以较好地固定和保存组织里的糖原。

e. 能够较好的固定植物组织。

戊二醛作为固定剂的主要缺点：

a. 没有电子染色作用，单独固定的生物样品反差不好。

b. 脂类及其他一些微细结构，在脱水时易被提取出来。

现在，大都用戊二醛作预固定，锇酸作后固定，这种双重固定法可使二者相互取长补短，对组织的微细结构有良好的固定效果。但在戊二醛固定之后，必须充分清洗，才能转入锇酸固定。

戊二醛固定液一般用磷酸缓冲液或二甲胂酸钠缓冲液配制。由于醋酸—巴比妥缓冲液易与戊二醛发生化学反应而使醛基失效，故不能使用。

(3)高锰酸钾($KMnO_4$)：是一种强氧化剂，具有电子染色作用，它是磷脂蛋白结构优良的固定剂，保存膜系统特别好，例如质膜、神经髓鞘、内质网、叶绿体及其他膜结构都可得到良好的固定。但是对于细胞内的颗粒或纤维结构的固定效果不佳。

高锰酸钾固定液的配制较简单，在使用时取 1.2%高锰酸钾水溶液与醋酸—巴比妥缓冲液等量混合即可；也可配制成 1%高锰酸钾水溶液使用。

4. 常用的固定操作法

(1) 单固定法：对于单细胞或渗透性良好的组织材料可用 1%～2%四氧化锇固定 1～2 h；对于木质纤维可用 1%～2%高锰酸钾水溶液固定 3 h 左右。

(2) 双固定法：即先用戊二醛作前固定，再用四氧化锇作后固定。此法可使戊二醛和四氧化锇相互取长补短，有利于保存细胞内各种微细结构，适用于大多数动、植物材料的样品制备，现在已被普遍采用。对于植物的叶、幼茎、幼根用 2%～4%戊二醛固定 2 h，用 1%～2%的四氧化锇固定 2～3 h，而树木的茎干部位样品则需将前后的固定时间分别延长 2～3 倍；对一般的动物材料的前、后固定可各用 1～1.5 h；对游离细胞前、后固定可各用 0.5 h 左右。值得说明的是大多数生物样品在戊二醛中的固定时间可延长至几天，仍能保持结构的完好性。

固定液的用量以能淹没样品为准，固定液过少，组织固定不充分，固定液过多，则又造成浪费。样品经戊二醛固定后呈淡黄色，再经锇酸固定后则变成黑色。对于不易取成合适大小的生物样品，可采取先用2%～4%戊二醛预固定15～20 min的方法而后再进行修块达到标准大小。

(3) 原位固定法：此方法多用于解剖比较复杂或对缺氧比较敏感的组织，可避免因取材而造成的组织缺氧或组织自溶。具体方法是在动物麻醉保持血液供应前提下进行，边解剖边将固定液加到被取器官上，直至组织达到适当的硬度为准。最后将所需的组织取出作常规双重固定。

(4) 灌流固定法：将固定液通过血液循环的最短途径灌注到动物的相应部位。待被灌流的组织适度硬化后，再细致解剖取材，并按常规双固定法操作。例如，在做动物脑下垂体取材的实验中，经双侧颈动脉灌流固定，其固定液约需30～40 mL，即可使脑组织中的垂体达到中等硬化的要求。也可先用生理盐水灌洗，再行固定液灌注。

(5) 游离、培养细胞固定法：利用培养皿培养出来的细菌或细胞需要固定时，先弃去培养液，加入戊二醛固定液，放置5～10 min，再用刮板将细菌或细胞刮下倒入离心管中，经4 000 r/min离心10～15 min，使细菌或细胞沉淀为团块，轻轻吸去上清液，沿管壁缓缓加入戊二醛固定液15～30 min，再吸去上清液，经缓冲液反复清洗15 min以后，继用1%锇酸对样品作后固定30 min。如果用塑料膜、玻璃片或微孔滤器培养的细菌或细胞，则将样品连同培养支持物一起投入戊二醛固定液中直接固定，而后再将其从支持物上刮下离心，或包埋后再揭下玻片进行样品超薄切片制备。

5. 良好的固定标准

固定良好时，细胞中没有明显的空白区，没有粗大的凝聚块团，基质中充满精细的颗粒、膜结构线条清晰。良好的固定标准见表11-1-1。

表11-1-1　良好的固定标准

细胞组成部分	固定效果
细胞壁	结构致密、层次清晰、没有断裂
细胞基质	精细颗粒状、没有空白区
粗面内质网	扁平的内质网池有序排列、膜上有核蛋白体
滑面内质网	分支小管状、膜完整、无颗粒
高尔基复合体	扁平囊池成叠排列、膜完整
线粒体	无肿胀或收缩、膜完整、基质致密
核　膜	膜完整、核孔清晰
核内含物	均匀、致密
质　膜	膜完整、结构清晰
质　体	基质致密、膜及片层结构完整、清晰

三、漂洗与脱水

1. 漂洗

在电镜样品的制备中，为了防止戊二醛、四氧化锇和脱水剂三者之间的相互作用和还原反应，需用缓冲液在后固定和脱水之前对样品进行漂洗。漂洗时最好使用与配制的固定液一致的缓冲液。一般情况下，更换药剂时需漂洗 2～3 次，每次 5～15 min。

2. 脱水

由于大多数包埋介质都不溶于水而溶于有机溶剂，所以必须将生物样品中的游离水驱除干净，才能保证包埋剂完全渗透到生物样品内。此外，生物组织含水量极大，为了保证在样品制备和切片过程中，组织结构不被破坏，包埋介质必须完全渗入组织和细胞内部，因而也必须使用与包埋介质相混溶的有机溶剂来置换出细胞中的游离水。再则，如果含有水分的生物样品进入电镜的高真空中，样品就会急剧收缩并放出水蒸气，使电镜的高真空遭到破坏，因此，脱水是电镜样品制备中的重要程序。

(1) 常用的脱水剂及脱水程序。常用的脱水剂为乙醇和丙酮。它们既能与水相混溶，又能与包埋剂相混溶；若脱水急骤，常易引起组织块中渗透压等条件的剧烈变化，样品出现猛烈收缩，会导致样品结构的破坏。因此，要求脱水时必须逐级提高有机溶剂的浓度，而且每一级脱水的时间不应过长，一般以 5～15 min 为宜。具体的脱水程序为：

0.1 M 缓冲液彻底清洗样品 2～3 次，每次 5～15 min

50%乙醇或丙酮 5～15 min

70%乙醇或丙酮 5～15 min(可置于冰箱内过夜)

90%乙醇或丙酮 5～15 min

100%乙醇或丙酮 2 次，每次 5～15 min

游离和培养细胞的脱水时间可适当缩短，必须注意的是脱水时间可根据样品大小进行调节，原则上是样品越小，脱水时间越短，反之，则越长。

(2) 脱水时的注意事项

① 脱水一定要彻底，特别是 100%乙醇或丙酮应绝对保证无水，为此可事先加入吸水剂进行吸水处理。

② 如果当天完不成浸透、包埋操作时，应将样品停留在 70%脱水剂中保存过夜，因为 70%浓度时最接近生物样品的生活状态，所引起的组织块体积变化最小。高浓度的脱水剂、尤其 100%脱水剂中决不可停留过夜，否则不仅可引起组织内过多的物质被抽提，而且会使组织块发脆造成切片困难。

③ 脱水操作时，动作要迅速，特别是用 100%脱水剂时，更要注意样品块不要在空气中停留时间过长，否则会造成样品干燥，结构变异，还会使样品内产生小气泡，致使包埋剂难以浸透。

四、浸透与包埋

浸透与包埋的好坏，是超薄切片成败的关键之一。它的目的是用包埋剂逐步取代样品中的脱水剂，使细胞内外所有的空隙都被包埋剂所填充。浸透好的样品块放入灌进包埋剂的模具或胶囊中，经过紫外线照射或加温聚合，即可制成包埋块。

在聚合过程中，样品内的各种结构得到坚固的支持，并可承受超薄切片的切割和电子束的轰击。因此样品没有得到很好的浸透与聚合，其切片就易于破碎不全。

包埋块的硬度和弹性应该适中，而且其中不能夹有气泡，否则很难得到理想的切片。为此，在超薄切片制备过程中，应根据样品的性能和周围环境的特点，选择好适当的包埋剂。

理想的包埋剂应该具备以下条件：

能与脱水剂完全混溶；黏度低、易操作、而且易于渗入样品内部；聚合后质地均匀，体积变化小，能耐受电子束的照射与轰击；在浸透包埋过程中，对细胞成分抽提少，在电镜高倍放大下，不显示包埋剂本身的任何微细结构；包埋后具有良好的切割性能，包括均匀性、可塑性、硬度和弹性等；对人体无毒害作用，且材料来源丰富，操作简便，价格便宜。

1. 常用的包埋剂种类

(1) 环氧树脂类：这是当前采用最多的包埋剂。它具有三维交联结构，包埋后可保存细胞内的微细结构，对组织损伤小，聚合后体积收缩率低(2%左右)，耐受电子束轰击。其缺点是黏度较大，操作不便，切片较为困难，而且反差较弱。包埋块切片时的难易，与树脂、固化剂、增塑剂及催化剂之间的比例有关，而且还取决于聚合的温度、时间等因素。常用的催化剂有(二甲氨基甲基苯酚)简称为 DMP-30、二乙基苯胺及乙二胺等，其主要作用是可以催化聚合反应，但本身并不加入到树脂链中。常用的固化剂(硬化剂)有十二烷基琥珀酸酐(DDSA)、六甲酸酐(MNA)等，它们参与树脂三维聚合中的交联反应，并被吸收到树脂链中。常用的增塑剂为邻苯二甲酸二丁酯(DBP)，其主要作用是提高包埋块的弹性和韧性，改善其切割性能。

目前，常用的包埋剂种类有：

① Epon812 树脂包埋剂

这是目前国际上普遍采用的一种优良包埋介质。它是一种无色或淡黄色的液体，黏度较低(25 ℃时为 150～210 厘泊)，故渗入组织较快。其缺点是有时切片易皱，切出的片子容易产生颤痕，包埋块容易回潮，制好的包埋块要放在干燥器内，否则容易影响切片质量。

② ERL-4206(又名 Spurr 树脂)包埋剂

这是一种含有两个环氧基的树脂，化学名为 Vinyl cyclohexene dioxide(简称 VCD)，黏度很低(8～10 厘泊)，可以较好的渗透具有硬的木质化细胞壁的植物细胞。

③ 618# 环氧树脂包埋剂

这是一种黄色透明的黏稠液体，对组织标本损伤小，保存结构精细，特别是对膜系统结构有良好保存作用，切片后可用铅染色增加反差。其缺点是黏度较高，渗透不均匀，如与 600# 树脂配合使用，可降低树脂黏度，得到良好的渗透效果。目前在国内已得到了较为广泛的应用。

(2) 甲基丙烯酸酯：主要用于电镜包埋技术的早期。现已很少使用。其优点是黏度低，极易浸透，具有良好的切片性能及良好的反差；缺点是聚合后收缩率大，造成样品损伤，在电子束的照射下易升华，并导致组织结构破坏和镜筒污染。

(3) 水溶性包埋剂：是进行细胞化学研究较理想的包埋剂。由于这种包埋剂呈水溶性，所以组织标本在水洗后可直接投入包埋剂中，避免因使用乙醇、丙酮等脱水剂对样品成分的抽提，同时也避免组织内酶活性的降低、破坏和人为扩散。另外，水溶性包埋剂可以在较低温度的紫外线照射下进行聚合，避免了一般包埋剂必须在高温下聚合而给酶活性带来破坏，所以是酶活性定位和定量研究的优良包埋剂。如 Durcupan、乙二醇甲基丙烯酸酯(GMA)、聚乙二醇、Aquon 等。其中 Durcupan 是以环氧树脂 X133/2079 为基础的一种无色塑料，其黏度低，呈水溶性，是当前应用较普遍的一种。但是，单纯使用水溶性包埋剂，制作的切片常易被水溶解，因此，最好选用能与上述水溶性树脂相混溶的环氧树脂作超薄切片的包埋剂。

2. 浸透

脱水后的样品应经过逐级浸透的过程。并可采用真空减压法或摇晃法加强渗透效果。但应注意其渗透时间不宜过长，否则会造成样品内物质被抽提。渗透的具体过程为：脱水后样品迅速移入丙酮、包埋剂等量混合液，30 分钟或数小时后移入纯包埋剂中，数小时或过夜后再进行包埋。另外，还可用环氧丙烷作过渡溶剂，其浸透程序为：脱水后样品置入乙醇、环氧丙烷等量混合液中(15～30 min)置入环氧丙烷中(2 次，各 15～30 min)，置入环氧丙烷、包埋剂等量混合液中(0.5～4 h)，置入纯包埋剂中(数小时或过夜)包埋。对于要求较高的样品，可以参照下列表中的渗透程序进行操作。

表 11-1-2　生物材料的渗透程序表

脱水剂：包埋剂 (或转换剂：包埋剂)	动物材料 (h)	植物材料 (h)	体外培养细胞 (h)
3∶1	1	2	0.5
1∶1	1	4	0.5～1
1∶3	1	4	0.5
纯包埋剂	半天或过夜	半天或过夜	2

3. 包埋

(1) 常规包埋法：一般包埋大都采用硅胶包埋板或特制的多孔(锥形)橡胶包埋板等。包埋模具种类见图 11-1-2。

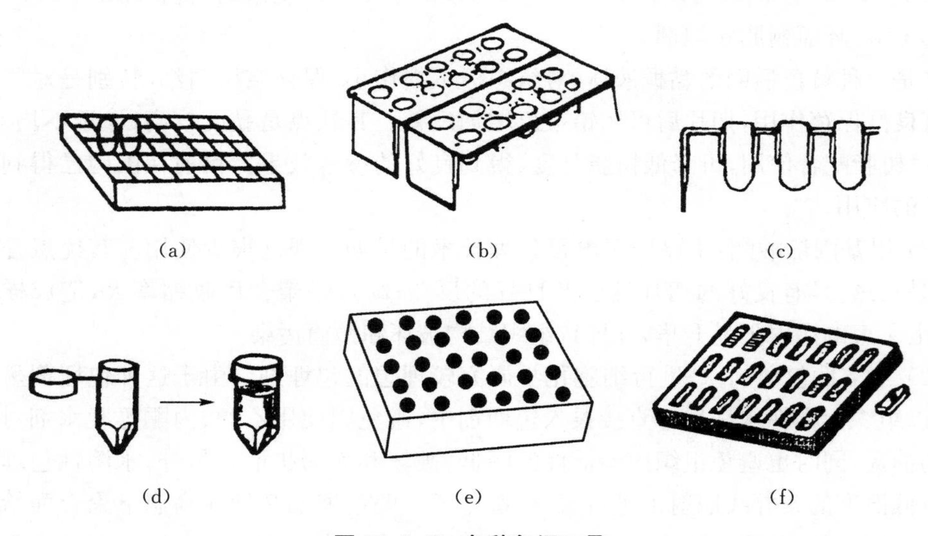

(a)　(b)　(c)　(d)　(e)　(f)

图 11-1-2　各种包埋工具

常规包埋的具体做法：在包埋前先将写好标签的硫酸纸条放进包埋板，后加入配置好的包埋剂，置入干燥箱里烘干，再用牙签挑起组织块，放入包埋板的尖端顶部，如果对样品切割面有定向或层次要求时，必须在取材时就做好标志，以便在包埋及切片时进行定向处理。然后将包埋板放入恒温箱内加温聚合：35 ℃（过夜）——45 ℃（过夜）——60 ℃（过夜）。如直接用 60 ℃恒温箱加温聚合 24～36 h 亦可。聚合固化后将样品块剥出包埋板，即可进入切片程序。（包埋头放置 7 天后，切割性能可得到明显的改善）。

（2）水溶性包埋剂的技术操作方法：固定水洗后样品不必经过脱水可直接进入各级 Durcupan 中，最后入 Aradire 包埋。其具体操作步骤如下：

样品充分水洗后：

50% Durcupan 水溶液	20 min
70% Durcupan 水溶液	20 min
90% Durcupan 水溶液	20 min
100% Durcupan 水溶液	40 min
100% Durcupan 水溶液	40 min
Durcupan；Araldite(3∶1)	60 min
Durcupan；Araldite(1∶1)	60 min
Durcupan；Araldite(1∶3)	8～12 h
Araldite(纯)	60 min

（3）包埋时注意事项

① 浸透、包埋用注射器、吸管、烧杯、胶囊、牙签及其他器皿，均应在用前烘干，不能有任何水分；用后要及时清洗盛过包埋剂的器皿，否则树脂难以清洗。清洗时先用废纸擦净剩余的包埋剂，再用废环氧丙烷进行初步清洗，然后放入洗衣粉溶液中浸泡、清洗。

② 所用药品均应注意防潮，药品应在干燥器中存放或在冰箱里保存。但从冰箱中取出的药品必须等到恢复至室温时才允许打开盖子，否则水分会进入药品内。

③ 操作时皮肤切勿接触包埋剂，以防引起皮炎，有的包埋剂有致癌作用，应注意防护。

④ 制好的包埋块应存放在干燥器中，以防止包埋块吸潮变软影响切片。

五、超薄切片

超薄切片是将固化的包埋块在超薄切片机上切为薄片的过程（厚度约为 500 Å），它是整个制样程序的中心环节。超薄切片的好坏与切片机的性能、切片刀的质量、包埋块的切割性能以及操作者的技术经验等因素有关。在进行超薄切片前，必须做好一切准备工作，如选择和清洗载网，制备支持膜、制备玻璃刀、修整包埋块等，开始切片时必须心境平稳，精力集中，避免任何干扰（如随意离位、各种振动、人员来往、尘粒污染等）。

1. 载网的选择与清洗

载网是承载超薄切片的圆形铜网，直径 3 mm 或 2 mm，特殊切片还需用镍网、不锈钢网或银丝网。网孔的形状有圆形、方形单孔形、狭缝形等，网孔的数目有 50～400 目多种规格，见图 11-1-3。

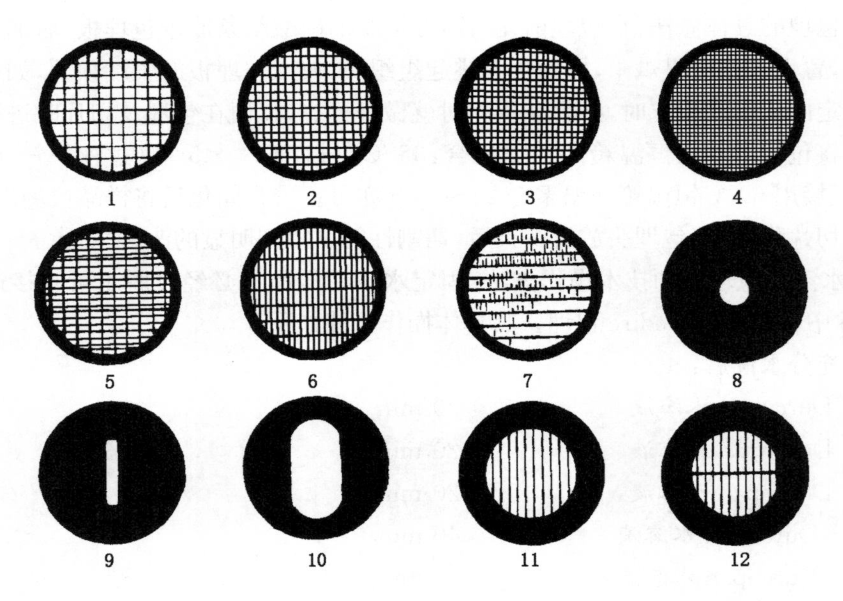

图 11-1-3　载网的类型

1. 75 目　2. 150 目　3. 200 目　4. 300 目　5. 100 目　6. 75/200 目
7. 100/400 目　8. 单圆孔　9. 狭缝形　10. 单椭圆孔　11、12. R150 目

超薄切片时一般选用 200 目铜网，网孔大者观察的有效面积亦大，但其对切片的支持稳定性能较差。因此如果观察分辨力要求高的样品时，则选用 200 目以上的铜网，以增强样品的稳定性能。

铜网的清洗方法如下：

(1) 新铜网：可选用丙酮清洗数遍，而后再以无水乙醇清洗几次，待干燥后使用。清洗的目的是去除铜网上的油污，以便支持膜与铜网得以牢固的贴附。

(2) 旧铜网：使用过的铜网，可用下法清洗。

① 酸洗法：放入盛有浓硫酸的小烧杯内轻轻摇动，约经 1～3 min 后即可清洗干净。倒出硫酸，水洗数次后，再用蒸馏水反复洗涤数次。最后在无水乙醇或丙酮内清洗两遍，取出平铺于滤纸上自然晾干待用。

② 超声波清洗法：先将铜网放入小烧杯内，以冰醋酸、异戊酯或二氯乙烷溶去火棉胶膜和 Formvar 膜，浸泡 0.5 h 左右，再放入盛有乙醇或丙酮的小烧杯内，进行超声清洗。时间约 5～10 min，即可清洗干净。

2. 制备支持膜

在干净的铜网表面制备一层透明而无结构的支持膜，以便承载切片样品。此厚度约为 20 nm 较好，过薄时样品易被电子束打破，过厚时则降低图像的分辨力，用做支持膜的原料有 Formvar、火棉胶和喷碳等。其制备方法如下：

(1) Formvar 膜：该膜的化学成分为聚乙烯醇缩甲醛(Polyvinyl formal，简称 PVF)。首先制备 0.3%的 Formvar 二氯乙烯溶液(亦可用二氯乙烷或氯仿)，然后用擦净的玻璃片伸入到该溶液中停留片刻，平稳取出后在玻片上形成一层薄膜，再用针或刀片沿玻片边缘将此膜划破，将该玻片的一端浸入玻璃器皿的蒸馏水中，待玻片上的薄膜完全漂于水面，把玻片轻轻下压取出。再将铜网排列在膜上，当滤纸与铜网完全贴附后，用镊子夹住滤纸的一角轻轻将其取出放于培养皿中，自然干燥后待用(图 11-1-4)。

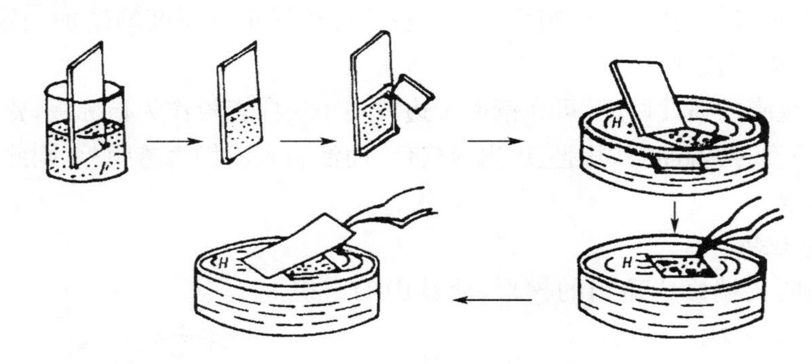

图 11-1-4　Formvar 膜制备

Formvar 膜不易被电子束击破，是当前电镜制样最普遍采用的支持膜。制膜时玻璃片一定要光洁干净，否则 Formvar 膜不能从玻片上脱落飘起；再有，制膜时室内湿度不能太大(小于 60%)，否则易在膜上出现微孔；此外，溶液中不能混有水分与杂质。

(2) 火棉胶膜：常用 1%～3%火棉胶醋酸异戊酯溶液。取市售的 6%火棉胶溶液，加入等量的醋酸异戊酯，即成 3%溶液。制膜时先取大口径 12 的培养皿，盛满双重蒸馏水，在水面上轻轻滴 1～2 滴上述溶液。醋酸异戊酯很快挥发，即可在水面上形成一层均匀的火棉胶薄膜。此时将洗净的铜网排列在膜上，然后在铜网上放上一张滤纸，待滤纸浸湿后轻轻提起，将贴有铜网的滤纸取出水面，放于培养皿中，在 50～60 ℃温箱中烘干待用见图 11-1-5。

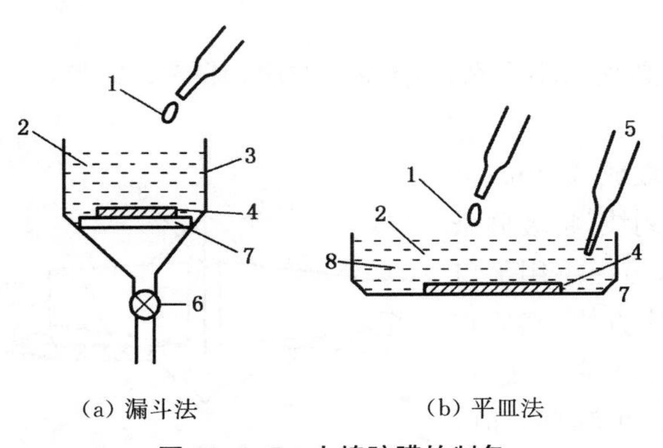

(a) 漏斗法　　(b) 平皿法

图 11-1-5　火棉胶膜的制备

1. 火棉胶溶液　2. 蒸馏水　3. 漏斗
4. 载网　5. 吸管　6. 阀　7. 滤纸　8. 平皿

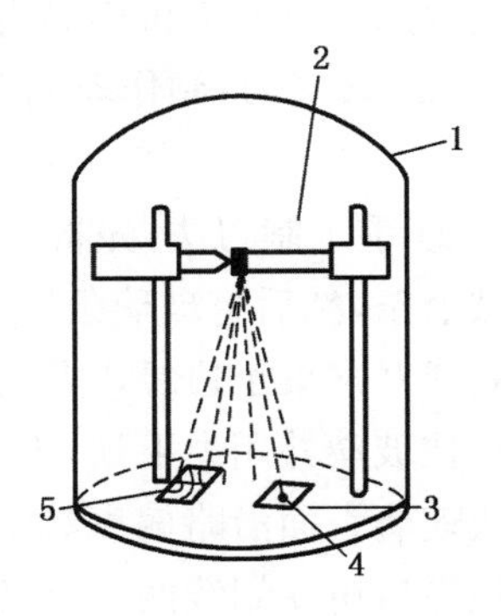

图 11-1-6　碳膜的制备

1. 真空泵　2. 碳棒　3. 白瓷板
4. 扩散泵油　5. 有膜铜网

(3) 碳膜：碳膜的机械强度和化学稳定性能均优于其他支持膜，因此多用于观察高分辨样品。其制作方法如下：取直径为 3 mm 或 5 mm 的两根碳棒，一根作固定极，将顶端磨平，另一根作推进极，将一端磨成细尖。取上述磨制好的碳棒安装在真空喷镀仪的电极柱上，使推进极的尖端与固定极的平端相接触，碳棒喷发点至样品的距离12～14 cm。将已带有火棉胶膜或Formvar膜的铜网数个，放在喷发点的下方，盖好真空罩，抽真空至10^{-4}～10^{-5} Torr，连接电源使碳极通电，加大电流至20～30 A，使两碳棒接触点产生弧光放电，碳棒喷发出极细的颗粒，约喷发5 s左右即可获得足够厚度的碳加强膜，其厚度要求为10 nm左右，见图11-1-6。

为了判断碳膜的喷发厚度，可在铜网旁边放一小块白瓷板作为指标板，瓷板上滴一滴真空油，当碳喷发时，若油滴周围呈现出淡褐色，而油滴表面仍为透明色，则此时碳膜的厚度正好符合要求。

3. 修整包埋块

将包埋块的尖端修成适当的梯形，使其中的组织露于包埋块尖端，才能用于切片。

修整时先将包埋块夹在专用的夹持器中，用单面刀片倾斜450角向外粗修出四个斜面，然后在立体显微镜下进行细修，此时用双面刀片将包埋块顶端修平，使其露出组织(如图11-1-7)。修好的包埋块，其游离面应为梯形，因为梯形既有利于切片脱离刀锋，避免切片黏附，同时也可连续成带，有利于判断前后顺序。有条件时也或用修块机修块。

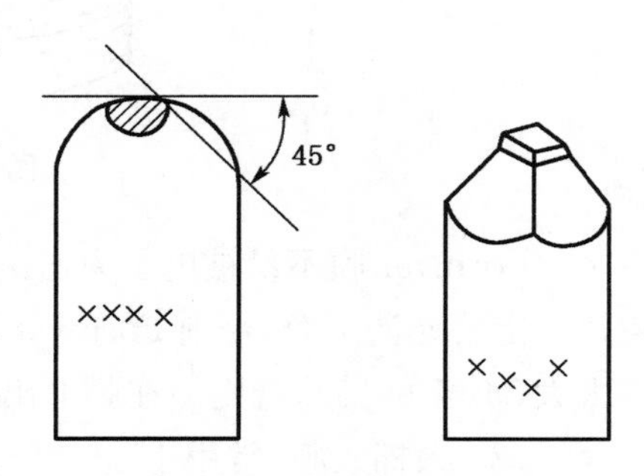

图11-1-7 包埋块的修整

4. 切片刀

切片的质量与切片刀的好坏关系很大，只有做出好的切片刀，才能切出理想的片子。

超薄切片时，大都选用玻璃刀，在切比较坚硬的样品或想获得较大切片时，可选用金钢刀。玻璃刀制作简便，价格低廉，但刀刃不耐用，而且不能切割硬质材料。金钢刀质地坚硬，经久耐用，但价格昂贵。

(1) 玻璃刀：制作玻璃刀所用玻璃，必须为不含杂质的硬质玻璃，其厚度要求为5～6 mm。

① 手工制刀法：先将玻璃用钻石刀裁成30 mm宽的玻璃条，然后将玻璃条按30 mm间距划线，将玻璃条的划线对准桌子边缘，用手按住玻璃条，另一手用平口钳夹住玻璃并用力下掰，玻璃条即可断成方块；然后在方块玻璃表面沿略偏离对角线的方向呈450角划线，用两把平口钳在划线两侧夹住玻璃，两手用力猛掰，即可断为两把三角形的玻璃刀(图11-1-8)。

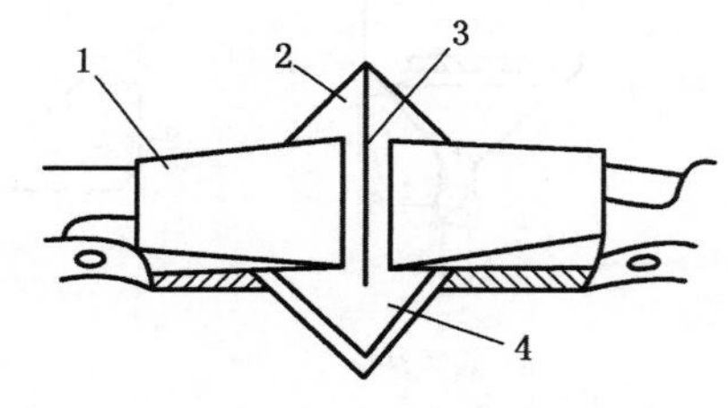

图11-1-8 手工制刀示意图

1. 平口钳 2. 玻璃刀角度
3. 制线 4. 方玻璃块

② 机械制刀法：机械制刀大都选用瑞典LKB7800型制刀机或国产型号，其主要部件包括：玻璃划割器、夹持器(压紧玻璃用)、断裂旋钮(产生向上的顶力，与夹持器的压力相反，使玻璃断开)、导板(选用刀尖角的角度)、调节盘(调节划割线偏离对角线的程度)。

制刀时先将玻璃条裁割为方形，再沿着略偏离对角线的方向划割，制成两把45°角的三角形玻璃刀。制好玻璃刀后，围绕刀口制作一水槽，水槽分金属片和胶布水槽两种，前者可反复使用，后者是用长约 4 cm、宽约 0.6 cm 胶布条贴在刀口上制成。制好胶布水槽后，再用熔化的热石蜡封好接口，以防漏水（图 11-1-9）。

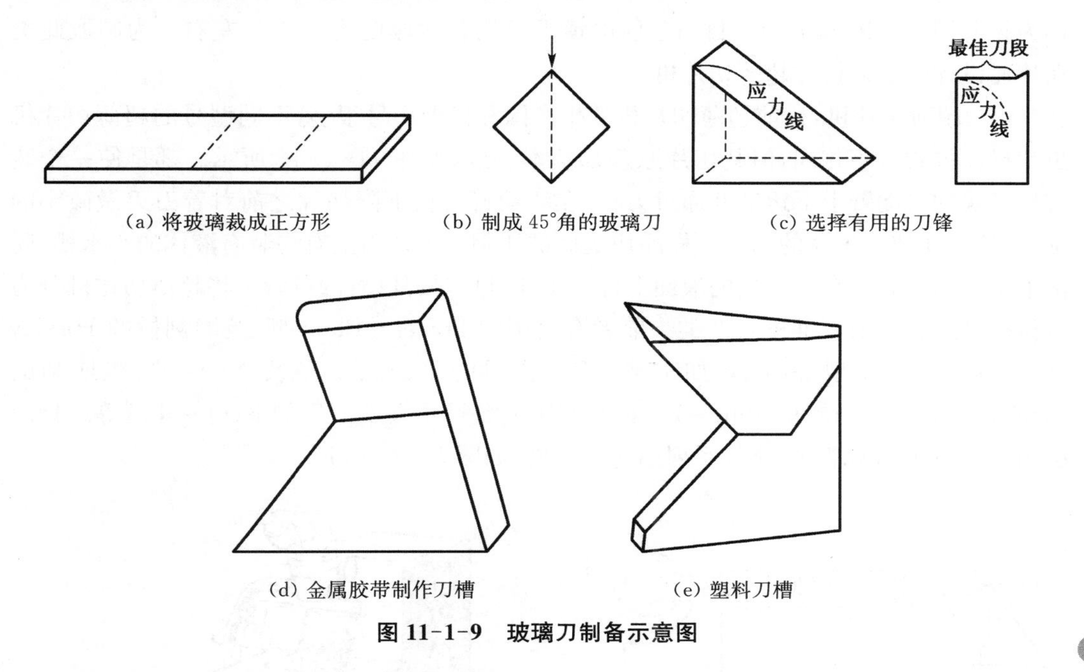

（a）将玻璃裁成正方形　（b）制成 45°角的玻璃刀　（c）选择有用的刀锋

（d）金属胶带制作刀槽　（e）塑料刀槽

图 11-1-9　玻璃刀制备示意图

刀刃的选择：将刀刃比较平直锐利部分用于超薄切片，将上翘或锯齿部分用于修块和粗切。刀后根的合适高度为 0.5～1.0 mm。

（2）金钢刀：金钢刀又称钻石刀，它具有以下优点：其刀锋锐利，切片无刻痕；刀口在室温下不氧化，可反复使用，节约了制取玻璃刀的大量时间；可切割各种软硬度的样品，尤其适用于特别硬的材料；刀口范围大，可切割出较大的切片；刀锋不易损伤，故可用于连续切片。

金钢刀又称钻石刀，是用沿晶体面裂开的钻石制成，其刀刃角度为 40～60°，刀口的宽度为 1～5 mm。将磨好的钻石装在长约 10 mm、宽约 5 mm、厚 2 mm 的黄铜条上，再装在用压铸法制得的铝架上，铝架的外形与玻璃刀相同，铝架的上方为一水槽，如图 11-1-10。

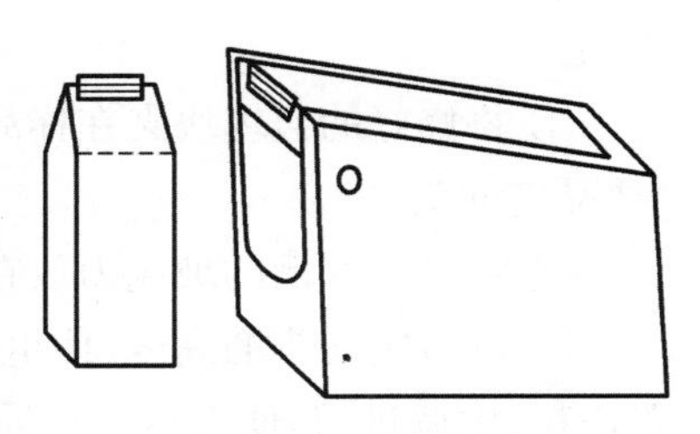

图 11-1-10　金刚刀外形

由于钻石刀价格昂贵，且易碰撞受损，所以缺乏熟练使用经验者，不要使用金刚刀。经验丰富者在使用时要严格按照厂家标志的要求使用，以免刀刃损坏难以修复。且务必注意以下事项：刀刃切勿手摸，安装时要用特制的刀架；其刀刃不能碰及硬物；包埋块游离端的表面积，不得大于 1 mm^2；切硬度较大的样品时，其切片厚度应小于 100 nm；切速选择一般为 1 mm/s，最大不要高于 2 mm/s；用完后要立即清洗刀口，滤纸吸干后妥善保存；清洗时可用软木棒或牙签削成薄片或用特制的软纸浸上乙醇，在立体显微镜下边观察边沿着与刀刃平行的方向小心、轻轻地从左到右擦洗刀刃部分。

5. 切片

只有将样品切成500～1 000 Å的薄片，才能用透射电镜观察，故将透射电镜的切片称为超薄切片(ultrotome)。目前透射电镜观察最合适厚度为500 Å左右。为制取此类切片而设计的切片机称超薄切片机。

(1) 超薄切片机：目前超薄切片机的生产国和机器型号很多，不同型号的超薄切片机虽然操作方式各不相同，但其切片原理都基本一致，如图11-1-11所示。都是使一个装有样品块的活动臂上下运动并通过刀刃，在活动臂每次下降切片之前对着刀刃做微小的推进，这样便使一极薄的切片从样品块表面被切割下来。刀上有一装有液体的小水槽、脱落下来的切片悬浮在小水槽的液面上(图11-1-11)，按其设计原理，可将超薄切片机分为机械推进式和热膨胀推进式两类。前者有美国的Porter～Blum型、英国剑桥的Huxley型、日本的Um-3型等，后者如瑞典LKB公司的Ⅲ、Ⅳ、Ⅴ型及Nova型、奥地利的ReichertomV2型、日本的Jum～5型以及我国上海科技大学工厂的KcQ～Ⅱ型等。目前国内使用较多的是瑞典LKB系列超薄切片机，如图11-1-12所示。

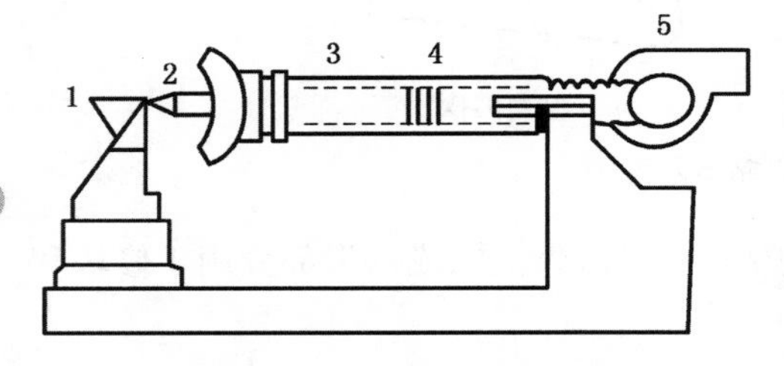

图11-1-11 超薄切片机原理图

1. 切片刀 2. 样品 3. 样品臂
4. 电热丝 5. 冷却吹风机

图11-1-12 LKB-Ⅴ型超薄切片机示意图

(2) 超薄切片的基本步骤：现以瑞典LKV～Ⅴ型超薄切片机为例，说明切片基本步骤。

① 将修好的包埋块夹在样品夹中，顶端露出约2 mm；锁住样品臂，将样品夹固定在“样品定向头”中。

② 将带有水槽的玻璃刀放在刀夹中夹紧，并与刀夹旁的标尺等高。

③ 调节定向头的高度，使组织块的切面下缘与刀口等高。调好组织块与玻璃刀的位置用粗、中调进刀，使刀尽量拉近组织块的切面。水平移动刀台，使刀刃平直无缺口处对准组织块切面。松开样品臂固定锁，一手转动样品臂升降钮使样品臂上下运动，一手调节中调或微调钮，在立体显微镜观察下调至刀刃刚好切到组织为止。

④ 用注射器向水槽中加入蒸馏水，直至液面略低于刀刃。调好灯光位置，使刀刃下方的液面上出现较大亮斑，以便看清切片的干涉颜色。

⑤ 玻璃刀超薄切片的切片速度通常为2～5 mm/s，包埋块偏软时应选择较高的切片速度，例如10～20 mm/s，如包埋块较硬时则应选较慢的切速，如0.1～10 mm/s。

⑥ 将样品臂从手动(Manual)转至自动(Auto),切片机即自动切片。

⑦ 通常选用 50～60 nm 加热进尺,然后观察切片的干涉颜色,如果切片太厚则应减少加热电流,切片太薄或切不着样品时则应增加加热电流。

(3) 切片厚度的判断:切片表面的反射光和切片下面的折射光之间,会产生一种光学干涉色呈色现象,切片厚度不同呈现的颜色也不同,根据这一原理就可以判断切片的大致厚度。灰色及暗灰色的切片较薄,分辨力较高,但反差较弱且易于破裂;金黄色或紫色的切片较厚,反差较好,但分辨力较低;银白色的切片较符合理想,反差和分辨力均适中。

(4) 捞片:飘浮在水槽液面上的切片,需捞于铜网上才适于在电镜下观察。因为切片很薄,极易重叠和起皱褶,需用一根睫毛针(将一根睫毛或一小段头发,粘在小木棍上制成),在立体显微镜下将平展于水面上的切片带轻轻拨成几段,再用专用镊子夹住铜网边缘,使带有支持膜的一面对准切片轻轻蘸取,即可将切片黏附于铜网之上。而后,用滤纸角吸掉铜网上多余的水分,放入培养皿的滤纸上等待染色。此外,也可将铜网伸于切片下面直接打捞。(整个过程如图 11-1-13 所示)。

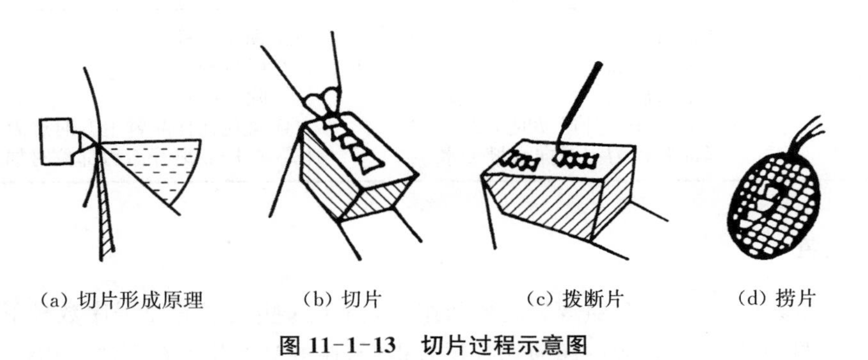

(a) 切片形成原理　　(b) 切片　　(c) 拨断片　　(d) 捞片

图 11-1-13　切片过程示意图

(5) 超薄切片的衡量标准和常见缺陷的排除方法:没有颤痕、皱褶、重叠、刀痕及空洞,厚度适中,薄厚均匀,结构清晰,是理想超薄切片的衡量标准。优质超薄切片的获得,与样品的取材、脱水、浸透、包埋、切片以及周围环境的好坏等因素有关。所以要想得到比较理想的超薄切片,是十分困难的。现将几种常见的切片缺陷、产生的原因及其排除方法列表如下(表 11-1-3)。

表 11-1-3　常见的切片缺陷、产生原因及其排除方法

缺　陷	产生原因	排除方法
刀　痕	① 刀刃有锯齿 ② 刀刃上有脏物 ③ 组织中有硬质材料	① 选用无锯齿的刀刃部分 ② 除去脏物 ③ 使用金刚刀或修去硬质材料
震　颤	① 包埋块太软或太硬 ② 样品头或刀固定不紧 ③ 切速太快 ④ 切面太大	① 调整包埋剂配方 ② 挤紧所有可动部分 ③ 作适当调整 ④ 修小切面

（续表）

缺　陷	产生原因	排除方法
褶　皱	① 刀钝 ② 包埋块太软 ③ 切面太大 ④ 切片速度太快	① 换刀 ② 更换包埋块或重新加温聚合 ③ 修小切面 ④ 降低切片速度
切片中有空洞	① 渗透不好，包埋剂中有气泡 ② 组织中有硬质材料	① 消除气泡、改善渗透效果 ② 削去硬质材料或用金刚刀切片
切片厚度不均匀	① 包埋介质与样品硬度不一致 ② 刀刃锐度不一致，钝的刀刃部分切片较厚 ③ 外界震动干扰	① 重新修块，尽量除去空白包埋介质 ② 换刀或更换刀刃位置 ③ 消除震动干扰
切片不连接或切片带宽曲	① 水槽液面过高或过低 ② 包埋块不平行于刀刃 ③ 包埋块边缘修得不光滑，上下边不平行 ④ 刀刃锐度不一，刀刃钝的部分挤压切片	① 将水槽液面调至适当高度 ② 使包埋块平行于刀刃 ③ 将样品的上下边缘修平行 ④ 移动刀刃或换刀
组织块沾水，刀背沾水	① 刀背上有水 ② 水槽液面太高 ③ 刀刃上有脏物 ④ 在样品臂作上升运动时进刀 ⑤ 在样品紧挨刀刃时向水槽加水	① 擦干水迹 ② 降低液面 ③ 除去脏物 ④ 避免在样品臂上升时进刀 ⑤ 在样品离开刀刃部位时加水

六、染色

生物组织系由碳、氢、氧、氮等轻元素所组成，由于这些元素的原子序数较低、散射电子的能力较弱，所以未经染色的超薄切片反差很低，在电镜下几乎看不清生物组织的微细结构。需经染色后，才能在电镜下显示出清晰的结构图像。超薄切片的染色是一种“电子染色”，其目的是增强样品中各种结构图像之间的反差，重金属化合物有较强的电子散射能力，超薄切片多采用铀、铅、锇、钨等重金属盐类作为染色剂。不同结构成分会吸附不同数量的重金属原子，吸附重金属较多的部分有较强的电子散射力，在电镜图像中可呈现电子致密的黑色；相反，结合重金属较少的部位电子散射力较弱，在电镜图像中呈现的颜色较浅；没有吸附重金属原子的部分，则透过的电子最多，故在荧光屏电镜图像上呈现为无色透明的区域。所以重金属盐染色可以提高样品结构反差、增强图像清晰度。

1. 常用的电子染色剂

(1) 醋酸铀(醋酸双氧铀)其分子式为 $UO_2(CH_3COO)_2 \cdot 2H_2O$，是广泛采用的染色剂。它可与细胞内大多数分子结合，以提高核酸、蛋白质和结缔组织纤维成分的反差，对膜的染色效果较差；它具有一定放射性及化学毒性，对光和高温具有不稳定性，所以其配液需贮藏于棕色瓶和 4 ℃的冰箱内。常用浓度为饱和液，配制时可取醋酸铀 2 g 加入 50～70％乙醇 100 mL 内，亦可用双蒸水配制，溶液 pH 值约为 4.2 左右。切片染色可在室温或温度稍高的环境里进行，时间为 15～30 min。

(2) 铅盐类染色剂：铅盐在切片染色中最常使用，有全能染色剂之称。它可以与细胞内的核蛋白及糖原结合，亦可大大提高细胞膜系统与脂类物质的反差，几乎可以浸染细胞内的所有成分。铅盐的缺点是有毒，极易与空气中的 CO_2 结合产生碳酸铅沉淀而污染切片，以致在电镜下呈现黑色致密的圆形及不定型颗粒。配制铅溶液所使用的双蒸水，最好先加热煮沸，以除去水里的 CO_2；配制好的溶液，可密封于容器中保存；染色时要选用小的器皿，或采取其他密封措施，以减少与空气接触的机会；染色后用水洗去染液，并用纸在铜网边缘吸去水分待用。

铅盐类染色剂包括柠檬酸铅、醋酸铅、氢氧化铅、酒石酸铅等，以柠檬酸铅最为常用。将以上试剂放入 50 mL 容量瓶内，用力振荡 30 min，以上二试剂即发生化学反应，结合为柠檬酸铅，溶液呈现为乳白色的柠檬酸铅混悬液，然后再加入 IN 氢氧化钠 8 mL，使柠檬酸铅完全溶解，溶液即刻变成无色透明状，最后再加蒸馏水至 50 mL，pH 为 12。该染液接近柠檬酸铅 6%浓度。在存放和使用过程中，如溶液稍有沉淀即应废弃。

（3）高锰酸钾：高锰酸钾除可用于固定（对膜结构固定较理想）外，亦可用作切片染色剂。经锇酸固定后的组织，若再用高锰酸钾染色效果与柠檬酸铅相似。染色时应注意使染液充满密封容器内，以免染液氧化而污染切片。

2. 染色的方法

（1）块染法：多在脱水之前进行。样品块经锇酸固定后，可用醋酸铀 50%乙醇饱和液整块染色，时间为 30 分钟至数小时。这样，不仅可以提高切片的反差表，而且还可能增强组织成分的稳定性，降低脱水所造成的磷脂丢失。

（2）单染色法：仅用一种染液染色。用于电镜细胞化学方法的研究，为了避免铅的干扰可单独使用铀染。

（3）双染色法：最常用醋酸铀——柠檬酸铅双染色法，是当前增强切片反差的常规染色技术。醋酸铀主要显示细胞核与结缔组织，柠檬酸铅主要用以提高细胞质内各种成分的反差。由于醋酸双氧铀无过染问题，时间可延长，但是铅盐的染色时间应该控制在 15～30 min 内，否则易造成污染。染色时间由组织类别，染液组成、pH 和浓度等众多因素决定。因此，不同类型组织的染色时间也有区别，如植物样品的染色时间必须长于动物样品的染色时间，才能达到良好的染色效果。其操作步骤如下：

① 醋酸铀滴液染色：用毛细滴管吸取醋酸铀染液，逐一滴在蜡盘上，再翻转铜网使切片面向下，并漂浮于滴液上。为防止氧化和污染，宜盖好蜡盘，染色 30 min。如图 11-1-14(a)。

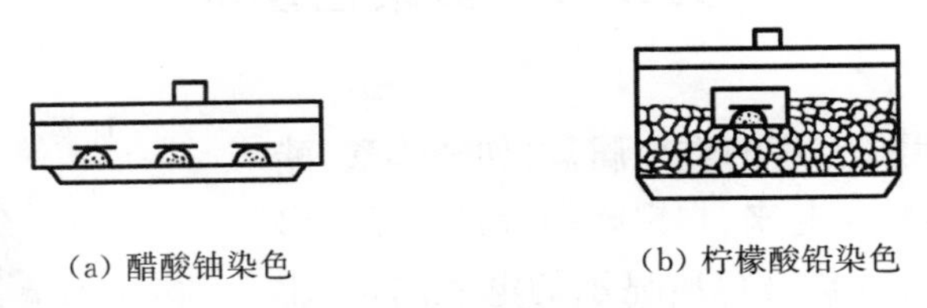

(a) 醋酸铀染色　　(b) 柠檬酸铅染色

图 11-1-14　超薄切片染色

② 清洗：用镊子将铜网从醋酸铀染色液中取出，经蒸馏水洗涤三次以上，用滤纸吸去水分，自然晾干。

③ 柠檬酸铅滴液染色：将上述铜网置于另一蜡盘里（蜡盘中可放几粒固体氢氧化钠，

吸附盘中的CO_2，以防产生碳酸铅沉淀），用毛细吸管吸取柠檬酸铅染液，逐一滴加在蜡盘上，再翻转铜网，使其切片面向下并飘浮于滴液之上，盖好蜡盘，如图 11-1-14(b)。染色时间为 5～30 min，而后逐一取出铜网，经蒸馏水清洗三次以上后，用滤纸吸去水分待自然干燥即可电镜观察。

为了减少在染色过程中，染液特别是铅染液与空气中CO_2分子的接触机会，以减少碳酸铅的形成给切片造成的污染，还可采用多孔染色架、旋转式染色器等方式进行染色。多孔染色架方式，可用电镜超薄切片盒加工制成，操作起来比较简便，并可提高工作效率。现将多孔染色架法介绍如下：① 染色架的制作：取一超薄切片盒，用小于 2 mm 的钻头将该盒的每一切片网格打穿，再在盒盖上贴上一个有机玻璃小棒作为把手即可；② 染色架法的操作步骤：首先将待染色的铜网分别插入小格内，并将染色架放入染色槽中；再将染液加入染色槽内并盖好玻璃盖（注意网格内不要有气泡），染色时间为 5～30 min；将染色架从染色槽中取出，并移入蒸馏水中充分清洗；最后用滤纸将铜网上的蒸馏水吸干，放入器皿中保存。

(4) 半薄切片染色法：为了避免盲目切片和提高电镜观察效果，对于某些必须限定方向或部位的结构，如纤维的断面问题、细胞的变异、脑内的核团总等，在进行超薄切片以前，需先进行半薄切片在光镜下检查，才可比较准确的选择到超薄切片的部位。

由于环氧树脂包埋的材料难以用一般光学显微技术中的染色剂进行复杂染色，一般只能通过加热的方法进行单染色。常用的半薄切片染色剂有甲苯胺蓝、碱性复红、碱性品红、亚甲蓝等，现将主要染色方法介绍如下。

① 甲苯胺蓝染色法：先将样品切成 1 μm 左右的片子，再用镊子或干毛笔将切片刷至滴有蒸馏水的载玻片上，并在酒精灯上低温烘烤，使切片展平粘牢，然后在切片上滴加 0.5%甲苯胺蓝溶液（pH7.2～7.4 的 0.1 M 磷酸缓冲液配制），边加热边染色 2～3 min 左右，最后用蒸馏水反复清洗掉多余染色液，待干燥后即可用光镜检查。

② 碱性品红-亚甲蓝染色法：加染液前的操作方法与上述相同。然后将染液滴在玻片的切片上，并放在酒精灯上烘烤 30 s～1 min，最后再用蒸馏水清洗，待干燥后，即可用光镜检查。

第二节　负染色技术

负染技术是利用高密度的重金属盐（如磷钨酸、醋酸铀等）把生物标本包围起来、在黑暗的背景上显示出样品的微细结构。所以负染色所显示的电镜图像，正好与超薄切片正染色相反，其样品结构为透明浅色，而背底则为无结构的灰色或黑色（图 11-2-1）。负染色技术在生物学研究中得到了越来越广泛的应用。它可直接对样品悬浮液进行染色。与超薄切片技术相比，该技术具有操作简便、用药量极少、

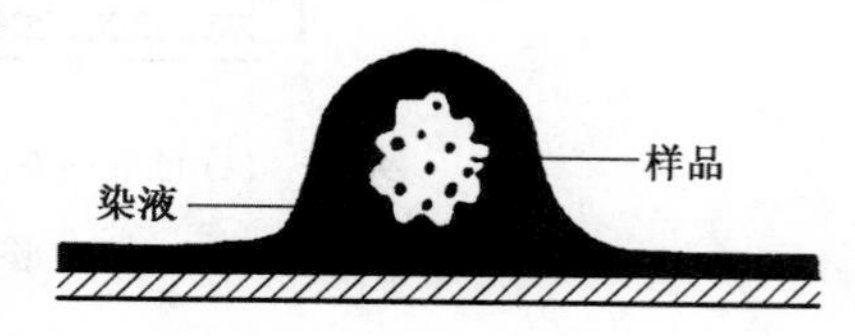

图 11-2-1　负染色示意图

省时及分辨力高等优点，现主要用于细菌、病毒、大分子结构、亚细胞碎片及分离的细胞器等研究工作。是一项很重要的实验技术。

一、负染样品的制备

负染色所用的样品，全部取自悬浮液。在这种悬浮液中，样品必须达到一定的浓度和纯度，才能与染色剂之间产生特异和清晰的结合反应。操作时，将带有样品的悬浮液，滴在带有支持膜的铜网上，染色处理后即可进行电镜观察。其全部制备过程分叙于下：

1. 浓缩取样法

适用于病毒等微细颗粒的浓缩处理。

(1) 吸附法：用于黏液病毒和副黏液病毒的制备。其操作方法为：将病毒悬液与等量红细胞混合，放置 5 min，使病毒吸附于红细胞表面；而后，以 800 r/min 速度低速离心 15 min，使吸附有大量病毒的红细胞沉于管底；最后，弃去上清液，加入少量生理盐水，于室温下或冰箱中放置 3～4 h，病毒即从红细胞表面释放到上面的溶液里，再取溶液滴在铜网载膜上进行染色处理。

(2) 释放法：用于培养的腺病毒或疱疹病毒的样品制备，将它们从培养瓶中刮下后低速离心，弃去上清液，于沉淀物中加入培养液与蒸馏水的混合液(比例 1∶4)，使细胞因低渗破裂而释放出病毒，然后快速冻融数次，再将冻融后的悬液低速离心，取其上清液滴膜染色。

(3) 沉淀法：用于病毒样品的制备，病毒可与相应的抗体形成病毒—抗体复合物，经离心沉淀而浓缩，而后取浓缩的沉淀物滴膜染色，可找到较多的病毒。目前这一技术已广泛用于病毒疾病的诊断。

2. 直接点样法

对于乳胶液、填料、胶料等悬浮液，可用大约 1∶10 的水分稀释(看上去较为透明为好)，然后用毛细吸管滴在铜网上呈珠状、放置 1～2 min，用滤纸在铜网边缘吸干悬浮液，即可染色观察。

对于某些皮肤病毒性疱疹可用毛细吸管直接刺入疱疹中取样，再将吸管中的泡液滴在带有支持膜的铜网上，待稍干后立即染色观察。此法主要用于临床快速诊断。

对于生长在固体培养基上的微生物，可用白金环刮取，再用缓冲生理盐水稀释成悬液，即可滴样，待稍干后染色观察。对于生长在琼脂板上的噬菌体斑，也可采用取样法。

3. 离心提纯法

用于细菌、病毒、噬菌体等微生物或细胞匀浆中线粒体、微管等细胞器的提纯。先用低速离心(3 000 r/min)，弃去较大杂质和细胞碎片，再用适当孔径的滤网过滤，其滤液再经低温超速离心，最后取沉淀物制成悬液滴样染色。

二、负染液的性能和配制

负染色剂必须具备如下性能：① 具有较高的电子密度和较强的电子散射能力；② 耐受电子束的轰击、在电子束照射下不升华；③ 在电镜下不呈现染色剂本身的结构；④ 化学稳定性好、不析出沉淀，与样品不发生化学反应，易在不规则样品表面渗透。

负染液由重金属盐配制。最常用的有磷钨酸(PTA)、磷钨酸钾(KPT)、磷钨酸钠(NaPT)、醋酸铀、钼酸铵等。当使用磷钨酸或磷钨酸盐时，可用蒸馏水或磷酸缓冲液配制成0.5%～3%的溶液，染色前应用1 N的氢氧化钠或氢氧化钾将pH值调到6.4～7.0。醋酸铀则用0.2%～0.5%水溶液，pH为4.5～5.5，染液在用前新鲜配制，盐溶解需20～30 min。钼酸铵配制成2%～3%溶液，使用时用醋酸铵将pH调至7.0～7.4之间。

三、负染色的操作方法

1. 滴染法

将制备好的悬浮液样品，用毛细吸管吸取，滴于带有支持膜的铜网上，根据悬液内样品的浓度放置1～3 min后，用滤纸从液珠边缘吸去多余液体，即可滴上染液，染色时间1～2 min。而后用滤纸吸去染液，待干燥后即可电镜观察(如图11-2-2)。

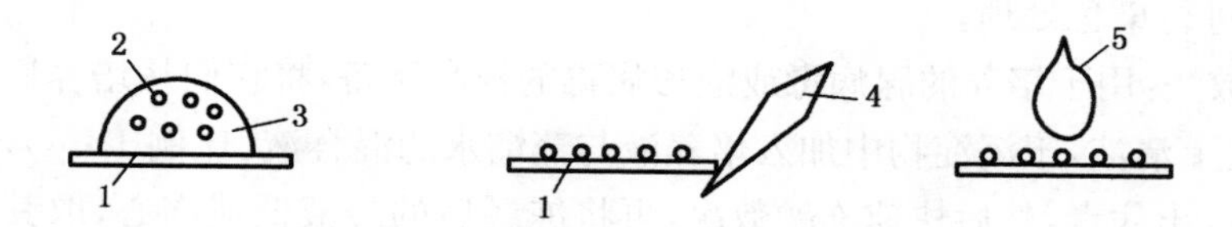

图11-2-2　滴染法操作示意图

1. 铜网　2. 样品　3. 悬浮液　4. 滤纸　5. 染液

操作中的注意事项：① 吸管不能离铜网太近，应让液滴离开吸管后自然滴下，否则液滴易将铜网吸起；② 支持膜应完好无损，吸管不能太粗，液滴不能太大，否则都不能形成良好的液珠；③ 病毒在液滴的边缘分布较多，操作时不宜用滤纸吸干，而任其自然稍干后再加染液。

2. 漂浮法

先将样品悬浮液滴在干燥的载玻片上，再把带有支持膜的铜网放在悬浮液的液珠上漂浮以沾取样品；待2～3 min后，用滤纸吸干铜网上的多余悬液，再将铜网放在染液滴上漂浮1～2 min，最后再用滤纸将染液吸干即可观察(如图11-2-3)。

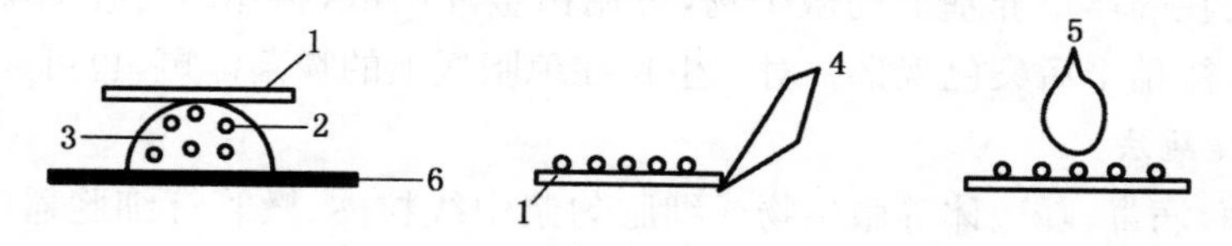

图11-2-3　漂浮法操作示意图

1. 铜网　2. 样品　3. 悬浮液　4. 滤纸　5. 染液　6. 蜡盘

3. 喷雾法

将样品悬液与染液混合，用特制的喷雾器将混合液喷洒在铜网的支持膜上，这种方法消耗的药品较多，且易造成病毒扩散，因此使用时需有特殊的防护装置(如图11-2-4)。

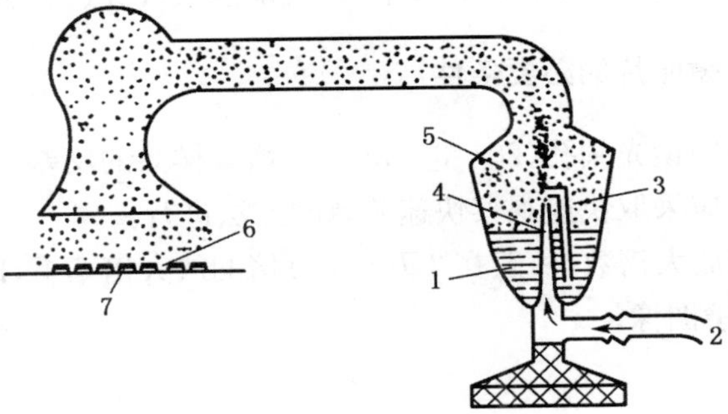

图 11-2-4　喷雾法操作示意图

1. 磷钨酸与病毒混合液　2. 空气入口　3. 喷液管　4. 喷气管
5. 喷雾室　6. 载网　7. 玻璃片

四、影响负染效果的有关因素

1. 染色时机

染色应在铜网上的悬浮液将要干燥而又没完全干燥时进行，如果铜网上的悬液残留较多或完全干燥后染色，则严重影响染色效果，得不到理想的负染电镜图像。

2. pH 值

悬浮液与染液的 pH 值对负染效果有明显影响，一般应使悬液呈中性或略偏酸性为宜(pH6.7～7.2)。特别是磷钨酸染液的 pH 对病毒染色的影响更为显著，较酸的染液对病毒负染可产生较好的效果，而染液越是偏碱，其染色效果越差。尤其对病毒样品染液的酸碱度不仅可影响染液的扩散，也会影响到病毒的结构。为了确保悬液有足够的缓冲条件，多采用 2%醋酸铵、碳酸铵溶液或其他缓冲液作为悬浮样品的稀释液。

3. 样品的纯度和浓度

样品的纯度和浓度对负染均有明显影响，如果负染样品含杂质太多，会对负染色效果产生干扰，因此，样品在负染前要适当纯化。同时，悬液中的样品浓度要适当，浓度太稀时，会造成电镜下找不到样品或寻找困难；样品太浓时，会造成样品堆积而影响观察。因此，要求滴样时应做各种稀释度的对比观察。

4. 样品的均匀分散性

在进行负染时，经常发生颗粒悬浮样品的凝集现象。此时，染色剂与样品形成电子不能穿过的团块，无法看清样品的微细结构。造成上述现象的主要原因，是悬浮样品不易在铜网上展开而形成的一种团聚现象。

为了促进悬浮样品的均匀分散性，多采用分散剂或湿润剂，常用的有牛血清白蛋白(BSA)、杆菌肽、二甲基亚砜(DMSO)、甘油丙二醇、十八(碳)烷等。其中，牛血清白蛋白配成 0.005～0.05%的浓度，以 0.5 mL 的样品内加入 3～4 滴为宜，或直接用 0.01%的 BSA 作为离心沉淀物的稀释液。杆菌肽配成 30～40 μg/mL 水溶液，用于稀释沉淀的颗粒标本，或按适当比例加入悬浮样品内。也可将样品悬液与 PTA 及杆菌肽溶液等量混合后滴样。1%二甲基亚砜溶液加入染液中，具有加强染液穿透力和扩散作用。

五、获得优质电镜照片的必要条件

(1) 应选用最小物镜光阑孔(20～30 μm)，以增大样品的反差。

(2) 对负染样品应采取快速观察快速照像的方法进行。

(3) 选择适中的放大倍数，一般在3万～4万倍的放大倍率下，即可获得反差良好、自然柔和、高分辨的电镜图像。

第三节 金属投影技术

金属投影是一种用来增加样品反差的技术，适用于细菌。填料、胶料和涂料等颗粒状样品。

一、金属投影技术的原理

使原子序数大，熔点高的金属在真空中受热熔化，蒸发出极细小颗粒以一定角度喷射到样品上，面向蒸发源处便会沉积较多的金属元素，而背面则没有金属沉淀。样品经过电子束照射后，有金属元素处散射电子能力强，呈暗区；背面没有金属元素，也没有电子散射能，呈亮区，这样，明暗的对比便加强了样品的反差，也加强了图像的立体感，样品背面形成一电子透射的阴影区，就像测射光照射在物体上产生的影子一样，所以此技术称为金属投影技术(如图11-3-1)。

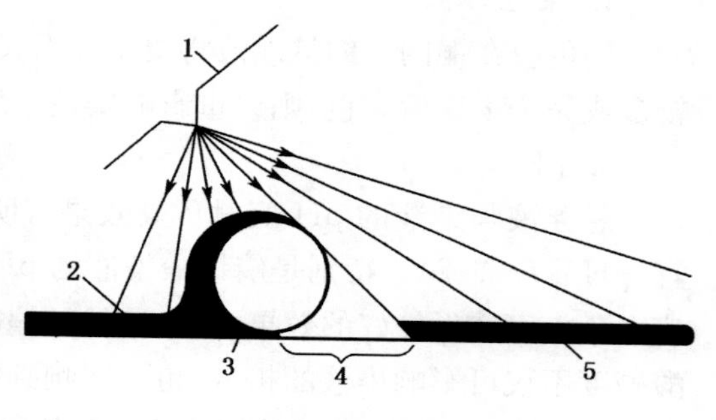

图 11-3-1 金属投影

1. 金属源 2. 喷镀金属 3. 样品 4. 阴影 5. 支持膜

二、投影设备和蒸发材料

1. 投影设备

真空喷镀仪，主要由真空系统和蒸发系统组成。当真空到达10^{-4} Torr后，炽热的金属便可蒸发成极细小的颗粒，真空罩内的蒸发装置由两对电极组成，一对安装碳棒，一对安装待蒸发的金属棒，通电后，电流达30～50 A(安培)时，碳或金属便会蒸发出细小的颗粒，喷射到样品上，形成良好的无定型喷镀层。蒸发颗粒的大小直接影响分辨率，颗粒越小，分辨率越高，颗粒的大小，主要取决于两个因素：(1) 物质本身的性质。(2) 真空度。所以在应用中尽可能采用高原子序数的物质，且真空度越高越好(如图11-3-2)。

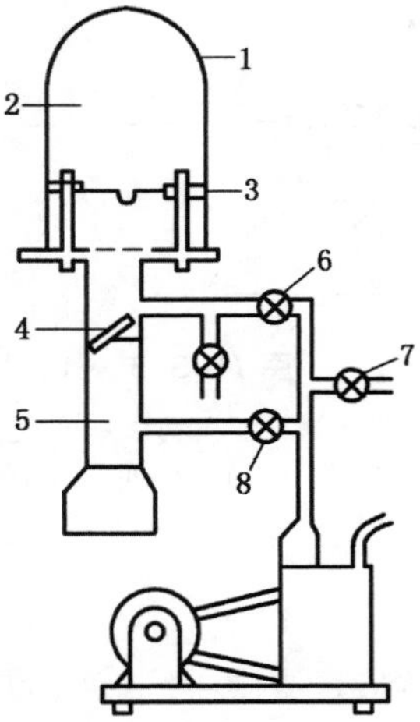

图 11-3-2　真空喷镀仪结构示意图

1. 外罩　2. 真空室　3. 电极　4. 高真空阀
5. 扩散泵　6. 预抽阀　7. 放气阀　8. 机械泵

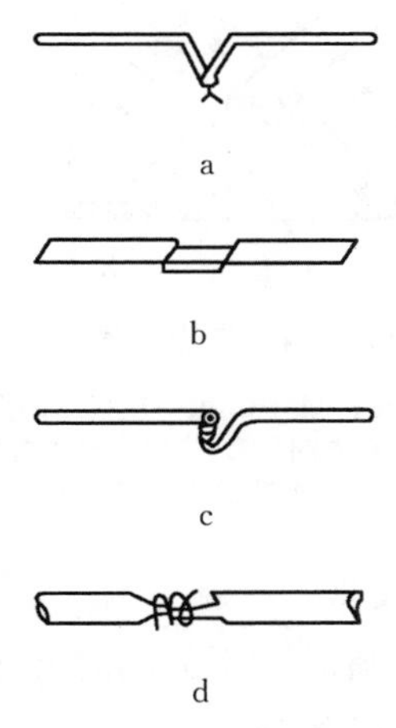

图 11-3-3　蒸发材料

2. 蒸发材料

常用材料有金、铂、碳、铬等，这些材料的共同特征是原子序数高，颗粒细，熔点高，化学稳定性好(如图 11-3-3)。

三、投影方法

1. 一次投影(适用于低分辨率样品的制备)

将待投影的样品铜网放在喷镀仪的样品台上，在铜网旁放一小块白瓷板，滴上一滴真空油，安装金属电极，将蒸发用的金属放在用钨丝制作的 V 形蒸发器中，蒸发源离开样品 5～15 厘米，投影角度为 11°～45°，用挡板挡住样品，放好钟罩，抽真空至 10^{-4}～10^{-5} Torr，让电极通电，逐渐加大电流至金属将要熔化时，使电极冷却，让钨丝去气，此时真空度下降，待钟罩内重新达到高真空时，打开样品上的挡板，逐渐加大蒸发电流，直至金属熔化(铂 1 174 ℃、铱 1 555 ℃、铬 1 920 ℃)蒸发成细小颗粒，喷镀到样品上，通常几秒钟时间即可，时间太长会造成热辐射损伤样品和遮盖细节，喷层可根据白瓷板上油的颜色做粗略的判断，颜色越深，喷层越厚，呈褐色时约有 50 Å，深咖啡色时约 100 Å，喷镀完毕，放气，取出铜网。

2. 二次投影

对于分辨率高的样品，则应采用二次投影。二次投影是在一次投影后，将样品转 180°，再投影一次，这样可显示样品阴影面的结构(11-3-4)。

3. 旋转投影

用马达带动样品旋转，在旋转过程中进行投影。这种投影比较均匀，能较好的显示样品表面结构(11-3-5)。

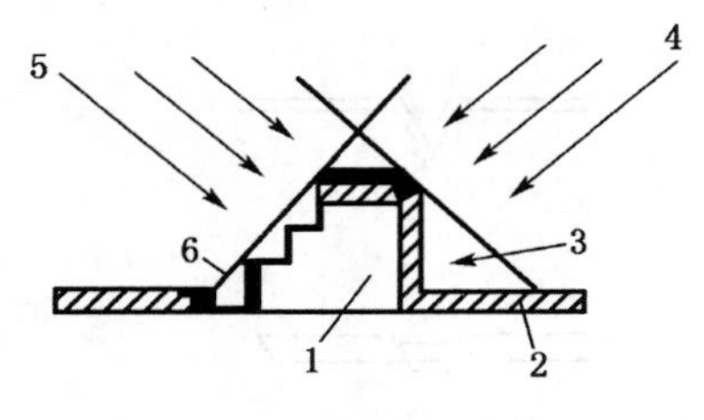

图 11-3-4　二次投影

1. 样品　2. 支持膜　3. 第一次投影的金属　4. 第一次投影方向　5. 第二次投影方向　6. 第二次投影的金属

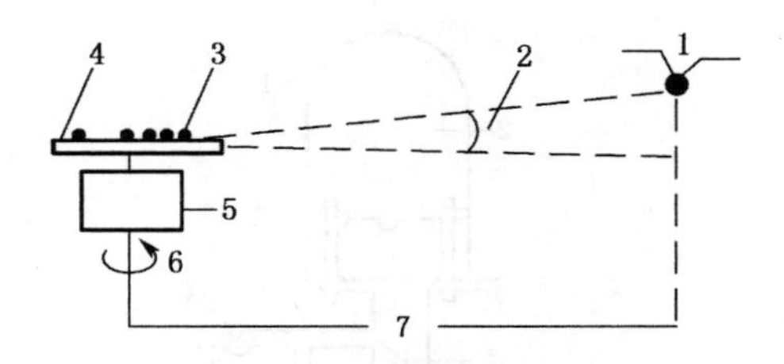

图 11-3-5　旋转投影

1. 金属蒸发源　2. 角度 5°～9°　3. 载网　4. 样品台　5. 电机　6. 旋转方向　7. 距离大于 10 cm

4. 锥形投影

在样品作旋转投影的同时又作适当的角度倾斜，它适用于纤维状的样品，如核酸大分子和分离的微纤维丝等。

四、影响投影效果的因素

投影效果主要受投影角度、投影层厚、真空度和蒸发出的颗粒粗细影响，所以在制样过程中应将这几方面的情况了解清楚，根据样品需要制定制样方案和操作方法。同时还要考虑到样品的大小，样品越小，投影角度应越小，病毒、细菌等颗粒样品，一般采用11°～45°的投影角，线状生物大分子，一般采用 50°～90°的投影角。另外还要注意蒸发量多时反差好，但分辨率低。

第四节　复型技术

复型技术是通过拷贝的形式将样品的表面结构复制出来的制样方法。适用于某些坚硬的材料，如牙齿、木材、骨骼、金属和岩石等。

一、复型技术的原理

用薄膜将样品的表面结构复制下来，这层膜便是样品的复制膜，用电镜对该复型膜进行观察，便可以了解原有样品的表面结构。除此之外，还可以通过金属投影，来增加复型膜的反差。

二、复型方法

复型：是将复型材料直接沉积在样品上，然后将复制膜剥离样品，捞在铜网上，经投影增加反差后用于电镜观察。通常用的复型材料是火棉胶膜和 Formar 膜等，这类膜很软，与样品分离较困难，另一种做法是直接将碳、铂等金属材料直接喷镀在样品上制成复型，然后用化学试剂溶解掉样品，剥离并打捞复型层。一层复型的分辨率可达 20～50 Å，假像少，真实感强。

1. 一级复型

一级复型是将复型材料直接沉积在样品上，然后将复型膜剥离样品，捞在铜网上，用金属投影增加样品反差后，即可用电镜进行观察（如图 11-4-1）。

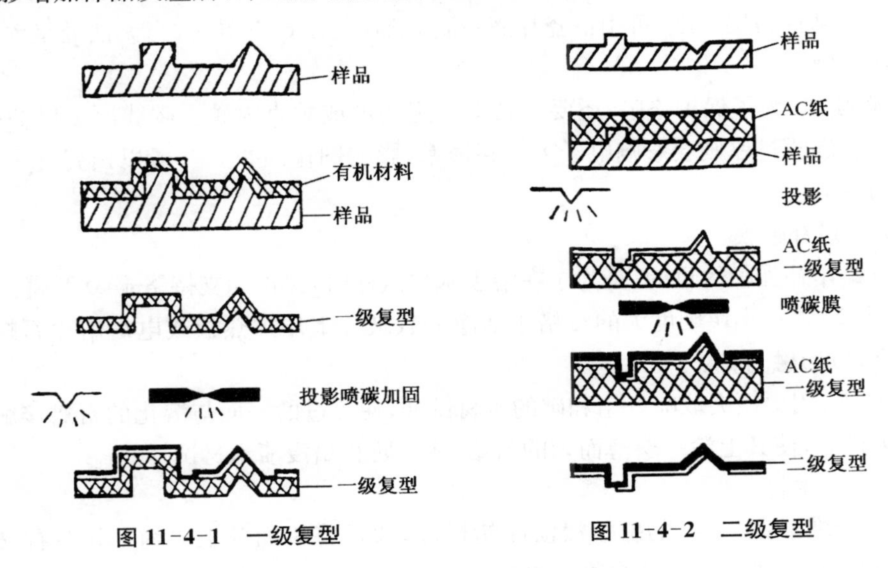

图 11-4-1　一级复型　　图 11-4-2　二级复型

2. 二级复型

二级复型较一级复型牢固，应用较为广泛，它是以一级复型为模板，制作碳膜的二级复型，最后溶去一级塑料复型，打捞二级复型。二级复型的分辨率为 150 Å 左右（如图 11-4-2）。

3. 预投影复型

多用于木材和纤维材料，是一级复型的进展方法。它的成功率较高，反差良好。

以木材试样为例，其具体操作步骤如下：

（1）木材试样的准备

① 取样：常用劈制或切片机切制的气干样品，表面应新鲜，平整、习惯上采用径切面。样品大小一般取 5×5×1 mm³（长×宽×厚）。样品的厚度必须适中，这样既便于控制喷镀，又利于溶去木材。

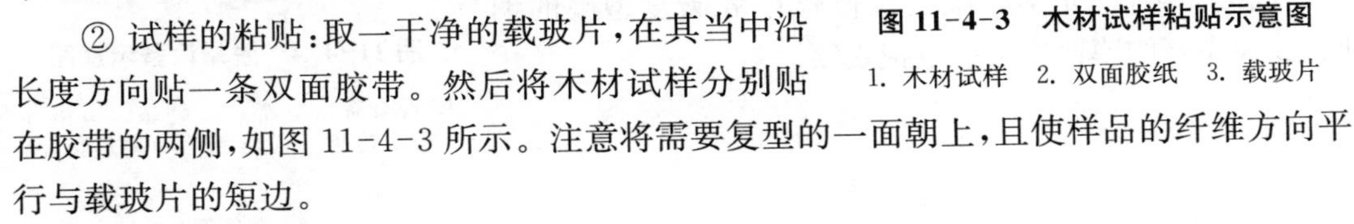

图 11-4-3　木材试样粘贴示意图

1. 木材试样　2. 双面胶纸　3. 载玻片

② 试样的粘贴：取一干净的载玻片，在其当中沿长度方向贴一条双面胶带。然后将木材试样分别贴在胶带的两侧，如图 11-4-3 所示。注意将需要复型的一面朝上，且使样品的纤维方向平行与载玻片的短边。

（2）试样的表面喷镀

① 喷镀前准备：将贴有木材试样的载玻片移至真空镀膜机内。固定在倾斜旋转台上。将铬块置于钨蓝内，钨蓝应置于旋转台稍前方，金属蒸发源与样品载片中心的距离约

8 cm，使与水平方向呈 30°投影角。

② 铬投影：铬是最常用的投影金属。在真空镀膜仪内的真空度达到 0.013 33～1.001 333 Pa（10^{-4}～10^{-3} Torr）时，通以电流，使铬喷镀于样品表面，形成铬投影膜。膜层厚度小于 200 Å 为宜。太厚的膜虽然反差增加，但会损失某些细节；而太薄的模反差又不够。为了掌握铬层厚度，可用白瓷片滴一滴硅油，放在真空罩内，当无油处呈深灰色时即可停止喷镀。

③ 碳喷镀：为了保护铬膜，还要对其呈一定角度或垂直喷碳。碳膜厚度以 200 Å 左右为宜。若碳膜过厚则会影响电子束的穿透率，影响图像质量。一般以白瓷片上的无油处呈深巧克力色为宜。

（3）石蜡补强膜

用石蜡作补强膜的目的，是为了在溶去木材试样时，保护和支持铬-碳复型膜。

① 熔蜡：置一小块硬度大的石蜡于洁净的载玻片上用加热板或电炉熔化石蜡，温度不宜太高，以熔融为宜。

② 补强：用尖镊夹取喷好铬和碳的木材试样，使喷过的一面与溶化的石蜡接触，然后立即移去样品，使其上涂一层薄而匀的石蜡，注意防止蜡浸渍木材试样。

（4）溶去木材

① 去纤维素：用 72％的硫酸浸渍涂蜡样品，通常将蜡面朝上。约 4 h 左右，样品变黑，则说明纤维素等多糖类化合物已水解。此时可移去硫酸，用蒸馏水漂洗三次。

② 去木素：用 1∶1 的 10％硝酸和 10％铬酸混合液浸渍上述硫酸处理过的试样，以溶去木素，约需 24 h 左右。然后移去酸液，用蒸馏水仔细漂洗样品三次。若还残留木材，需重新反复用酸处理，直至其全部溶去。最后将涂有蜡层的铬-碳复型膜移入盛有滤纸的培养皿内保存。

（5）脱蜡

将涂有蜡层的复型膜切成 2 mm×2 mm 左右的小块，小心地移至铜网上（φ 3 mm 网），再将铜网置于脱蜡设备冷指端部的金属丝网框上（如图 11-4-4）。

通常用甲苯活二甲苯作溶剂。回流加热抽屉约 1 h，以溶去蜡层。注意控制加热温度，以溶剂蒸汽达到冷指端部的铁丝网框周围为宜。

抽提完毕，用光学显微镜检查载有铬-碳复型膜的铜网，选择完好的膜留作透射电镜观察。

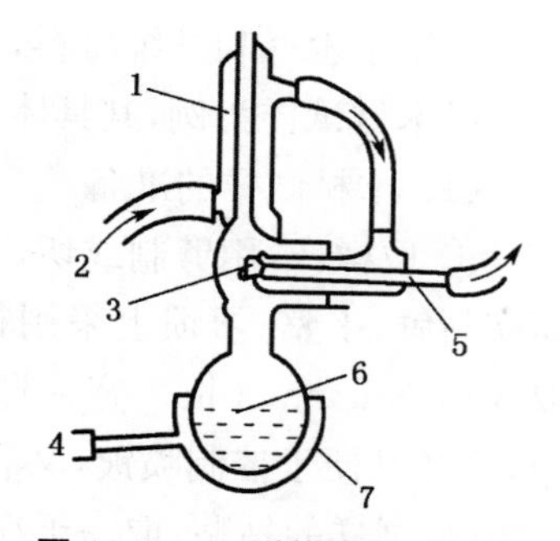

图 11-4-4　脱蜡设备示意图

1. 冷凝器　2. 水　3. 样品　4. 电源　5. 冷指　6. 溶剂　7. 电热套

第十二章　扫描电镜样品的制备技术

扫描电镜样品的种类多，范围广，如何提高它们的制备质量和应用范围，一直是电镜工作者潜心研究的重要内容。近些年来，由于制样技术的不断改进和创新，有力地推动了扫描电镜的应用和发展。但还有一些难度大的样品无法制备或效果不佳，有待我们去逐步解决、完善。因此，电镜工作者除了认真学习和掌握已被公认和发表的各样技术外，还必须时常留心新发表的文献资料，并不断在实践过程中总结经验，勇于探索和创新，才能促进电镜技术的推广和应用。

第一节　扫描电镜样品的标准和类别

一、扫描电镜样品的基本要求

要拍出理想的电镜照片，扫描电镜样品必须达到如下几点要求：

（1）精细结构保存良好。样品形态不失真，表面不皱折，不收缩和不塌陷等。

（2）样品干燥。在样品不受或少受液体表面张力等因素的影响下，将溶剂去掉，达到干燥的目的。

（3）导电性能良好。提高样品表面的二次电子发射率，获得高质量的电镜照片。

二、扫描电镜样品的种类

扫描电镜样品的种类繁多，特性各异，制备方法也需灵活掌握，但总的来讲可分为三类：

（1）金属和导电体样品。取准观察目标，表面清理干净（如经水洗过的样品，则应除去水分），即可粘台送入扫描电镜观察。

（2）坚硬样品和生物硬组织。塑料、陶瓷、木材、纤维、纸张、毛发、牙齿、指甲、硅质、角质、种子、硅藻、珐琅质等样品，可用重金属（金、铂）进行表面喷镀后，用扫描电镜观察其表面形貌；如要观察纤维和毛发的横断面结构，可用断裂、蚀刻和溶去包埋介质的方法进行处理，然后再喷镀观察。

（3）动、植物的器官和软组织。含水分较多而且柔软，如细菌、昆虫、娇嫩植物，组织培养细胞等，必须经过一系列的严格处理，尽可能地克服液体表面张力对样品造成的损伤，才能保证制备的电镜样品质量较好。

第二节　扫描电镜生物样品的制备程序

一、取样

样品的表面处理对扫描电镜十分重要，所以在取样是要十分小心的操作。主要掌握以下几点：

(1) 样品大小要根据所用的扫描电镜可允许的大小而定。一般长宽小于 10 mm，高度在 5 mm 内就可以适应于各类专用的扫描电镜。为了降低表面电阻，在能够包含所需要观察的细节内容的前提喜爱，样品尽量小一点，薄一点。

(2) 尽可能取有代表性的部位，以及少取非观察部位。以便用最少的时间，获得典型的扫描照片。

(3) 要对比的样品，尽可能取相同的，一致的部分，才利于得出准确的判断。例如昆虫触角不同节上的感觉其在大小，形状，数量及分布上往往是不一样的，所以要在相同节上进行对比。

(4) 有些样品，特别是用于新鲜状态观察结构的植物样品，取样时间十分重要。一般植物的花器官，叶子等以早晨取样较好；花粉以下午取样为宜；而昆虫等刚孵化出来时的毛形清晰整齐，表面叶少蜡质或其他分泌物，所以叫清洁，此时适于取样。其他类型的样品以此类推，结合各自特点和研究目的作决定。

(5) 对于脆性或塑性很大的样品，不能简单的刀具切割，否则会出现破碎，裂纹，挤压变形及刀纹，失去真实面貌。而用冷冻切割法或用易溶材料来包埋处理样品，进行切割或制备复型，效果较好。

(6) 需要观察内部纵面形貌结构时，不要用刀对切，应切开一个口以后，顺势拉开，或在冷冻情况下拉开，非纤维状的样品可用冷冻断裂法操作。

(7) 麻醉会改变某些细胞结构，特别是中枢神经细胞，感觉器和神经末梢等，活体死亡后缺氧，细胞会释放自溶酶，使原来的形态发生变异。所以麻醉剂要尽可能少用。

(8) 颗粒及脆性样品可用与样品有明显反差差异的材料充填镶嵌、冷断后直接镀金观察。

(9) 小和微小的娇嫩标本在固定前必须经离心及水洗，浓缩或者过滤，否则样品结构会在高速离心过程中受到损伤。

二、清洗

不干净的样品扫描效果不好。特别是对于解剖的组织、表面有黏液、蜡质、油脂分泌物的样品、存放过久而氧化的、土壤内取出的样品、粉尘环境内的样品和其他附有各种杂质的样品，如不仔细地加以清洗，轻则会破坏照片的美观，重则样品表面会被虚假现象掩盖，观察不到标本的原有结构。

清洁方法主要根据样品的类型和研究的目的分为以下几种：

(1) 正常干燥的样品(如叶，花瓣，茎等)，应用吹气方法，使其清洁。吹气力量大小取决于标本的硬度和污染的程度。

(2) 对附于外表或是溶于水的杂质，可用蒸馏水或生理盐水进行流洗、漂洗、刷洗、换洗或冲洗。

如果表面细节很容易脱落或变形的话，则要避免用具有冲击力的冲洗，刷洗，换洗或冲洗等方法。

(3) 微毛或凹陷很多的样品，因为小杂质颗粒很容易镶嵌在内，往往要使用超声波清洗方法。

(4) 清洗液的渗透压和亲和性要注意，要维持 pH7.2～7.4，以免造成样品的膨胀和收缩，清洗液也不能与固定液或其他处理液起反应，在扫描电镜制样中，多数用磷酸缓冲液。生理盐水等几种。

(5) 对一些蛋白黏液类的污染物，可采用蛋白分解酶来处理。蛋白质的种类很多，不同的蛋白质要选用不同的酶来分解，使这些黏液类物质变成易溶于水的物质或颗粒沉淀物，用水洗去。但要注意蛋白分解酶对样品表面细节有一定损伤，损伤程度随使用的分解酶种类，时间长短，以及浓度大小不同而不同。

(6) 有些杂质可用酸碱腐蚀法溶去，然后反复水洗，但同样要注意防止本身细节的损伤而变形。

(7) 有不同比重的杂质，可用离心分离法去除。离心速度要根据样品和杂质的情况而定，高速离心时尽量不要损伤样品。

(8) 油脂，蜡质之类杂质要用溶剂清洗，可反复浸洗，漂洗或用溶剂蒸气蒸洗。这类物质很微量的存在，都会在干后形成一层薄膜，使细节被掩盖。但是，对温度敏感的样品不宜用蒸洗等清洗方法。

(9) 含有微小杂质的样品可用超微过滤网过滤法清洗。

在清洗操作中还应注意下列两个问题：

① 清洗液要多次更换，换液时尽量少夹持样品，最好在保证杂质污物能被去掉的情况下，不采用把样品从一只容器夹到另一只容器去的做法，而采用直接换液法可以不损伤娇嫩的生物样品。

② 在清洗过程中，尤其用有机溶剂清洗时，应尽量避免样品裸露于空气中，否则样品将会皱缩变形。

三、固定

有些生物样品不需预先固定就可进行脱水等后续处理，如某些花费，苔藓叶子和分离的细胞器等。但大多数组织和细胞，特别是软体、富有微细结构的生物样品必须经过固定处理，以便把活体状态尽可能真实的保留下来，使组织内的半流体内含物凝固。固定的另外目的是最大程度的减少干燥过程中液体表面张力造成样品表面的损伤和变形，以及提高表面耐真空、耐电子轰击的能力。

扫描电镜生物样品的固定沿用生物学研究的常规化学固定法，也有用物理固定如冰冻法的，但绝大多数仍用化学固定法。用于透射电镜生物样品的各种固定也都可用于扫描样品，使用较多的是甲醛，戊二醛和锇酸。固定液的配方和固定方法与透射电镜生物制样相同，且也常用戊二醛与锇酸。固定液的配方和固定方法与透射电镜生物制样相同，且也常用戊二醛与锇酸双固定法。其大致处理步骤如下：

（1）前固定：一般用2～6%的戊二醛（pH7.2～7.4）固定几十分钟至数小时，甚至更长时间，因为这种固定液渗透力强，浸入细胞间的速度快。固定后应用0.1M磷酸缓冲液充分清洗，然后进行后固定。

（2）后固定：一般用0.5～2%的戊二醛（pH7.2～7.4）固定几十分钟至数小时，后固定时间太长将使样品变脆而易于损坏。由于锇酸有电子染色作用，使二次电子的发射率和电子散射增强，所以后固定可提高图像信噪比，增强图像的反差。但其大分子的扩散作用较慢，因此后固定时间应长于半小时。

此外，还有甲醛，乙醛，高锰酸钾，卡诺氏及多尔顿等固定液，在使用中根据样品的性能和需要，灵活运用。扫描电镜的固定操作还应注意以下问题：

① 固定用的器皿必须清洗干净，以防样品污染。

② 固定温度以4 ℃为宜，因为此时体积最为稳定，因而对样品影响最小。

③ 对原生动物，血细胞，精子，昆虫和螨的卵等单细胞样品，由于渗透性敏感，故固定液浓度不宜太高，并适当加入蔗糖等增加渗透压。

④ 固定液的浓度要适当，浓度高，表面作用快，但渗透压差也高，样品内部的固定效果就差。

⑤ 为了加强固定效果，常将两种以上不同效果的固定液进行多次固定，但要根据样品性质和固定剂特性进行，否则适得其反。

⑥ 对某些植物材料的叶，茎，根等使用单固定法，也可取的满意效果。某些昆虫和菌等用锇酸蒸气熏蒸也能达到固定目的。

总之，对不同种类样品应采取相应的固定条件和时间，最好参照他人成功的经验设计自己的固定方案，但不要生搬硬套。

四、脱水

固定好的样品经清洗后，还必须进行脱水，这是因为在紧接着的表面金属化处理和进行扫描观察时，他们的真空系统要求样品不能有水分，因而水的存在将使真空度下降；此外水分被电子束轰击后产生碳氢化合物，严重污染物镜光阑、闪烁体等部件和样品，使图像质量下降。因此需在保持生物样品不变形的前提下，将样品内含的水分去除，即为脱水过程。

在脱水时，由于水的表面张力很大，因此不能直接用将水挥发掉的办法来脱水，更不能用加热的办法，否则将使样品严重畸变。应当用低表面张力的液体将水替代掉，从而减少张力影响。

目前扫描电镜生物样品脱水都采用溶剂梯度脱水法，所使用的溶剂必须使水溶性的，表面张力要小，一般使用乙醛，丙酮，也有用氯仿，环氧丙烷，，醋酸乙酯，醋酸戊酯的。如乙醇的表面张力为22达因/cm，醋酸乙酯为27达因/cm，而水则为72.75达因/cm(20℃时)。

脱水时可采用从30%～50%～70%～90%～100%的步骤，易变的样品，级差应小些，步骤也应增多。每步处理时间的多少应根据样品大小而定，体半为2～15 min。

经验表明，样品逐级脱水到100%溶剂内后，在取出粘到样品台上的过程中，表面溶剂迅速挥发，使样品受空气干燥而变形，尤其是许多昆虫，植物样品，在占到粘到样品台上时还需要整形，空气干燥造成的变形更为严重。可采用在溶剂替代到100%浓度后，在退回到80%左右的浓度内，以此来减缓挥发速度，争得了粘样和整形的时间，减少了样品变形，粘好的样品立即送入真空喷镀仪进行真空干燥，效果很好。

在进行清洗，固定和脱水过程时，不要采取传统的将样品逐次从一个容器取出，放入另一个容器内的做法。因为对于柔软易变的样品多次的挟持损伤大，且使用的器皿也多，还可能发生空气干燥的影响。可采取直接移液操作法，其做法是：以脱水为例，样品在30%或50%浓度脱水液中固定一定时间后，先吸出一半液体，加入需要的较浓溶剂，待一定时间后再吸出一半混合液，加入新的较浓溶剂……直到100%浓度。这是因为梯度脱水，主要是使溶液逐步缓和地提高浓度，避免样品受到突然刺激。直接移液对样品无损伤，作用较缓和，不发生空气干燥，效果较好，但由于余液存在，所以反复的次数要多一些。

五、干燥

生物样品大多数要经过干燥处理才能镀金和进行扫描观察。因为生物样品在脱水处理中还仅仅是脱掉了水分，样品还浸润在溶剂液体内。下一步应在样品不受或少受表面张力等因素的影响下，不变的将这些溶剂也去掉，达到干燥目的。

大多数动植物，特别是柔软的细胞和组织，在干燥时由于体积应力和表面张力的作用，要发生明显的塌陷和变形。因此，干燥过程是扫描电镜生物制备中最关键的一步。

目前在用的最好的干燥方法时临界点干燥法，其次是冷冻干燥法，真空干燥法和空气干燥法。

1. 空气干燥法

空气干燥法又称自然干燥法。其优点是简单易行，节省时间，不需专用设备等。其致命缺点是在干燥过程中，组织会因脱水而收缩变形。因此这种方法只适合于外表坚硬的样品。如骨，壳，几丁质覆盖的昆虫，有硬膜的生物体，以及木材，花粉，种子等。

空气干燥的具体操作是让脱水后的样品直接暴露在空气中，将水分或溶剂挥发掉。为了减少干燥似的收缩，最好是样品显得到充分固定，因为固定可是组织变得较硬。

2. 真空干燥法

真空干燥法是通常使用的干燥方法，不少样品在缺乏其他干燥手段时，用这种方法可取得较好效果。而且也不需另外配置设备，利用真空喷度已即可达到目的。

操作时当样品从100%脱水阶段又回到70%～80%浓度的溶剂内后，取出装台，整形，送入真空喷镀仪，应始终保持样品在不干不湿的状态，使这些微量水分通过真空干燥除去。在喷度仪中抽真空时间应比平时抽真空的时间长。真空干燥完毕后接着进行真空镀膜。

3. 冷冻干燥法

冰冻干燥机舒适利用低温,使包含着大量水分的软组织冰冻硬化,将生物组织原状固定下来,然后将冰冻的样品放到高真空中通过升华去除水分,达到干燥目的的一种干燥方法。冰冻干燥过程时水分从固态直接转化为气态,不经过液态阶段,因而避免了气相和液之间表面张力对样品的损伤。冰的升华速度取决于样品表面的温度和真空度,样品表面温度和真空度逾高,升华速度越快。

冰冻干燥已经有多种方法,如含水样品直接干燥法,酒精冷冻干燥法,乙腈真空干燥法和氟利昂 TF 冷冻干燥等。有的方法需用专门的冷冻设备,有的需要专用试剂,故未能广泛推广应用。本节仅介绍较常用的样品脱水后在有机溶剂中冷冻干燥的方法。

这种方法是将样品按常规取样,固定,用乙醇合丙酮脱水后过渡到某些易挥发的有机溶剂。如乙醚、氯仿、醋酸戊酯中,然后连同这些溶剂一起冰冻并在真空中进行升华,达到干燥目的。若直接用乙醇作为冰冻干燥剂也有效果。这种方法的优点是:

(1) 有机溶剂在冰冻后形成非晶体固态,不像水结冰时那样产生膨胀,因此不会产生冰晶造成样品损伤;

(2) 有机溶剂与水相比,能以最快的速度从固态升华,因此样品干燥时间大为缩短;

(3) 不需要专门的冰冻干燥装置,只要用普通的真空喷度仪加上一个自制的铜或铝的金属座就可以了。

该方法的主要缺点是有机溶剂对样品成分有抽提作用。冷冻具体操作是:

① 取样,固定,脱水:按常规方法;

② 置换:用氟立昂 TF 置换乙醇脱水剂,直至达到 100%氟利昂 TF 为止;

③ 将样品迅速投入到液氧中进行冷冻;

④ 将样品放入预先冷却至液氮温度的铝或铜座(80 g)上,再放入真空喷镀仪中抽真空(约 1×10^{-2} Torr);

⑤ 10~20 分钟后完全干燥;

⑥ 放置 90 min,使铝或铜座回到室温,取出样品展台,喷镀。

4. 茨烯干燥法

1971 年有瓦特(Wattens)等人提出的茨烯干燥法,目前已成为常规干燥方法之一。烯是一种物色结晶体,能溶于醚,氯仿等,室温下呈固态,在空气中很易升华,45~55 ℃时呈液态。由于它能在较低的温度下升华,从固态直接变为气态,所以表面张力很小。经它干燥后的样品较松软,形变较小,操作也方便。在操作的每一步都应注意避免空气干燥的不良影响。升华和镀膜可以利用真空喷镀仪,只要将抽真空时间延长即可(一般 1 h 左右)。由于大块样品升华很慢,所以尽可能的将样品取得小一些。

5. 临界点干燥法

样品脱水后的溶剂和样品表面残存的水分干燥时,由于表面张力而使其结构产生物理的改变。为此,日本学者田中敬一等根据 1951 年安德(Andenson)创始的临界点干燥法，研制出专用的临界点干燥器（如图 12-2-1）。自从七十年代开始，该方法得到迅速广泛的推广和应用。

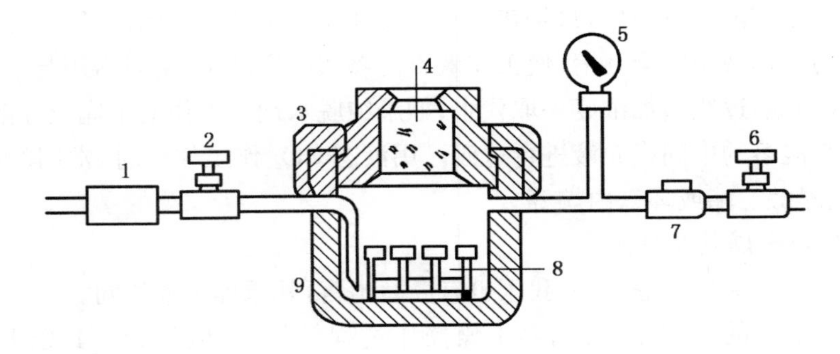

图 12-2-1　临界点干燥器结构示意图

1. 过滤器　2. 进液阀　3. 压力室盖　4. 玻璃窗　5. 压力表
6. 放气阀　7. 安全阀　8. 标本架　9. 压力室

（1）临界点干燥法的原理

临界点干燥法的原理是基于物质的一种物理性质—临界状态的特性而进行的。我们知道，物质有三态：固态，液态和气态。当温度和压力改变时，物质的状态可以随之而相互转变。例如，水在常温下时液体，若水处于密闭的容器中，当温度升高时，蒸气的密度就不断提高，蒸气压也随之增大，热量却未被带走。当温度增高到 374 ℃，压力增加到 218.5 公斤/厘米^2 时，气体和液体两相间的界面消失，故两相间的表面张力也就等于零了。这时就达到了水的临界状态。此时的温度叫水的临界温度，此时的压力叫水的临界压力。

因此，如果把一个样品浸在低于临界温度的液体中，然后加温，使这个系统通过临界点而达到高于临界点的温度，这是样品就以被干燥并处于气体中。然后在高于临界温度时放气，把压力降到大气压。在通过临界点时，由于没有表面张力，所以样品不受张力影响，从而消除了促使生物样品在干燥中变形的主要因素，达到尽可能保持原状的目的（如图 12-2-2）。

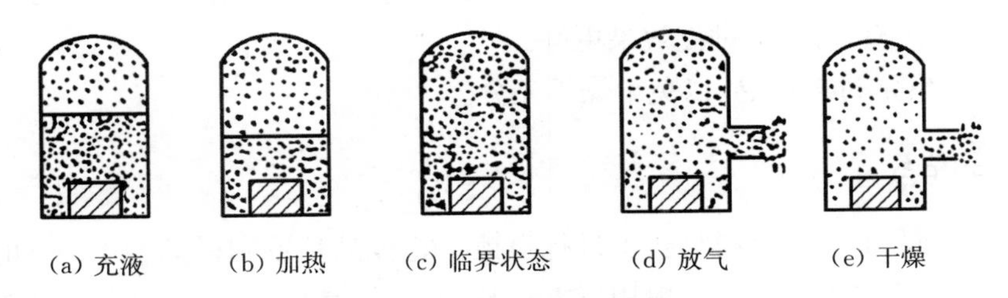

图 12-2-2　临界点干燥原理

但是，直接用水进行临界干燥，其临界温度和压力太高，将使仪器结构复杂，生物样品本身也无法承受。所以要选择一种临界温度和压力都较低，甚至接近室温常压的工作液进行临界处理。液态 CO_2、氟利昂、液氮等的临界温度与室温相当，压力也不高，所以作为工作液较合适。在这三种液体中，液氮的临界温度稍高，不易长时间保存，价格又贵，故已经不被采用。氟利昂性能最为理想，但取得纯品较难，价格又高，故目前普遍使用液态CO_2作为临界干燥的工作液，它价格低廉，保存方便，纯度较高，效果也较好。实际上同一仪器对几种工作液都可使用，只是在选择温度和压力条件上不同而已。

由于水与工作液不完全互溶，使工作液不能渗透浸样品中，所以需用与水混溶的脱水剂（如乙醇或丙酮）逐级增加浓度一取代水；如果纯脱水剂与工作液不完全互溶，故在期间插入与两者都混溶的中间媒介液进行过渡。用液态CO_2作工作液时，常用的中间媒介液有醋酸戊酯、醋酸乙酯或环氧丙烷等。

（2）临界点干燥其及其操作

临界点干燥器除日本等国外，我国也有商品出售，其原理基本相同。

临界点干燥器的操作步骤：临界干燥操作过程较长，一般约为 2 h 以上，有时长达 6 h，甚至放气过夜，这样干燥效果更佳。经过临界干燥处理的样品，一般变为白色，很脆，容易碎，在粘贴时要格外小心。干燥后的样品应立即镀膜，否则会再度从空气中吸收水分，使前面的操作功亏一篑。

在操作过程中应注意以下几点：

① 样品在中间媒介液中浸润取出，在表面不发生干涸，也不太湿的情况下迅速放入干燥篮内，干燥篮的盖和底可预先衬一张纸，以保持小环境范围内的湿度。

② 在样品放入高压使以前，高压室需先冷到底于室温 10 ℃以下。因为容器温度越低，充入的二氧化碳液体越不易气化增压，充入的液体量较多，可充分保证工作在临界点以上。

③ 液体二氧化碳一定要徐徐充入，逐步使压力上升到 50～65 公斤/cm^2（与钢瓶相同），以免样品受冲击变形。

④ 充入的液体二氧化碳量要超过容器的 2/3 体积，才能保证工作在临界状态。

⑤ 实际操作的温度和压力都应超过临界值，以保证充分的临界状态。对于纤毛较多，容易凝集，体软而个大，甚至像昆虫的腹节那样能伸缩的样品，需要用较高的温度和压力处理，以助其伸展，但最高不超过 50 ℃及 120 公斤/cm^2（对CO_2而言）。

⑥ “开”，“闭”阀门时尽量防止产生突然冲击力，放气时在工作许可的情况下，越慢越好，有的样品在傍晚做，放气过夜效果更好。

⑦ 一次不宜加过多样品，以免干燥不充分。

六、样品粘台

干燥好的样品需装固到样品台上进行喷镀。将样品粘胶到样品台上时，可根据样品种类和性质采取不同的方法。一般用三类粘胶剂：一类是导电胶，二类是各种胶水，三类是双面胶纸。

对于导电或不需镀金的样品必须要用导电胶粘胶；要镀金的既可用导电胶，也可用胶水或双面胶纸进行装固。

导电胶有两种，一种是以大于 300 目的细银粉为基础的银粉导电胶，另一种是以石墨粉为基底拌以低电阻合成树脂的导电胶。

胶带纸既简单又便宜，多数样品可用它粘胶。用不同的胶贴方式，其图像效果很不一样，为此在粘胶时应注意考虑下列问题：

（1）底面积较小的圆形或大块样品胶合时，不能把胶水仅仅薄薄的平涂在样品台上，否则样品只有很小一部分与胶水接触，因为金属喷镀时是直线投影，没有弯曲的本领。这样往往形成死角，很难成为连续的镀层，实际效果差，电镜观察时，极易产生电子充放电效应。故应增大胶水与样品接触面，消除死角。

（2）对于纤维类端口样品，可以像牙刷一样穿在钻有小孔的样品台上，如图 12-2-3 所示，与样品台接触处适当涂抹胶水。但注意样品不要留得太长，胶水也不要碰到截面上。如要观察纤维表面，可在样品台上贴上胶带纸后，滴上水珠，取少量纤维浮于水珠之上 2～3 min，再在显微镜下，用镊尖细心打散，然后用滤纸吸干水分，待其自然干燥后即可喷镀、观察。

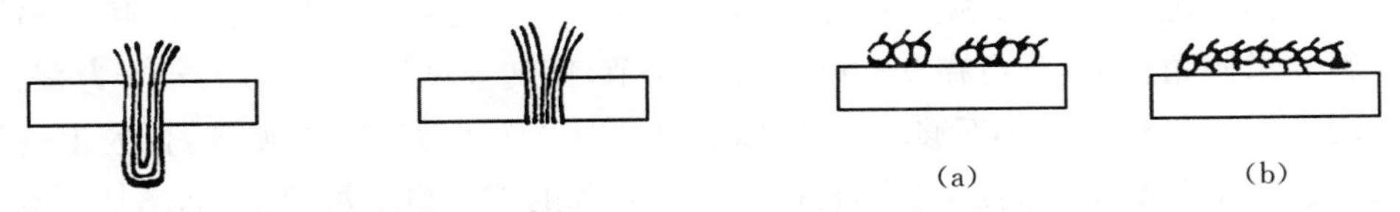

图 12-2-3　纤维断面的安装法　　**图 12-2-4　样品的分段和架桥黏胶法**

（3）为了取得暗的背景，使样品形貌更明显突出，可用图 12-2-4 所示的分段法和架桥法粘胶。这样样品离开焦点较远，电子束到达样品台时已发散，信号很弱，所以容易获得暗的背景，但在高倍时，由于电子束能量集中于微区，样品很容易往下坠，使图像移动，所以悬空不宜长。

（4）对于细小的干样品和粉末样品，可先均匀地撒在卡片纸上，将涂有薄层胶水的样品台轻轻地在上面按碰一下，在侧着轻轻敲击浮着的，为被粘住的样品，就能不结团成堆，获得胶均匀分布的效果，或把粉末状样品放于样品台上的胶纸带上，再用气吹匀，也可获得较好的效果。

（5）悬浮的粉末，细胞，花粉等微小样品可以直接地在样品台上，但黏着力较差，故可以用透射电镜用的铜网来点样，然后将铜网粘在样品台上。

（6）培养于玻片上的细胞等样品，要用胶水将小玻片胶成斜坡于样品台上，尽量用薄些的玻片，这是因为玻璃绝缘性好，边缘又陡直的缘故。

总之，样品粘胶的要领时必须粘牢，便于镀膜，使导电性好，同时尽可能使图像清晰，美观。

七、样品的导电处理

由于生物样品的电阻很大导电性很差，当他们被扫描观察时，轰击上去的电子没有接地的通路，于是在样品表面上就造成电子的堆积，发生充电效应，影响图像分辨率。

另一方面，生物样品都是低原子序数的元素所组成，二次电子发射率低，一般 10 个初级电子只能激发出 1～5 个二次电子，因此信号弱，建立不起必要的图像反差。

鉴于这两种情况，用于扫描观察的生物和非导体样品都要经过导电处理。

常用的导电处理方法又表面金属化处理法，组织导电法，化学浸镀法和电镀法等，其中前两种最为常用。

1. 样品表面金属化处理法

金属的电阻率极小，如因为 0.016 欧姆，mm^2/m，金为 0.022 1，铂为 0.105 等，与生物体悬殊极大。所以如果在生物和非导电体外表，完全根据原来凹凸形态，紧密覆盖一层很薄的金属连续膜（厚度约 100 Å 左右）这层膜由于地接通，那么不仅为样品提供了电子通路，不至于发生充电效应，而且提高了样品的二次电子发射率和耐电子轰击的能力，这必然会使图像细节丰富，反差提高，分辨率好。

目前在用的表面金属化处理方法主要有两种：真空镀膜和离子镀膜。

（1）真空镀膜

由于扫描样品使立体形态，故样品台必须装在倾斜旋转装置的蒸镀台上进行喷镀，而不像投影那样固定不动。金属蒸发时间约 11～2 min。旋转倾斜喷镀可以减少喷镀死角。一般要求倾角较大，且可在 0～90 ℃任意调节，旋转速度以 10～20 r/min 为宜。

但用金属被覆样品往往不够均匀，所以经常采用“双被覆”；首先喷碳，再喷上一层其他金属。这样覆盖层均匀而连续，不直接对着蒸发源的地方也能被覆盖到，增加了导电效果。太高的温度将使样品变形，甚至烧灼，损坏和龟裂。同时，若温度太高会使其作为蒸发器的钨也蒸发出来。所以易变的生物样品最好与蒸发源相距 10 cm 以上。对一般样品，为节省黄金，距离刻在 7 cm 左右。

镀金厚度要根据分辨率，使用倍率和样品情况而定，一般为几十～200 Å。欲观察的倍率高，细节小，镀层应薄一些，

不要超过分辨率的程度。一般要求在保证膜层连续的情况下，尽可能的薄。因镀层太厚和不匀，将使细节损失。镀层厚度可计算，也可用白瓷片上真空油蒸镀后颜色的变化来判断，一般颜色带灰蓝色时约小于 20 Å，棕色约小于 30 Å，金黄色时约小于 100 Å，明显的金属色实则大于 100 Å。

类似昆虫的鳞、翅、目类样品，由于表面重生复叠的鳞片和毛，金属膜难以连续。可将金的用量分成几份，并对样品更换几次倾斜角度，进行多次喷镀，才能得到好的效果。

镀膜完毕，应等样品冷却后在取出，以免镀层龟裂。

（2）离子溅射镀膜

样品表面金属化处理的另一种方法是离子溅射法。该方法使用专门的离子溅射仪，或称离子镀膜仪，如图 12-2-5 所示。

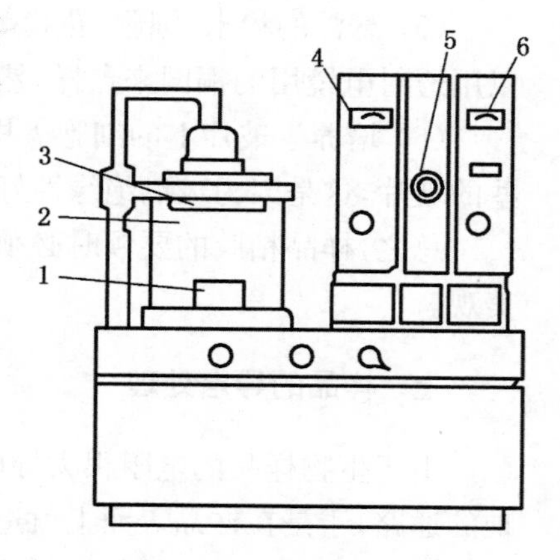

图 12-2-5　离子溅射仪

1. 样品台　2. 真空罩　3. 金靶
4. 真空表　5. 定时器　6. 电流表

在覆盖过程中，将需镀覆的金属制成的阴极靶，样品放在阳极上，在已抽真空的容器内，通入一些惰性气体，如氩、氮等（或空气），使容器内，处于低真空状态，约 10^{-1}～10^{-2} Torr。在两电极间通电产生辉光放电，

气体电离产生的阳离子，在负电场加速下轰击阴极金靶，使金属分子溅射出来，在正电场加速下飞向阳极上的样品，途中又不断与惰性气体分子碰撞而改变方向，使带有负电的金属分子向下方漫散射，由于样品上各部分都带正电，因此不论凹凸变化及孔洞各处，都具有同等的机会吸附金属离子，也就达到了无死区的很均匀的连续金属镀层，镀覆效果比真空蒸发好。镀层厚度与离子质量，靶原子序数及样品表面性质有关，轰击离子越重，靶原子序数越小，则溅射率越高，溅射速度越快如图 12-2-6 所示。

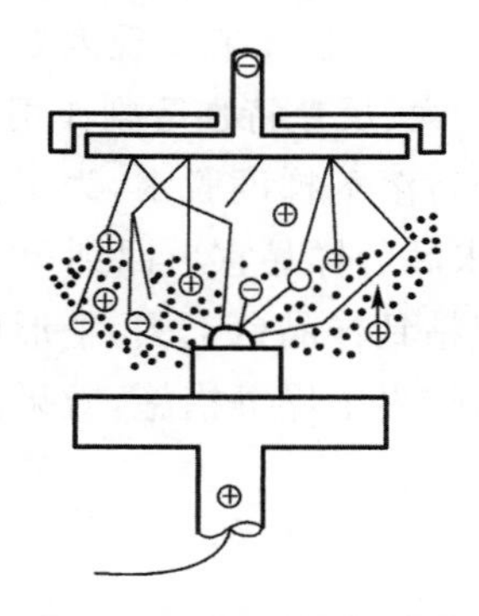

图 12-2-6　离子溅射原理示意图

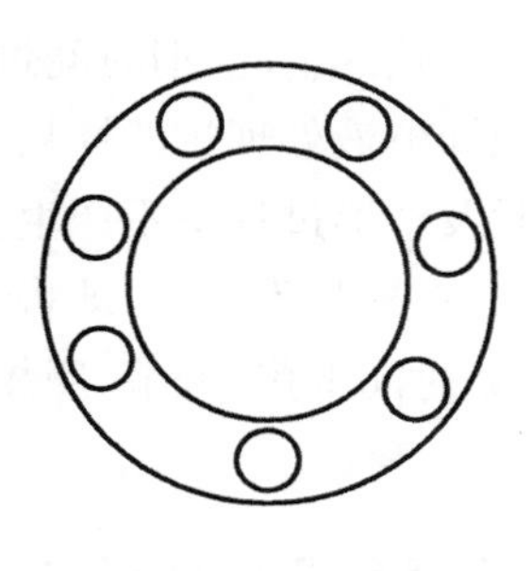

图 12-2-7　阳极圆环装置图

值得注意的时，溅射方式是在样品和金靶之间产生辉光放电情况下进行的，电弧的热量与离子轰击的能量均比真空镀膜要大，往往是较多的生物样品难以承受的。为此再放样品的样机上装有水冷的装置，以减小热影响。

离子溅射仪性能稳定，操作方便，但每次只能喷镀三个样品，工作效率较低，且金靶损耗量也较大。为此，我们对此设备的装样台作了改进，根据装样台的尺寸作了一个圆环，并在圆环上按照样品台的距离凿了七个洞，样品多时，即可将圆环套在装样台上，这样一次就可以溅射十个样品，既不影响样品的处理质量，又提高了导电处理的效率，同时也大大地延长了金靶的使用寿命。圆环制作如图 12-2-7 所示。

第三节　组织导电技术

组织导电技术是一种很有前途的制样方法，简称“TCT”法。这是人们在寻求不用镀金但又能改善电子充放电影响和提高二次电子发射率的新方法中建立起来的。

一、组织导电法的原理及方法

TCT 法是利用重金属盐类化合物作界面活性剂，对生物蛋白质，脂类，淀粉等起化学结合作用，使表面离子化或产生导电性较好的金属化合物，或利用细胞膜等组织成分对金属盐分子的吸收，使重金属分子镶嵌在分子间隙中，提高生物体表面导电率和耐电子散射的能力和图像反差，从而大大减少电子充电的影响。

TCT 法简单方便，经济有效，有时不亚于临界干燥技术，个别的比其更佳。同时既是对一些不起作用的样品也不产生有害影响。这种方法在昆虫,肺吸虫,金黄葡萄球菌等样品制备方面也取得明显效果。它还具有坚韧组织,加强固定的效果,用透射电镜作对比观察证实,它不产生细胞的收缩或损伤,细胞质内的细胞器业很完整。且经 TCT 处理观察后的样品还可供光镜或透射电镜对比观察。

在进行导电处理前,可将样品先经过固定,洗去固定液,再浸在组织导电液内。浸渍时间要根据所用导电液种类和样品大小,性质而异。样品小,内含流体比例小,柔软程度小的样品,时间可短些,反之则长一些。一般是稍长些为好,至今未发现因处理时间稍长而产生不良影响的情况,但时间过长将引起电子散射太大、反差特强等副作用。

经组织导电液处理过的样品,洗净导电液后,即进行溶剂梯度脱水,为了样品在胶贴上样品台时及整形过程中不产生空气干燥的影响,脱水后的样品宜再回到 70%～80%浓度的溶剂内,在样品不太湿,即将干的状态下用导电胶粘到样品台上去,整形后送入电镜观察,并抓紧时间聚焦,调节,照相。若配以金属镀膜,临界干燥等措施,效果比各方法单独用更好。

二、几种组织导电液的配方

1. 碘化钾组织导电液

碘化钾 2 g+碘 0.2 g+双蒸水 100 mL+2.5%戊二醛 10 mL+蔗糖 0.2 g。此配方性质缓和,液体纯净,不产生沉淀物和碎屑,可长期保存,使用方便,易于清洗,处理时间几分钟至几小时,甚至更长。

2. 硝酸银组织导电液

用 0.1 M 磷酸缓冲液配置 1.5%～3%硝酸银溶液,再加 0.1%蔗糖。经该液处理过的样品信号强,反差好,但易生沉淀,所以要仔细清洗。因其易氧化变质,应密闭保存于 4 ℃暗处。导电处理时间为几分钟至几小时。

3. 醋酸铀导电液

用 70%乙醇配置的 2%醋酸铀溶液。处理时间几 min 至几 h,其性质与硝酸银相同,但它主要可以提高核酸核蛋白和结缔组织组织纤维成分的反差。

4. 醋酸铅导电液

柠檬酸纳 4 g+醋酸铅 1.2 g+双蒸水 100 mL,过滤保存与暗处,用时加水三倍。该液配置麻烦,易氧化变质,处理后碎屑较多,铅易与空气中 CO_2 结合形成碳酸铅而污染样品,故应仔细清洗。

5. 高锰酸钾或重铬酸甲的导电液

用缓冲液配制的 5%高锰酸钾或重铬酸甲溶液。该类导电液性良好,很少沉淀,易保存,处理时间几十 h 以上。对磷脂蛋白时特别优良的固定剂,空间结构保存好,有利于保存细胞膜,叶绿素和神经髓脂质,但对其他成分几乎不起作用。

6. 硫卡巴肼导电促进液

用 0.1 M 磷酸缓冲配的 1%过饱和溶液,其本身不是导电液,主要起导电促进的中间锇桥的作用,使重金属锇分子与生物体更好的结合,也提高导电率,并能取得更好的反差。

用它处理 10 min 左右后，在 0.5%～1%低浓度锇酸中导电处理几分钟至几十分钟，然后做清洗、脱水工作。

7. 单宁酸导电促进液

单宁酸也称鞣酸，能使生物内包含许多络合物的蛋白质沉淀，但不使氨基酸沉淀。如经过 2% O_sO_4 中固定 2 h 后(4 ℃)，用 2%～4%丹宁酸加 8%戊二醛处理 1～4 h(4 ℃)，再在 2% O_sO_4 中 2～4 h。处理后的生物体，二次电子发射增强，反差好，分辨率高。因丹宁酸进入组织发展慢，对保存超微结构效果较好。

还可寻找更多、更有效的其他金属盐类化合物作组织导电处理。目前，喷金和临界干燥技术等都已发展到很成熟的程度，他们的固有缺陷已不是他们本身的某些改进所能解决的，因此对于组织导电技术这种不发生热影响，又很简便的方法，非常适用于流体含量少的扫描电镜样品制备。

采用组织导电技术时应注意以下问题：

处理后的导电液一定要洗净，否则他们将析出结晶，或与铜样品台起反应，影响导电性和图像质量。他们在镜筒内受轰击后产生分解，会污染和腐蚀镜筒。

处理后的样品可保存于 70%～80%乙醇或 1∶1 乙醇甘油液内，保存时间不要超过几 h。

取出样品应先垂直提着，在下端用滤纸吸取保存液，用优良的导电胶胶在样品台上，胶贴的样品应处于不干不湿的状态，避免空气干燥。

组织导电处理主要提高表面导电率，延缓电子充电速度及提高二次电子发射率，并不是消除电子充放电效应，也不可能将发射率提高导向金属一样，所以观察时必须抓紧时间。

TCT 法不能完全有效地解决收缩变形，但将几种方法结合使用可相互补偿，效果更好。

本方法对外壳极薄，内含流体比例很大，以及表面有蜡质、脂类的昆虫等样品作用很差，甚至不起作用。

处理后的样品反差较强，所以观察时要将反差调弱一些。此外，应加强镜筒清洗保养。

第四节　样品的割断技术

前面几节所述制样方法都用于制备表面观察的样品，若要观察细胞的内部结构，则需用割断的方法将要观察的部位暴露出来。割断的方法发展了多种，主要有树脂割断法，有机溶剂割断法，水溶性包埋剂割断法及冷冻割断法等。

一、树脂割断法

1. 环氧树脂割断法

这是最早创始的正规割断法，易掌握，效果好，因而被广泛应用，由于环氧树脂一旦聚合以后就不容易再脱掉树脂，所以不要让树脂聚合，而是通过冷却固化，割断后恢复到常温，再用有机溶剂将树脂溶掉，取出样品。

所用的数值有 Cemedine 1500，Araldite GY 260 和 Epon 812 则需在 −30 ℃左右固化，Epon 812 则需在 −80 ℃才固化。操作步骤如下：

(1) 取材：将新鲜样品切成 1 mm×1 mm×5 mm 的棒状。

(2) 固定、脱水：按常规方法。

(3) 置换：浸入氧化丙烯中约 30 min，在转入 1∶1 氧化丙烯与树脂混合液内数小时，容器不要加盖，以便氧化丙烯的挥发。

(4) 包埋：在 2 号胶囊里灌满树脂，将样品插入其中，放置一夜，树脂中不要加聚合剂。

(5) 固化：环氧树脂 Epon812 需用液氧等冷冻剂使其固化；其他二种树脂只要用低温冰箱即可冷冻固化。

(6) 割断：用刀具和小槌将样品割断，刀具可用单刀刀片，割断台只用木板即可，但最好在木板上刻一个放入胶囊的浅槽。割断是将刀具用手术钳加住放在有样品的胶囊上，用适当的力敲击小槌，使样品不发声音就敲断，其断面好像玻璃被割开那样光洁。

(7) 除去树脂：将割断的样品投入氧化丙烯中，让树脂溶解，胶囊用镊子取出，样品离开胶囊沉入容器底部。然后在 2 h 内换几次氧化丙烯，使样品中的树脂完全去除。

(8) 临界点干燥：将样品移入醋酸异戊酯中进行临界点干燥，然后镀膜、观察。

二、苯乙烯树脂割断法

此方法是用苯乙烯作包埋剂，其聚合以后用氧化丙烯和醋酸戊酯很易溶去，且容易被敲断，所以此法较方便。其特点是：(1) 包埋的树脂已经完全聚合，故样品可长期保存。(2) 割断是不需要使用冷冻剂，在室温下也能割断。(3) 用其他方法难于割断的结缔组织和软骨等硬样品，用本方法能得到好的结果。具体步骤如下：

(1) 取样、固定、脱水：按常规方法。

(2) 置换：将样品放入 1∶1 的酒精和苯乙烯单体混合液中浸泡 30 min，然后再苯乙烯单体中放一夜(4 ℃冰箱中)。

(3) 包埋：在苯乙烯单体中加入少量过氧化苯甲酰(占苯乙烯的 2%～3%)，将该混合物装满胶囊，把样品包埋于内，盖好。

(4) 聚合：在 60 ℃恒温相中聚合 24 h 以上。

(5) 割断：现在水中除去胶囊，然后割断，方法同环氧树脂割断法。

(6) 脱树脂：把割断的样品放入氧化丙烯中约 2 h 左右，即可脱去树脂，期间要换 3～4 次液体，冬季可稍加温。

(7) 干燥：经醋酸异戊酯置换后进行临界点干燥，然后镀膜、观察。

三、有机溶媒割断法

这种方法是先用无水酒精或醋酸异戊酯将样品包埋，再把它用液氮固化，然后进行割断。与树脂法相比制样时间短，效果好，应用较为广泛。其步骤为：

(1) 取样、固定、脱水:按常规方法。

(2) 包埋:将样品浸入装有无水酒精的平皿中,然后一个个的包埋在胶囊里,防止气泡进入。

(3) 割断:从主入口注入液氮至标志处,放置 4～5 min,是割断台冷却。并将胶囊周围多余的乙醇用纸擦去,在放到冷却的割断台。

待样品冷却到适当程度,用刀具和小榔头(预先冷却)断裂样品,其断面平滑整齐者为好,如图 12-4-1 所示。

(4) 融化酒精:将割断的样品立即放入室温下的酒精中,是固化的酒精融化后,取出样品移至醋酸异戊酯中过渡。

(5) 临界干燥。

四、干燥样品截面割断法

(1) 将两面刀片分开,丙酮擦干净,用两片刀刃夹着组织切割见图 12-4-1(a)

(2) 用刀在组织上切一道缝,将用镊子沿裂缝两侧,将组织撕开见图 12-4-1(b)。

(3) 将组织压在样品台上的双面胶带上粘牢后,用镊子夹住样品向上拉,断裂部分的组织粘在胶带上,喷镀后即可在电镜下进行观察,见图 12-4-1(c)。

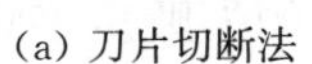

(a) 刀片切断法

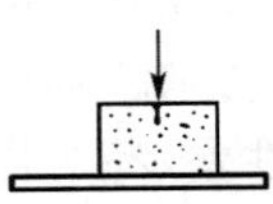

(b) 先在样品上稍作切缝,再用镊子掰开

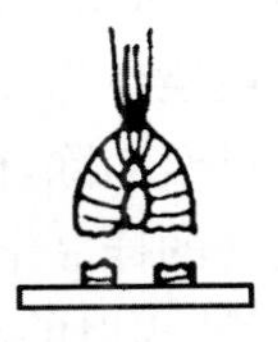

(c) 样品先用双面胶带黏好,再向上拉开

图 12-4-1　样品的观察面剖示法

五、液氮冷冻割断法

将干燥的样品放入液氮中,或者放在被液氮冷却的金属块上冻硬,再用刀片切开,待其恢复到室温后,即可喷镀、观察。

六、醋酸异戊酯割断法

将干燥样品浸入醋酸中进行冷冻处理,至冻硬后用刀片切开,待其恢复到室温后再取出样品做临界点干燥,经喷镀后,也可在电镜下观察到理想的组织切面。

第十三章　微波辐射快速制样技术

第一节　微波辐射快速制样技术的基本原理

微波(microwave)是一种高频电磁波。早先应用于雷达、通讯和卫星上。

微波辐射在样品上时，与生物组织中的偶极分子相互作用，使样品中的极性水分子和蛋白质极性侧链分子每分钟作2.45千兆次的180°的偏转振动，这种分子和分子内的高速运动在组织内快速产生热，同时快速分子运动又促进了组织内试剂的扩散和化学反应，可有效地增进结合，提高固定效果。早在70年代，微波辐射技术被应用于固体人体组织和动物组织，因其速度快、效果好，受到了专业人员的普遍欢迎。至80年代，微波辐射技术被应用于固定电镜生物样品，在人们认为微波辐射制样大大地提高电镜工作效率的同时也发现微波辐射制备电镜样品的均匀性差，易对样品造成损伤，由于电镜样品很小，局部的不均匀和损伤会影响电镜的工作效果，甚至会导致电镜工作的失败。多年来，国内外的电镜专家对微波辐射制样技术做出了许多研究和改进。

目前，微波辐射技术在电镜生物样品制备中已得到了越来越广泛的应用，技术亦更加完善，微波辐射损伤基本上已经消除，微波照射不仅应用于样品固定而且也用于脱水、包埋块聚合，染色以及扫描电镜的样品干燥等许多方面，使制样时间缩短，工作效率提高，也减少了制样成本。但由于微波辐射的制样机理还未能从理论上搞清楚，所以还有许多问题需继续研究。

为了完善微波辐射制样技术，我室从89年起对其进行了系统研究，消除了由于温度过高而产生的微波损伤、使得微波固定、清洗、脱水和聚合更加稳定可靠，既提高了工作效率，缩短了制样时间，又取得了较好的制样效果。

第二节　微波辐射在生物样品上的应用

一、基本操作方法

将样品放入盛有2.5%～4%戊二醛的青霉素小瓶中，连同盛有300 mL水的培养皿一同放入微波炉中。为了保护磁控管，也为了减少样品及固定液对微波能量的吸收，在微波固定时，在炉内放入 1 000 mL 的自来水做水负载，将功率设定在 27 ℃的温度挡，用微波照射 1 min，照射后让标本停留在原液中保温 30 min，然后用相同条件的缓冲液清洗 2～3 次。1%锇酸固定与上述方法相同。表 13-2-1 和 13-2-2 分别为 TEM 和 SEM 生物样品微波辐射制样程序。

表 13-2-1　TEM 生物样品微波辐射制样方法

程　序		试　剂		微波辐射		保温时间(min)	备　注
				温度(℃)	时间(min)		
固定（水负载 1 000 mL）	前固定	3%戊二醛		27	1	30	—
	清　洗	0.1 mol/L 缓冲液		27	0.5	5	重复 2～3 次
	后固定	1%锇酸		27	1	30	
脱　水		乙醇(丙酮) 30%～50%～70%～90%～100%(100%两次)		27	0.5	5	—
渗　透		100%环氧丙烷(丙酮)：Epon812 包埋剂	1∶1	27	1	30	重复 1 次
			1∶2	27	1	30	重复 1 次
			0∶1	27	1	30	重复 2～3 次
聚　合（水负载 1 000 mL）		—		27	10	10	重复 3 次
				37	10	10	重复 3 次
染　色（水负载 1 000 mL）		醋酸铀		27	1	5	蒸馏水清洗
		柠檬酸铅		27	1	5	蒸馏水清洗

表 13-2-2　SEM 生物样品微波辐射制样方法

程　序		试　剂	微波辐射		保温时间(min)	备　注
			温度(℃)	时间(min)		
固定（水负载 1 000 mL）	前固定	3%戊二醛	27	1～2	30	—
	清　洗	0.1 mol/L 缓冲液	27	0.5	5	重复 2～3 次
	后固定	1%锇酸	27	1～2	30	—
脱　水		乙醇或丙酮 30%～50%～70%～90%～100%(100%两次)	27	0.5	5	—
干　燥		—	30	2	2	—
			45	2	2	—
			60	2	2	—

注：大小不一样或比较特殊的样品，时间、温度可根据实际情况适当调整。

二、操作中的注意事项

功率低：使用低温档微波照射，其功率低，炉内的 1 000 mL 水负载也使样品上微波照射的能量大为减少，避免了样品的辐射损伤。

样品小：1 mm^3 的样品采用低温档微波进行辐射，使得微波辐射时，在样品中心产生的热量在间歇期内传至样品表面，散失到固定液中，由于样品是浸泡在固定液中，固定液又浸泡在温度为 27 ℃左右(35°以下)水域中，使得固定液的温度不会升得太高、太快，这也就使得样品温度不至于达到损伤程度，较好的控制了温度的变化，欲改变固定液的温度仅需改变水域温度即可实现，这使得温度控制变得容易，固定效果也更加良好。

保温：适当延长样品在固定剂中的时间，使固定液能充分渗入样品。将微波固定与化学固定结合起来，进一步增强了固定效果。

第十四章　生物电镜样品的制备新技术

电镜的直观感强，应面广，但因制样技术不完善，影响了它在自然科学中的应用，甚至使得某些专业无法深入开展超微结构的形态研究。为了有利于今后工作的开展，编者将探讨的一些特殊样品制备技术作了简单介绍，以供有关人员参考。

第一节　木材超薄切片制备技术

木材超薄切片是研究木材内部结构的有效手段。但因木材质地坚硬，成分复杂，很难制备成标准的超薄切片。编者采用蒸煮和多种化学试剂浸泡的方法对榉木和杨木等进行软化处理，用玻璃刀成功的切出了 500 Å 左右的超薄切片，并在透射电镜下发现了一些国内外尚未见报道过的特殊结构。

制备方法：

用锋利刀片将木材样品按所需部位纵向切下厚度为 1～1.2 mm 的薄片，放入水中煮沸至样品下沉后取出，采用蒸煮和多种化学试剂浸泡的方法进行软化处理，具体程序为：将样品先放在 1%的氢氧化钠溶液中水煮(水温 100 ℃)再放入 40%的氧化氢溶液中浸泡 4 h，然后将样品取出水洗，再放入盛有 1∶1 的酒精和甘油混合液器皿中，在 100 ℃恒温箱水放置 24 h。样品经软化处理后，按常规方法固定，Epon812 树脂包埋后，用玻璃刀切片，铀铅染色，透射电镜下观察。此方法制备出的超薄切片无皱折、无撕裂、反差适中，在电镜下观察效果良好，并可发现木材细胞中的一些特殊结构。

第二节　石化花粉的超薄切片制备技术

石化花粉的超薄切片是研究植物遗传的有效手段，但因石化花粉十分坚硬，无法制备成超薄切片，编者采用冰醋酸腐蚀，微波软化的方法，较好地解决了此问题。此方法还适用于竹类植物。

制备方法：

将软化后的样品，置于琼脂中进行预包埋后，切成小块置于 1%高锰酸钾水溶液中固定 2 h(主要起电子染色作用)，0.1 M 磷酸缓冲液清洗，酒精梯度脱水，环氧丙烷置换，spurr 树脂参透、包埋、切片、染色、TEM 观察。

第三节 风化木材的聚乙二醇包埋技术

风化的木材在样品制备过程中容易破碎，无法保存住原有结构形貌，用聚乙二醇1540进行渗透、包埋、处理后便可得到理想的样品。此方法既能保存好样品的原有结构又不降低样品分辨率，除了适用于易碎样品的制备外，还适用于纸张和枝条、及花芽的样品制备。

制备方法：

将聚乙二醇1540置于60 ℃烘箱中熔化后，置入样品参透12 h，取出后，在室温下固化，用锋利的单面刀将样品切成0.5×0.5 cm^3 的立方体，放入蒸馏水中，置于60 ℃恒温箱水，换水3～4次，使聚乙二醇全部置换出，酒精梯度脱水，乙酸异戊酯置换，临界点干燥、粘台、喷镀、SEM观察。

第四节 纤维横断面扫描电镜样品的制备技术

在纸浆造纸研究中，纤维的内部结构变化是衡量纤维性能的重要指标，在国外的一些报道中，虽然探讨了纤维的内部结构变化，但因制样问题没能很好解决，图像上不能清楚地表明变化程度，难以进行准确判断，编者采用spurr树脂包埋方法，制备出的纤维横断面样品，可在SEM下清晰的反映出纤维内部结构变化。

制备方法：

将纤维样品置于4%戊二醛中固定2 h，缓冲液清洗，用1.5%高锰酸钾水溶液固定1 h，缓冲液清洗，酒精梯度脱水，丙酮置换，spurr树脂渗透、包埋、包埋时尽可能多用些样品，并用镊子将纤维朝一个方向理顺，置于70 ℃烘箱中聚合12 h，用玻璃刀将横断面切成光滑表面。将样品头置于40 ℃氢氧化钠无水酒精饱和溶液中腐蚀5 min，清洗后用单面保险刀切下1 mm厚的样品头，将腐蚀过的台面朝上、粘台、喷镀、扫描电镜观察。在电镜下可见到纤维横断面的结构变化。

第五节 木材立方体的制样技术

制备木材立方体试样，可使人们在SEM中观察到真实的木材三维图像，从而对各种不同木材的结构和组织之间的关系，提供了迅速、简便和可靠的手段。

制备方法：

(1) 取样：将木材切成约1×1×5 cm^3 的立方块、使横、径、弦三个标准面基本符合观察要求。

(2) 软化：比重在 0.3 克/cm^3 以上的木材试样需进行(水煮 2 h 以上)。

(3) 切块：取出试样，用单面刀切成 0.5 cm×0.5 cm×0.5 cm 左右的立方体，要求切片平整，边棱相互垂直、横切面上至少保留一个生长轮。

(4) 干燥：将切好的木材试样进行脱水，置换和临界点干燥。

(5) 粘台：注意选择切面平整的横断面朝上，采用离子镀膜，时间适当延长，以观察时不充电为准。

摄影时，加速电压 10～20 kV，样品倾斜 50～55°，并旋转至样品的一个顶角正对荧光屏中心，并进行旋转补偿操作，使木材立方体的纵切面与荧光屏底边垂直，且使立方体上四个顶角中最好的一个放在中间，三个标准面在照片上大致相等，然后拍照。

第六节　生物活性纤维素的扫描电镜样品制备技术

生物活性纤维素的吸附功能主要取决于其内部的超微结构变化，但因其横断面样品难以制备，使得人们只能从纤维素的表面着手分析，无法得到实质性的结果。编者采用树脂包埋法，制备出了活性纤维素的横断面扫描电镜样品，在 SEM 中可清晰地看到活性纤维素的内部超微结构变化。

制备方法：

将生物活性纤维素置于 4%戊二醛中固定 2 h，0.1 M 磷酸缓冲液清洗，0.5%高锰酸钾水溶液后固定 1.5 h，缓冲液清洗，酒精梯度脱水，环氧丙烷置换，Epon812 树脂渗透、包埋、聚合、修块后用 NaOH 酒精饱和溶液进行台面腐蚀，离子溅离仪喷镀，SEM 观察。

第七节　天然色素的扫描电镜样品制备技术

天然 β-胡萝卜素呈油剂状，是电镜样品制备技术中难以克服的难题，目前，国内外尚无有关样品的制备技术报道。编著采用恒温干燥的方法，较好的制备出了 β-胡萝卜素的扫描电镜样品。

制备方法：

将油剂状天然 β-胡萝卜素滴在干净的载玻片上，静置 40 min，放在酒精灯上方烘烤后放进 80 ℃干燥箱中烘烤 4 h，粘台，喷镀，SEM 观察。

在制备过程中必须注意两点：

(1) 不能将样品直接滴在滤纸、胶带等易被液体渗透的载体上，以免样品流失。

(2) 样品在烘烤前须在载玻片上静置 0.5 h 以上，否则会在受热过程中产生弧形假象。

第八节　胸腺细胞电镜样品的快速制备技术

为了提高工作效率,快速制样技术一直是电镜工作者探讨的重要内容。编者在多次实验中发现,用高锰酸钾水溶液固定胸腺细胞,既可减少样品流失,又可大大缩短制样周期。

制备方法:

将小白鼠的胸腺细胞置于4%的高锰酸钾水溶液中固定30 min,可见到样品迅速着色并逐渐沉淀到试管底部,1 h后用滴管吸去上清液,进行酒精梯度脱水,每次10 min,醋酸异戊酯置换15 min,临界点干燥,离子溅射仪喷镀,SEM观察。

第九节　叶绿素扫描电镜样品制备技术

叶绿素的稳定性差,对光、热、氧气都极为敏感,很难制备成电镜样品,影响了天然色素的超微结构研究,编者采用酒精浸泡和戊二醛固定相结合的方法,制备出了冬青等植物叶片的叶绿素扫描电镜样品,在SEM下观察到了清晰的叶绿素超微结构图像。

制备方法:

将冬青叶片背面的薄膜撕去,切成5 mm方块,放进酒精中浸泡1.5 h,0.1 M磷酸缓冲液清洗2 min,4%戊二醛固定1.5 h,0.1 M磷酸缓冲液清洗2 min,酒精梯度脱水,乙酸异戊酯置换,临界点干燥、粘台、喷镀,SEM观察。

第十节　纸张横断面的扫描电镜样品制备技术

随着森林资源短缺和环境污染的不断加剧,开发高加填量、高灰分的纸张应用已经显得十分重要,但因纸张纤维的韧性大,细胞腔受力容易变形,使用常规的电镜样品制备技术,很难观察到纤维细胞壁和细胞腔中的钙颗粒分布情况。为此,编者研制了纸张横断面扫描电镜样品制备技术,通过此技术,可清楚地观察到碳酸钙颗粒在纤维内部的充填状态,为纤维充填技术的应用提供了确凿的理论依据。

制备方法:

取少量纸张放入样品瓶中固定2 min,蒸馏水清洗2 min,倒出清洗液,放入聚乙二醇,置于在60度烘箱中渗透24 h,取出后,在室温下冷却凝固,用锋利刀口切片,浸入蒸馏水清洗2次,每次5 min,酒精梯度脱水70%～90%～100%,每次5 min,横断面向上粘台,离子溅射仪进行导电处理,扫描电子显微镜观察。

第十一节　细菌侵染植物体的扫描电镜制样技术

在微观结构上分析细菌对植物体的侵染程度，基本有三种途径：(1) 光学显微镜观察；(2) 透射电镜观察；(3) 扫描电镜观察。光学显微镜的分辨率有限，通常不能得到理想的结果。而透射电镜观察是通过对侵染细菌的植物体进行固定、环氧树脂包埋、超薄切片获得结果，收到透射电镜制样要求的限制，超薄切片仅有几十 nm 厚度，长宽也不超过 5 mm，观察区域非常之小，即使多做几个重复区域，观察范围也非常有限，所以如果不是细菌充满整个植物体，往往不容易被观察到。相比较而言，扫描电镜是理想的观察途径，其具有较高的分辨率，且观察范围扩大到几个 cm^2。

扫描电镜观察细菌侵染植物体的制样方法如下：

(1) 2%戊二醛立即固定 1 cm×1 cm 新鲜植物体至少 4 h。

(2) 0.1 mol/L 磷酸缓冲液(pH7.2)清洗两次。

(3) 乙醇梯度脱水(30%～50%～70%～90%～100%)。

(4) CO_2 临界点干燥。

(5) 用锋利的刀片将干燥的样本横切、纵切，分别将断面朝上进行粘台。

(6) 离子溅射仪喷金 1 min，电流 15 mA。

(7) 使用扫描电子显微镜进行观察分析。

细菌侵染杨树组培苗的电镜结果明显可见细菌侵入植物体并且进入细胞腔内，数量较多，为该实验的深入进行提供了有力的科学依据。

第十二节　柳树叶能谱样品的制备技术

对于柔软、含水较多的生物材料，如果应用电镜结合 X 射线能谱仪进行分析，常规的前处理并不合适，因为既要保证细胞结构完好无损，又要使其成分不减少、不移位，保证科学合理的数据结果。

以检测柳树叶内重金属元素为例，探索出最佳的前处理方法如下：

一、扫描电镜/能谱仪检测

将适当大小新鲜样本装在适当大小的铝盒里迅速投入液氮速冻固定，之后将样本进行真空冷冻干燥 36 h，干燥后的叶片切取适当大小的断面，经离子溅射仪喷金处理 30 s，电流 15 mA。使用扫描电子显微镜结合能谱仪对叶肉组织细胞进行分析。

二、透射电镜/能谱仪检测

将适当大小新鲜样本装在适当大小的铝盒里，快速投入用液氮冷却的体积比为 1∶3

异戊烷和丙烷混合液中冷冻固定，之后样本迅速转入真空冷冻干燥 48 h，取出干燥的样本加入环氧树脂，25 ℃先真空渗透 12 h，再常压渗透 12 h，包埋，聚合之后超薄切片，50 nm 左右厚度，使用透射电子显微镜结合能谱仪分别对细胞进行分析。

选取最柔软、含水最多的叶器官的结果作为说明，通过扫描电镜/能谱仪的分析表明柳树叶肉细胞对重金属元素具有富集能力，并且可以逐步地由表及里进行吸收，同时通过透射电镜/能谱仪进一步深入研究，发现重金属元素已经进入到细胞壁上，并且有一定量的累积。

第十五章　冷冻制样技术

冷冻制样技术是保持样品精细结构的物理制样方法。此技术用快速冷冻取代了常规样中的化学处理步骤，所制备出的样品较常规方法的结果更加真实、完美和可靠。冷冻技术的特点是对样品采取冻硬和固定的方法，保持生物的原始形态特征和活性，从而避免了常规样品制备中的固定剂、脱水剂等一系列化学试剂处理，以致使细胞组织中的超微结构、酶和其他化学成分都能得到良好的固定。

冷冻制样技术的操作步骤少，周期短适用于快速研究和诊断，在电镜技术中有着良好的发展前景。

第一节　冷冻原理和方法

一、冷冻原理

含有丰富水分的新鲜材料，在降温过程中，水分子在细胞内外产生大量晶核，随着温度的不断降低，晶核逐渐长大成大小不一的冰晶，导致物质的超微结构发生变化，这就是冷冻制样技术中的冰晶损伤。冰晶的产生和生长与样品含水量及水分存在的形态有关，还受冷冻速度、结冰温度、细胞冷冻点和再结晶点之间的温差等因素影响。因此，必须采取适当的技术措施，才能避免冷冻过程的冰晶损伤。

此外，经过适当的低温冷冻还可以在固定过程中消除塑料、橡胶等材料中的弹性，以至得到理想的断面结构。要避免或减小冰晶对样品造成损伤，必须做到如下几点：

(1) 冷冻速度：冷冻速度越快，形成的冰晶越小，反之，则越大。通常在 300 ℃/s 时，形成的冰晶约为 0.1 μm；500 ℃/s 时，形成的冰晶约为 0.05 μm；800 ℃/s 时形成的冰晶约为 0.03 μm。从电镜的观察效果考虑，应尽量防止产生大于 100 Å 的冰晶，所在在操作中必须用很快的冷冻速率进行冷冻固定。

(2) 冷冻温度：在样品进行冷冻过程中，若能将温度迅速降低到 −160 ℃以下，细胞内水分来不及逸出，而细胞外的水分几乎在同时冻结成玻璃状态的冰，即能良好的保存细胞的生活状态。否则将会使细胞受到严重的损伤。因为，在温度降 −10～−130 ℃时，水分会形成六角形的冰，在 −120～−140 ℃时水分会形成立方体的冰。

细胞内液开始凝固时的温度称为冷冻点，此时冰晶开始形成，但极微小，且固、液共存，对细胞结构无损伤。进一步冷冻细胞至全部冻结为固态时即发展成为再结晶点。由于样品的冷冻点与再结晶点之间温差越大，产生冰晶越大，对细胞结构造成损伤也就越大。所以在冷冻制样过程中应尽可能地减小冷冻点和再结晶点之间的温度差。目前，通常采用的方法是在样品冷冻固定前进行防冻处理的，以避免冰晶形成，如用 20% 甘油浸泡样品，可以使冷冻点降低 4.8 ℃，即有效的减小了两点之间的温度差。

二、冷冻方法

(1) 液氮直接冷冻法：用一小滴冷冻保护剂将小块样品粘在金属样品头上，迅速投入液氮中，样品即冷冻固定，由于液氮冷冻速度不高，冷冻固定效果也不太理想，此法只适用于要求不高的样品。

(2) 中间冷冻法：将金属杯置于液氮中预冷至 −190 ℃，再将冷冻速率高的丙烷、氟利昂冷凝成液体流入杯子，在保持低温的情况下，迅速将样品投入冷冻剂中，完成冷冻固定。

(3) 金属镜面冷冻固定法：将一端面光洁如镜的金属柱置于液氮中冷冻，待温度平衡后，将修好的样品迅速与金属面接触 0.5 s 左右，再投入液氮中，此方法特别适用于未经醛处理的新鲜样品。

三、冷冻保护

为了避免冷冻制样过程的冰晶损伤，样品在冷冻固定前需用冷冻防护剂进行浸泡处理。

常用的冷冻保护剂有 20%～30% 的甘油溶液；0.6～2.3 M 的蔗糖溶液；20% 二甲基亚砜(DMSO)或 5% 聚乙烯醇溶液等，处理时间为几分钟～几小时。也可以采蔗糖溶液浸渍样品 10～30 分钟，使组织部分脱水，此法即可调节组织块硬度又可防止冰晶形成，有利于改善包埋块的切割性能，但蔗糖不易从切片上洗掉，易造成污染。由于甘油有润湿剂作用，有利于负染色剂的铺展。所以用作冷冻保护剂效果比蔗糖好。

保护剂的浓度取决于切片温度，一般情况下选择切片温度越低，所需保护剂的浓度也应该越高。

第二节　冷冻超薄切片

一、冷冻超薄切片机

由超薄切片机和附加低温操作装置组合而成，包括超薄切片机刀台上的冷冻室、带热交换器的冷冻样品桥、液氮罐和自动加液氮泵，以及调节控制箱五部分组成如图 15-2-1。冷冻室是一个三室铝箱，左右两侧的容积 0.5 升的液氮室，中央为冷冻刀架、冷垫和供样品桥切割时活动的低温空间。液氮的液位由传感器送出信号显示在控制箱上，并可自动调节控制。工作时，左右双箱充入液氮对冷冻室进行冷冻，蒸发出的气态氮折流到中间工作室，温度在－190 ℃左右。为了调节控制冷冻室、样品和刀的温度，在刀架、底板和样品桥上都装有加热元件和测温传感器，在控制箱上显示温度并可在－80～－170 ℃之间进行调节。

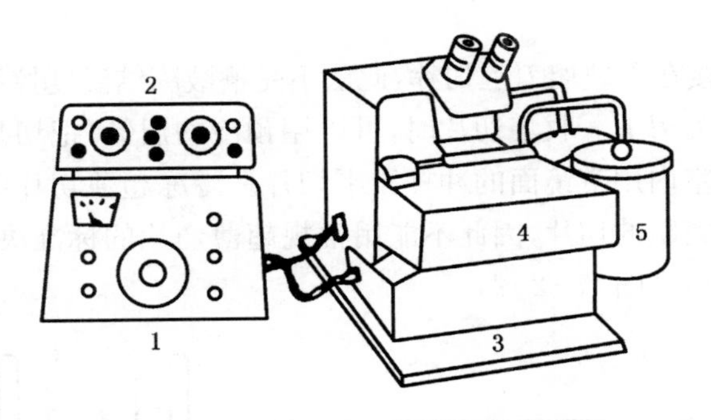

图 15-2-1　冷冻切片机示意图(瑞典 LKB)

1. 电源控制箱　2. 冷冻控制单元　3. 冷冻室　4. 冷冻室　5. 杜瓦瓶(液氮)

二、切片温度的选择和控制

切片时刀温比样品温度高 10～20 ℃为宜，关键是温度必须稳定。否则会造成进刀量不准，切片厚度不均匀等不良后果。使用未经预冷的工具和切片时补充液氮都会引起冷冻室温度波动，应注意避免。

切片温度应根据材料的特性，工作目的和实践经验来确定，温度在－180～－190 ℃适用于某些要求极低温的特殊样品；－150～－170 ℃适用于切片后立即进行冷冻观察或 X 射线微区分析的样品，适用于放射自显影的新鲜样品；－90～－130 ℃适用于切片后立即进行冷冻干燥，或进行组织化学、形状学研究的样品；－50～－60 ℃可用于一般形态学观察的样品。

三、修块

对于水分丰富而未经预固的样品，能获得良好的玻璃化而没有冰晶的范围在表面以下约 10 μm 的区域。因此切片需在此范围内进行，才能得到良好的效果。

修块的要求与常规超薄切片相似，但需在低温室中用预冷的合金修块刀进行。修块进刀量控制在 0.25 μm，切速 1.5 mm/s，切面控制在 0.2×0.2 mm^2 左右。

四、切片速度和厚度

对于一般生物材料，选用≤0.5 mm/s 的切速较为合适，如果切速＞1 mm/s 时，刀口上切割生热，不利于切片。对于塑料之类的硬材料的切速在 2～10 mm 较为合适。由于冷冻超薄切片难度大，厚度一般控制在 70～100 nm，容易成功。

五、切片

切片可用钻石或玻璃刀。方法有干刀法和湿刀法两种。

（1）湿刀法：与常规超薄切片相似，只是低温下用不冻结的液体二甲基亚砜溶液作槽液，切片易展开，但DMSO不适用于细胞化学方法的研究材料，因为它能抵制某些酶的活性。其他低温水槽液有乙二醇、甘油、氟利昂、液氮等。捞片时需用预冷过的有膜铜网捞取。

（2）干刀法：直接在干玻璃刀上切片，此法不受槽液冻结温度控制，但是切片不成带，不易展开，常黏附在刀刃上。收集切片时，可以用预冷的眉针，把切片拨到紧靠刀刃的预冷铜网上，然后在冷室内用带镜面的冲杆压平切片。冷冻超薄切片中没有常规包埋剂的交联，不易得到大块完整的切片，因此不能用常规超薄切片的标准决定取舍，而应小心收集碎片进行观察研究，见图15-2-2。

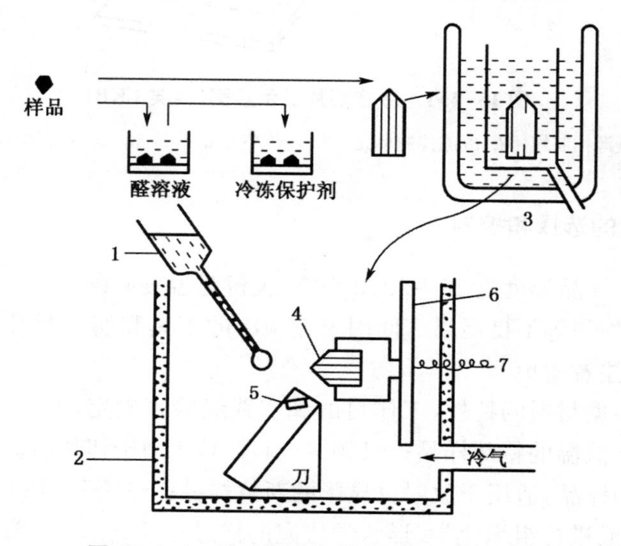

图15-2-2　冷冻超薄切片示意图（干刀法）

1. 注射器　2. 恒冷箱　3. 冷冻剂　4. 样品架　5. 切片　6. 切片机臂　7. 测温元件

六、染色

冷冻超薄切片可采用正染色或负染色，方法与常规超薄切片相似。但因冷冻切片没有包埋介质支持，十分脆弱，如进行正染时，需加倍小心。

第三节　冷冻断裂技术

一、冷冻断裂复型技术

冷冻断裂复型技术是一种将断裂和复型相结合的透射电镜样品制备技术，又称之为冷冻断裂蚀刻技术。

冷冻断裂复型技术的分辨率高，立体感强，适用于观察和研究细胞的膜结构。复型膜则由碳、铂粒子构成，稳定性好，机械强度高，易于保存。

由于此技术能够避免化学药剂对样品造成的损伤，迅速冻硬并保持良好的细胞超微结构形态，目前已被广泛应用于生物学、医学、林业和农业等科学领域。

但须引起注意的是，由于冷冻技术在操作过程中，断裂面大多产生于细胞被冻硬后的最脆弱部分，因此不适用于有目的选择部位。

二、冷冻断裂复型设备

冷冻断裂装置的型号很多，但主要可分为两种类型。一种是专用的冷冻断裂复型装置，另一种是真空喷镀仪的冷冻断裂蚀刻附件，需和加温蚀刻装置一起安装在真空喷镀中使用。专用的冷冻断裂装置操作简便，温度控制精确，制用的复型质量好，可连续工作，但价格较昂贵。小型的冷冻裂蚀刻附件结构较简单，利用了喷镀仪上的真空系统和蒸发喷镀装置，复型质量较好，制作也较简单，但制样时间长，每做一个样品都必须使设备恢复到室温，再重新冷冻，抽真空等。

三、冷冻断裂复型的方法

冷冻断裂技术的关键是要防止生成冰晶，保证蚀刻质量和取得理想复型膜。操作程序为预处理、冷冻、断裂、蚀刻、复型、清洗和捞膜。

(1) 冷冻保护固定：为了防止冰晶损伤，样品需通过醛预固定和冷冻保护剂的浸泡处理。预固定通常有 2%～4%戊二醛固定 1～3 h。冷冻保护通常用 5～30%的甘油生理盐水溶液和 0.3～2.3 M 的蔗糖溶液等。对于细胞壁较厚的样品，可不经固定而直接冷冻固定。

(2) 断裂：样品在冷冻条件下变得又硬又脆时，用刀壁劈裂样品，暴露出观察面，由于刀的作用在于劈裂，而不是切开，断裂面凸凹不平，所以图像的立体感强，视觉效果好。但因断裂常发生在细胞被冻结后较脆弱的部位，且多数是沿细胞及细胞器的膜裂开。所以此技术不适用于局部或个体细胞变异的探讨。

(3) 蚀刻：是在真空中使冷冻样品表面上的冰升华，暴露出断裂面上细胞的超微结构，再进行喷镀。最佳蚀刻深度为 300 Å，如浓度不够，超微结构被冰掩盖不能充分的暴露出来，观察效果差，如蚀刻浓度过大，超微结构高低相差悬殊，会因支持力不足而倒塌，破坏了样品的组织结构。

蚀刻的深度取决于蚀刻时间和蚀刻速度，而蚀刻速度受真空度、温度和水蒸气压影响，真空度越高，温度越高，水蒸气越低，蚀刻速度就越快(表 15-3-1)。一般选择的蚀刻条件为：10^{-5}～10^{-6} Torr(1.3×10^{-3}～1.3×10^{-4} Pa)。

表 15-3-1　温度与蚀刻速度的关系

温　度(℃)	−60	−80	−100	−120
蒸气压(Torr)	8.08×1.0^{-3}	4.02×10^{-4}	9.93×10^{-6}	9.31×10^{-8}
蚀刻速度(nm/s)	1.48×10^{3}	7.70×10^{2}	2.00	1.99×11^{-2}

(4) 喷镀:指在样品断裂面上喷镀一层铂膜及碳膜。具体操作方法是使喷铂的方向与样品面呈 45°。由于铂膜太薄,机械强度不够,所以要在铂膜上再喷镀一层碳膜,喷碳方向应与样品垂直。

(5) 剥离:将带有铂～碳复型膜的样品块放入腐蚀液中,常用的腐蚀剂有次氯酸钠,硫酸、硝酸和氢氧化钠,当样品被腐蚀溶液溶解之后,用不带支持膜的 400 目载网捞取铂-碳复型膜,水洗、干燥后即可观察。

实践经验表明植物组织用 30%～40%的铬酸效果较好,而动物组织则用 10～30%的次氯酸钠腐蚀较为理想。如样品中含有较多的脂肪或蛋白质,可先用酶处理后,再剥离。

第四节　安全注意事项

在冷冻制样品过程中使用的制冷剂是极冷的液体,极易冻伤人体和造成爆炸性的事故,因此必须严格遵守以下规则:

(1) 氮气,无毒、无味,但膨胀率太高,一旦蒸发就会减少空气中的含氧量。因此吸入大量含氮空气的人会在毫无预兆的情况下突然昏厥,不省人事,如不立即转移到户外,进行人工抢救,则会造成死亡。

(2) 使用丙烷、乙烷等可燃气体作冷冻剂时,室内要注意防火和通风。在室温下,气态丙的比重大,一旦泄漏出来遇到火星便会引起爆炸。实验完成后,残余的液体丙烷或乙烷应迅速收集于丙烷燃烧器中,在室外烧掉,不能随便乱倒。

(3) 液氮是极冷的液体,在室温下把物体浸入液氮时,会出现激烈的沸腾的喷射现象,要严防溅射到身上或眼睛里,否则会造成严重的冻伤。万一被液氮溅伤,应立即用水冲洗受伤处,严重者须送医院治疗。

(4) 液氮罐不是耐压容器,盛装液氮后,应使用留有足够间隙供氮气逸出的专门塞子。此外排气口不能被冷凝的冰霜堵塞,否则在移动时会造成爆炸事故。

第十六章　电镜细胞化学技术

20世纪50年代以后，随着电子显微镜技术的发展，实现了在超微结构水平上对细胞化学成分的原位定位，从而进行了更加深入的研究，这种技术被称为电镜细胞化学技术(Electron Microscopy Cytochemistry Technology)。电镜细胞化学是光镜组织化学基础上的延伸和发展。光镜组织化学是将特定化学反应以显色方式在光镜下凸显原位，而电镜下是“黑白世界”，不显示其他颜色，只有通过将特定化学反应产物形成高电子密度不溶性沉淀物，在电镜下显示出来，进行化学成分在细胞中的定位以及这些成分在细胞中的定性、定量及代谢变化情况。

常规的电镜技术能够观察到细胞的超微结构，但无法得知细胞内各种成分的状况。而生化分析的方法必须首先破坏细胞结构才能测得细胞中各种组分含量，因而无法了解各成分在细胞中的分布。电镜细胞化学技术恰恰解决了这些难题，在尽量保持细胞内固有结构的基础上显示化学成分及其生化反应在细胞器、膜系统、大分子复合体等上的情况。随着科研的不断深入，电镜细胞化学技术日益成熟，在阐明各种细胞成分在生理、病理情况下与细胞结构和功能等之间的关系上发挥着重要的作用。

电镜细胞化学技术包括：酶细胞化学技术、免疫细胞化学技术、电镜放射自显影技术、离子细胞化学技术、示踪细胞化学技术及电子显微镜特殊染色技术等，用于各种生化物质包括蛋白质(含酶)、碳水化合物、脂类、核酸和无机离子等在细胞内的原位定位。下面着重介绍各种酶的定位，免疫电镜细胞化学技术和电镜放射自显影技术分别在第十五章和第十六章专门阐述。

第一节　电镜酶细胞化学技术

一、酶细胞化学技术的原理

酶(enzyme)是由生物体内细胞合成的一种生物催化剂，由蛋白质组成(少数为RNA)，大量存在于有机体细胞和组织中，能在十分温和的条件下，高效率地催化各种生物化学反应，促进生物体的新陈代谢，是生命活动所不可缺少的。细胞都有各自特定的酶，而每种酶都有自己固定的位置，完成着特定的生物功能。

酶与非生物催化剂有明显的不同，有其自身的特性：① 具有高度的专一性，一种酶只能催化一种固定的反应，并在确定的部位发生。② 催化的高效性，能大大提高反应的速率。

酶的细胞化学定位正是利用酶的特性，主要通过酶与特异性底物的作用结果间接地证明酶在细胞中的存在以及进行精确定位，整个过程中必须保存酶的活性不受破坏。一般先将酶原位固定在细胞内，再使它与特定的底物起反应，反应产物大多是可溶性的，因此必须利用一种化学物质（常称捕获剂）经过捕获反应（capture reaction）生成沉着于原位上的物质，这是一种在电镜下可以看到的不溶解的沉淀物质。这种沉淀物质在脱水、包埋等处理过程中不受影响，而且颗粒足够细密，不能被电子穿透，最终实现精确的定位。反应概括为：

$$\text{酶}\xrightarrow{\text{酶反应}}\text{可溶性产物}\xrightarrow[\text{反应}]{\text{捕获}}\text{不溶性产物}$$

二、酶细胞化学技术的方法

目前，能在电镜下定位的酶主要有水解酶、氧化还原酶和转移酶类。酶的电镜细胞化学技术根据反应原理大体分为以下几种类型。

1. 金属盐法

1955 年 Scheldon 利用金属盐法第一个在电镜下证实了酸性磷酸酶（ACP 酶）的存在。金属盐法常以 Pb^{2+}，Cu^{2+}，Ba^{2+} 等金属元素作为酶的捕捉剂。目前主要包括铅沉淀法和高铁氰化物还原法等。铅沉淀法即酶与特异性底物作用生成的可溶性产物被捕获剂铅离子（Pb^{2+}）捕获，成为不溶性电子致密的沉淀物，主要用于碱性磷酸酶、酸性磷酸酶、ATP 酶、环化酶、酯酶等的定位研究。后来，有研究用铈离子（Ce^{3+}）代替铅离子，效果更好。高铁氰化物还原法是高铁氰化物作为电子受体，接受由酶作用而游离出的氢，成为亚铁氰化物，与捕获剂铜离子（Cu^{2+}）反应后形成不溶性电子致密的亚铁氰化铜沉淀，常用于氧化还原酶类的定位。

2. 色素法

包括偶氮色素法（用 α-醋酸萘酚、萘酚 As-β-葡萄糖苷酸，β-萘酚磷酸钙等萘酚系列衍生物作为底物，以偶氮色素沉淀于酶所在的部位）、四唑盐法、二氨基联苯胺（DAB）法等。四唑盐法、二氨基联苯胺（DAB）法中以四唑盐、二氨基联苯胺作为底物与酶生成的不溶性反应产物，具有嗜锇性，组织经锇酸固定后，在酶的作用部位产生电子致密物质沉淀。这里锇酸不仅仅起固定细胞结构的作用，还使四氧化锇还原成锇黑。

3. 嗜锇性多聚体生成法

嗜锇性多聚体生成法（亚铁氰化铜-DAB-四氧化锇法）是由金属沉淀法、色素法和锇黑法几种方法相互结合而成。这种方法利用亚铁氰化铜的氧化和 DAB 的氧化偶联或聚合性质检测各种水解酶、氧化还原酶及裂解酶等。

酶的催化能力（活性）受到温度、pH、金属离子和其他化合物存在的影响，常因某些物质的存在而升高，也可由于加入某些物质而降低，甚至完全消失。因此，在设计电镜酶细胞化学实验时，对所研究的酶的各个性质进行充分的了解，对整个实验的成功将是非常必要的。

三、酶细胞化学技术的意义

电镜酶细胞化学技术能够在超微结构水平上显示酶的活性定位和变化，对研究细胞的结构和功能以及细胞之间、细胞器之间的相互关系具有重要意义，同时由于很多酶可作为细胞器或某些结构的标志酶，一些酶学检测已经成为临床病理诊断中的有利途径，因而电镜酶细胞化学技术在相关领域发挥着不可替代的重要作用。

第二节　电镜酶细胞化学的常规操作

一、前固定

最短时间内取材、固定是为了保持样品原有的微细结构。化学固定方法仍广泛应用于电镜细胞化学技术中，但有些固定液会直接或间接地影响酶的活性，因此不能完全采用纯形态学的固定技术，选择固定试剂的种类、缓冲液种类和条件、固定的时间和固定方式等还要依据酶的特性而定。理论上不经固定的新鲜组织酶活性保存得最好，但与组织超微结构的保存相矛盾。所以酶细胞化学的固定剂要求非常严格，一要考虑酶的特性及原位的保存，二要注意对超微结构的保存效果。

经过 Lillie、Sabatini 等先驱学者的反复试验与研究，发现以缓冲液配制的戊二醛溶液比较合适，2%～4%的戊二醛缓冲固定液对酶和超微结构的保存效果都较好。当前常选用 2.5%戊二醛和 4%多聚甲醛混合液作为固定液，根据不同酶的特性，也可以单独使用其中一种作为固定剂。作为固定剂的醛类溶液必须很纯，否则会影响实验结果，一般要求 1%的戊二醛水溶液在紫外分光光度计上测得的 235 nm 与 280 nm 的吸收比(A235/A280)在 0.2 以下，pH 值大于 4。否则应对戊二醛进行提纯处理。固定液一般需要用缓冲液配制，具体使用何种缓冲液也要由具体酶的性质而定。常用的缓冲液有醋酸缓冲液、磷酸缓冲液、Tris 缓冲液以及二甲砷酸钠缓冲液等。固定时间、温度因酶而异，一般低温短时间利于酶活性的保存，常在 4 ℃条件下固定 30～90 分钟，但有些特别敏感的酶固定时间不宜过长，如葡萄糖-6-磷酸脱氢酶仅需固定 2 分钟即可。一般来说灌注固定的效果明显优于浸泡固定，但灌注固定不太方便操作，还是浸泡固定应用广泛一些。

二、切片

固定后的组织经缓冲液冲洗后进行切片，是为了使孵育液能充分渗透组织。一般采用组织切片机或冰冻切片机，厚度在 40～60 μm。材料尽量取小，否则孵育液渗透不均匀。近些年的研究也多用振动切片机，因其所用样品只需短时间固定，不需冷冻，组织内不结冰，细胞的超微结构不易损坏，而且在缓冲液中切片，酶的活性保存良好。

三、漂洗

将组织切片用配置孵育液的缓冲液漂洗 2～3 次，每次 10 分钟左右。

四、孵育

孵育反应即一定温度下，样品切片与适当的底物和捕获剂混合处理适当的时间，使其发生特异性酶的细胞化学反应过程，也称为酶的定位反应。

不同酶的定位需要不同的孵育液。孵育液必须现用现配，所用器皿要特别干净，避免和金属接触。

孵育过程的注意事项主要有：

1. 孵育液的酸碱度

孵育液的酸碱度直接影响酶的活性。不同的酶都有各自适宜的 pH 值，例如碱性磷酸酶是 7.6～9.9，三磷腺苷酶是 7.0～7.2。

2. 孵育反应的温度

过高或过低的温度都会影响酶的活性。孵育温度一般为 25 ℃～37 ℃，主要根据细胞化学反应要求而定。温度过低将影响酶的活性，过高的温度又会引起反应产物扩散。

3. 孵育反应的时间

孵育时间因组织和酶的种类不同而有很大差异，最好是时间短效果满意。孵育时间一般为 30～60 分钟，时间过短会反应不足，时间过长会增加扩散的假象。需在孵育过程的不同时间取出部分切片镜检，以确定合适的孵育时间。

4. 设置对照实验

酶细胞化学定位反应复杂，影响因素众多，除扩散、吸附等原因可造成假象外，还会不可避免地出现伴随反应，出现不真实的结果，因此常需设计对照实验来验证结果的可靠性，且必须在同等条件下进行对照实验。一般采取的方法是：孵育液中不加底物；孵育液中加入酶的专一性抑制剂；处理组织以钝化酶的活性等等。

5. 在孵育过程中，还要注意振荡使孵育液渗透均匀。

五、漂洗

用配置孵育液的缓冲液进行漂洗 2～3 次，每次 10～40 分钟，所用缓冲液要保持在 4 ℃左右。

六、后固定

孵育后的切片用 1%～2%锇酸（也有用亚铁氰化钾还原锇酸代替锇酸）后固定 0.5～2 小时或过夜。后固定一是为了更好的保持超微结构，二是通过锇化作用增加电子密度，增强图像反差。

七、脱水、包埋、切片

同常规超薄切片制作。

八、电镜观察

电镜观察，如果反差不好，可以进行铅—铀双重染色，但必须有不染色的切片对照，防止铅—铀染色造成假象或污染。

第三节　简介冷冻电镜细胞化学技术

样品制备对于电镜细胞化学技术来说至关重要，既要防止一些化学物质的丢失、扩散或失去活性，又要保存组织的超微结构，两者之间常存在矛盾。因此快速冷冻固定方法受到了关注。快速冷冻可在极短的时间内，将样品迅速冷却至液氮温度，可以将尽快地保存样品的自然生活状态，较好地做到了结构保存、机能保存和定位保存。冷冻固定后的组织用冷冻切片机进行厚切片和超薄切片。对于冷冻切片来说，可以将切片贴附于载玻片上再放到孵育液中进行孵育，也可冷冻超薄切片后进行孵育，这样不影响组织成分，但技术要求复杂。现在常用快速冷冻来固定样品，再用冷冻置换的方法在常温下进行厚切片以及其他的步骤。冷冻电镜细胞化学技术的具体步骤与常规的基本一致。随着样品快速冷冻设备和方法的不断改善，冷冻电镜细胞化学技术的应用也越来越广泛，这将促使电镜细胞化学技术得到更深入的发展。

第四节　其他生化物质的细胞化学技术

目前碳水化合物的细胞化学技术主要是利用碘酸等的氧化作用打开糖苷键，使醛基暴露出来，对银离子(Ag^{+})进行还原而产生金属银沉淀或者通过钌红染色法，使带 6 个正电荷的钌红分子与表面带负电荷的粘多糖结合，经锇酸固定生成电镜下可显示的电子致密物。如多糖常用高碘酸一硫卡巴肼一蛋白银(PA-TCH-SP)法显示，为使反应可视化，还需蛋白银(Protein Silver)还原以获得高电子密度的反应产物。

蛋白质要根据本身的化学结构选择相应的细胞化学定位方法，主要有以下几种：显示总蛋白的磷钨酸染色法，显示含硫氢基蛋白质的六亚甲四胺银染色法，显示碱性蛋白的氨银染色法，丙烯醛染色法等等。

核酸电镜水平的定位方法主要有：醋酸铀染色法，钨酸钠染色法，DNA 的孚而根六亚甲四胺银染色法，区分 RNA 和 DNA 的选择性染色法等。

无机离子的细胞化学定位原理是：选用某种离子与细胞中的无机离子发生特异性沉淀反应，在电镜下显示出电子致密物沉淀。选用的这种离子必须能够很快穿透组织，迅速与待测无机离子结合。例如钙离子(Ca^{2+})的定位需用草酸盐沉淀法或锑盐沉淀法，磷酸盐离子通过与 Pb^{2+} 的反应来确定原位。

细胞中所含的脂类除了富含磷脂的膜成分和以中性脂肪为主的脂滴外，还包括位于膜和脂滴中间的膜结构即吞噬脂类的细胞器。通过分析这些脂类存在的位置及其形态结构结合生化分析可以了解高尔基体、内质网、溶酶体等细胞器为中心的脂质代谢的动态变化过程。对含脂类组织进行电镜细胞化学分析时常将具有脂类的组织或组分通过离心等方法将其进行分离。因常规电镜样品制备所用的丙酮、酒精等会溶解脂肪，所以脂肪类的定位必须采取特殊措施以防止脂肪的溶解丢失。

凝集素是指一种从动、植物体内提取的可以与糖结合的蛋白，它能凝集动物细胞如白细胞、红细胞，也能凝集分离的植物原生质体，还能诱导有丝分裂的发生等等。研究发现，外源凝集素之所以能具有这些生物活性，是因为它能与膜糖蛋白和糖脂的末端糖基进行多价结合。因此可以利用这一特性来探测糖类在膜上的存在和分布状况。定位凝集素必须使它与一种电子不透明的分子(铁蛋白、胶体金、血蓝蛋白等)相结合，或与能产生电子致密沉淀物的酶相结合，最终在电镜下显示出来。

由以上可知，电镜细胞化学方法的关键在于能与细胞内化学物质进行特异反应的试剂，这种特异的反应及试剂应不损伤或破坏组织本身的超微结构，反应的最终产物为电镜能观察的电子致密物，而且在待测物质的原位沉淀。

第十七章　电镜免疫细胞化学技术

电镜免疫细胞化学技术是电镜技术和免疫细胞化学紧密结合的综合性技术，亦称免疫电镜技术。该技术利用电镜的高分辨本领体现抗原、抗体的特异性反应，在超微结构和分子水平上观察和研究免疫反应，进行鉴别、定性和定位，从而将细胞的形态、性质、机能代谢、遗传和变异等各方面的研究结合起来，以推动生命科学的进一步发展。

第一节　免疫学的基本原理

免疫学的基础是抗原与抗体发生特异性的结合反应，即抗原进入生物体内刺激机体免疫系统的细胞，发生一系列免疫反应，产生抗体与抗原发生特异性结合现象，使抗原失去活动能力。

一、抗原与抗体

(1) 抗原是一类可以诱发机体形成抗体，并能与之发生特异性结合反应的物质，抗体的形成取决于抗原的结构和机体相应的免疫反应。大多数蛋白质和多糖是抗原，一些核酸和脂类可作为半抗原使用。半抗原即指不能激发机体产生抗体，但能与免疫反应产物发生特异反应的抗原，当其与一定的物质(载体)结合后才能引起免疫反应。抗原可以购买，也可以自己制备。制备单一抗原的方法是用常规的生物学技术分离提取。

(2) 抗体是抗原刺激生命体发生免疫反应的产物，存在于血清或体液中，与抗原发生特异免疫结合。抗体分子是一种的具有免疫特征的球蛋白(Ig)。免疫球蛋白可分为多种亚类，如 IgM、IgA、IgD、IgE 和 IgG 等，其中 IgG 为主要成分，约占 70～90%。若以免疫球蛋白作为抗原，从异种的免疫动物中获得对该免疫球蛋白特异的抗体，称之为第二抗体，与一抗同样，也可制成标记抗体。

(3) 标记抗体：由于抗体(抗原)分子不能被显示出来，所以必须对抗体进行标记。标记的方法是双功能试剂(如戊二醛等)处理，使抗体与铁蛋白、酶、胶体金、荧光素、噬菌体 T_4 等结合，分别得到相应标记抗体，起到免疫标记染色作用，显示出相应抗原的存在与否及存在的具体部位。

二、抗体的穿透性

如何使抗体进入样品细胞内与抗原充分结合，清晰地进行标记，是免疫电镜研究中的关键问题。因此，得到理想的免疫电镜样品首先需要了解标记抗体的穿透性即对抗原的可接近性。

免疫铁蛋白分子量较大，较难进入细胞内，适用于细胞表面抗原的研究；免疫酶中，辣根过氧化物酶(HRP)不仅稳定性强，而且较小，容易进入细胞；胶体金颗粒比酶难以进入细胞，但据报道，直径 5 nm 的金颗粒也能顺利的穿透细胞膜。提高抗原抗体的可接近性，可有如下方法：(1) 在洗涤液中加入皂素等活化剂，改变膜的通透性，使抗体更容易进入细胞。(2) 适当的延长抗体作用时间，也可增加抗体与抗原结合的充分性。(3) 通常使用的不是 IgG 分子，而是用抗原特异结合片段与铁蛋白、酶、金颗粒等标记结合，制备小体积免疫标记物，容易进入细胞。

三、标记抗体与抗原结合方式

标记抗体与抗原结合方式主要有两种：① 直接法：用标记抗体与相应抗原直接结合，操作简便，特异性高，但敏感性较差；② 间接法：先用未标记的具有特异性的第一抗体与样品中的相应抗原结合，然后再以标记的第二抗体与特异性的第一抗体结合；第二抗体是用第一抗体作为抗原注入另一动物体内诱导产生的抗体，然后再结合以标记物。通过这样的放大作用，使抗原分子上的标记物大大增多，敏感性较高，约提高 5～10 倍。

四、免疫电镜技术的应用

免疫电镜技术的应用主要有两方面：(1) 悬浮态抗原物质的研究。如细菌、病毒、酶、激素、体液以及生物体器官的汁液等抗原物质制备成的半透明状悬浮液，可通过点样、负染、漂浮、喷雾等技术，在有膜的铜网上，制备出免疫电镜样品，待干燥后，在电镜下观察抗原物质的大小、形态特征，同时进行细胞表面抗原的定性定位研究。(2) 组织内抗原的定性定位研究。通过标记抗体和组织内抗原的特异性反应生成电子密度较高的物质，在超微结构水平上进行抗原的定性定位研究。

第二节　免疫电镜技术的基本程序

无论采用哪种标记物，免疫电镜技术的基本程序大致都相同，均包括抗原的固定、包埋、切片、染色及观察。

一、固定

固定好坏是免疫电镜技术成功与否的关键。固定的操作要求同常规电镜技术一致。免疫电镜技术中，固定的作用主要是：(1) 保持组织原有的超微结构，准确显示抗原的具体位置；(2) 保持抗原的三维结构，即抗原性，保证抗原的决定簇不被遮盖；(3) 使水溶性抗原成为非水溶性的，防止操作过程中流失或移位；(4) 稳定细胞内的各种成分，尽量保存生物大分子的活性等。

免疫电镜技术的固定要求比较严格，需要既能保存细胞的精细结构，又能保存抗原性，因此，选择如何固定应根据实际情况及抗原的特点而定，不能一概而论。

二、包埋

常规的环氧树脂包埋由于需要完全脱水、高温聚合等程序，对抗原性的破坏较大，而且背景染色较高，所以免疫电镜常采用低温包埋。低温包埋剂多为乙烯系列化合物，能允许部分水的存在，不需完全脱水。常用有：lowicryls（丙烯酸盐和甲基丙烯酸盐的混合物质）、LR white 和 LR gold（混合的丙烯酸单体）、GMA（乙二醇甲基丙烯酸酯）等，其中 lowicryls 不适合植物材料，主要因为植物色素的干扰、植物细胞壁对其渗透性的影响以及淀粉粒的影响等；GMA 用于半薄切片的光镜观察效果较好。

三、切片

超薄切片常规技术，条件具备最好采用冰冻超薄切片。

四、染色

免疫电镜的染色主要指免疫染色，将组织切片依次浸以抗血清或浮于抗血清中，使抗原抗体在室温或 37 ℃充分进行反应。免疫染色注意增强特异性染色，尽量减少或消除非特性染色，因此需根据不同标记物及其染色原理、应用范围、染色程序等选择合适的染色条件及步骤，阻断非特异性反应。

电镜染色用铀、铅染色，可根据实验要求选择单染、双染或不染。

五、观察

电镜观察。

第三节　免疫电镜技术的应用

自 1959 年，Singer 建立免疫铁蛋白技术以来，相继发展了免疫酶抗体标记、免疫金抗体标记、杂交抗体标记、铁蛋白和抗铁蛋白复合抗体标记、荧光标记、烟草花叶病毒标记、噬菌体 T_4 标记、凝集素抗体标记等。本节将介绍三种常见的免疫电镜技术：免疫铁蛋白电镜技术、免疫酶电镜技术和免疫胶体金电镜技术。

一、免疫铁蛋白电镜技术（immunoferritin EM technique）

铁蛋白（ferritin）是一种含铁离子的蛋白质，存在于多种哺乳动物的脏器中，其中脾、肝内含量较多。市售的铁蛋白一般为马脾铁蛋白。

铁蛋白分子具有一个蛋白质外壳，直径大小为 100～200 nm，内为 55～60 nm 直径大小的铁核，主要成分是氢氧化铁磷酸盐，内核约含 2 000～5 000 个铁原子分布于四个区域，形成4个胶态分子团，在电镜下呈现方形、圆形或菱形排列的电子致密区，易于辨认。

铁蛋白与抗体的偶联是通过低分子量的双功能试剂（如戊二醛、间二甲基二异氰酸盐、二异氰酸甲苯等），将两种蛋白质连接起来，形成一种双分子复合物，称之为免疫铁蛋白。被结合的抗体保持其免疫活性，能与悬浮态或细胞内的抗原特异结合，而最终抗原的存在通过电子致密作用而清晰可见。目前，在一些学科上，免疫铁蛋白技术已经被免疫胶体金技术所代替。

二、免疫酶电镜技术（immunoenzyme EM technique）

酶与抗体通过共价键结合制成酶标抗体，酶标抗体与组织中被固定的抗原结合形成抗原抗体酶复合物，利用酶对底物的特异性催化反应，生成不溶性复合产物，作为标记物，使在电镜下观察、研究抗原的位置和性质。常用的酶主要有辣根过氧化物酶（HRP）、碱性磷酸酶（AKP或ALP）、酸性磷酸酶（ACP）、葡萄糖氧化酶（GOP）等。其中，辣根过氧化物酶（horseradish peroxidase，HRP），分子量较小、活性稳定，反应特异性高，最终产物电子密度高且价格便宜，因此目前应用较广。表17-3-1为免疫电镜酶标间接法显示细胞特异抗原程序。

表17-3-1　免疫电镜酶标间接法显示细胞特异抗原

步骤
1. 样品用苦味酸甲醛固定液固定4～8 h(4℃)
2. 0.1 mol/L PBS(pH7.2)充分清洗，除去苦味酸
3. 30%、50%、70%、90%、100%乙醇逐级脱水，每级15～60 min
4. 在39℃的真空干燥中，100%聚乙二醇(PEG)继续脱水、渗透2 h，期间更换100%PEG两次，并转置于4℃冰箱冷凝硬化
5. 将5～10 μm大小的切片置于50%甘油的表面漂浮1 h，也可在第2步将组织块用10%甘油浸30～60 min后入−70℃正乙烷冷冻切片
6. 将切片移在涂有蛋白甘油的载片上，吸除余水，40℃下干燥30 min
7. 滴加第Ⅰ抗体，4℃湿盒中孵育1～12 h(过夜)，PBS冲洗
8. 吸除多余PBS后，滴加HRP标记的第Ⅱ抗体(若Ⅰ抗体为免抗血清，则用HRP标羊抗兔Ig；若Ⅰ抗为鼠单克隆抗体，则用HRP标抗鼠Ig)，1∶(10～30)稀释，湿盒中孵育1 h
9. 用冷PBS冲洗，并入Tris-HCl缓冲液
10. 切片在二氨基联苯胺(DAB)溶液中预孵育15 min，再滴加含0.1% H_2O_2 的DAB液反应10～30 min
11. PBS冲洗后，经1%锇酸固定、锇化切片30 min
12. 乙醇逐级脱水至100%乙醇，每级10 min，浸于100% PEG
13. 电镜包埋，采用倒扣包埋法，注意展平切片
14. 37℃过夜，60℃聚合24～48 h
15. 常规修块、超薄切片、单染或不染色、电镜观察

注：可根据组织和抗原特性，选择最佳固定、切片方式，需要预试验确定Ⅰ、Ⅱ抗的最佳稀释度和孵育时间。

三、免疫胶体金电镜技术(immunogold EM technique)

1971年,Faulk和Taylor等将胶体金与抗体结合形成一种特异性的标志物用于电镜水平的免疫细胞化学研究,1974年,Romano等建立间接免疫金染色法(标记第二抗体),此后,胶体金技术发展迅速,广泛用于各种生物大分子在细胞表面或内部的定性、定位、形态发生和抗原特性等研究。免疫电镜胶体金技术是利用胶体金(colloidal gold)在碱性环境中带负电荷的性质,吸引抗体,使其标记抗体。在电镜下,金颗粒的电子密度很高,清晰可见(光镜下,胶体金液呈红色)。

胶体金标记技术的优点:① 胶体金易于制备且价格低廉;② 几乎不出现非特异性吸附和标记;③ 对细胞微细结构损伤甚微;④ 金颗粒大小可以控制,颗粒均匀,可制备出直径5～150 nm各种规格的胶体金,而且可以用直径不同的胶体金进行多重标记,并且能用多种方法定量分析;⑤ 金标记可以加入到培养中,对培养细胞内抗原进行标记定位;⑥ 可以用于细胞内骨架的研究;⑦ 既可以用于扫描电镜、也可用于透射电镜、X射线分析;⑧ 胶体金能够与抗体、多糖、外源凝集素和其他多种蛋白质连接,形成标记大分子,并且不影响该大分子的生物活性;⑨ 灵敏度高、染色简便,不影响原有超微结构的观察;⑩ 对人体无损伤,使用安全。缺点:① 金颗粒较大,渗透能力比酶分子差;② 胶体溶液的稳定性较差,存放时间半年到一年。

胶体金标记抗体的大致步骤如下:

1. 准备工作

所用器皿(玻璃的和非玻璃的)均应非常洁净。须经清洗、过酸、再清洗、硅化、再清洗,绝对干净后烤干备用。硅化操作为:将二氯二甲硅烷100 g与氯仿500 g混合后,取100 mL,加氯仿300 mL,混合为硅化液,将干净器皿放入硅化液浸泡1分钟,取出空气干燥。无条件硅化时,可用已制成的胶体金涂镀以稳定器皿表面,再用蒸馏水洗净,以替代硅化器皿。实验中所有的试剂配制及清洗用水,应高纯度多蒸去离子水,至少是双蒸水。所用缓冲液和溶液均应洁净,用前最好过滤,也可高速离心(20 000 rpm)。任何杂质、尘粒都会干扰胶体金的形成。

2. 胶体金的制备

胶体金是金的水溶胶,主要用还原法制备。还原剂多用枸橼酸三钠、白磷(或黄磷)、鞣酸、乙醇、抗坏血酸、过氧化氢等。以枸橼酸三钠和抗坏血酸为例,方法如下:

(1) 枸橼酸三钠还原法

① 取0.01%氯化金($HAuCl_4$或$AuCl_3HCl$)溶液100 mL,放入洁净锥形瓶内煮沸。

② 取1%枸橼三钠水溶液4 mL,加入煮沸的氯化金中。

③ 继续混合、搅拌、煮沸,约5分钟溶液颜色由蓝—紫—橙红,冷却后即可。

此时胶体金颗粒的直径约为15 nm,如将枸橼酸三钠的量分别减至1.5 mL、1.0 mL、0.75 mL,则胶体颗粒分别增至30、50、60 nm。

(2) 抗坏血酸还原法

① 将预冷至4 ℃的1%氯化金水溶液1 mL、0.2 M K_2CO_3 1.5 mL,双蒸水25 mL混

匀后，搅拌下加入 1 mL 0.7%抗坏血酸水溶液，溶液立即呈紫红色。

② 随后加入又蒸水至 100 mL，加热至溶液呈红色为止。

③ 此法制备的胶体金颗粒直径为 8～13 nm。

除上述方法外，还有硼氢化钠还原法、放射性同位素金制备法、乙醇一超声波还原法等。

(3) 胶体金标记物的制备及纯化

胶体金可以标记蛋白质、胰岛素、胰高血糖素结晶、凝集素、辣根过氧化物酶复合物等，以下以标记蛋白为例。

① 取所需量已调 pH 的胶体金(常用 100 mL)。

② 称取相应最适量蛋白质，蒸馏水中(100 L)溶解。

③ 上述两液充分混合、静置。

④ 10 分钟后再加入胶体金稳定剂，如 3%聚乙二醇(PEG)或 5%牛血清白蛋白(BSA)。

⑤ 超速离心除去未标记蛋白质，离心速度和时间取决于金颗粒的大小及蛋白质的种类。胶体金标记羊抗兔 IgG，以牛血清白蛋白稳定者，先低速离心 20 分钟(金粒 20 nm 者用 250×g，5 nm 者用 4 800×g)。取上清，高速离心，4 ℃离心 1 小时(20 nm 者 14 000×g，5 nm 者用 60 000×g)。取沉淀待用。

⑥ 取高速离心留下的胶体金沉淀，用大量 0.02 M PBS(pH8.2，内含 1% BSA 或 PEG)悬浮、清洗，高速离心。

⑦ 将上述清洗离心重复三次。

⑧ 最后将胶体金标记物溶于原液体积 1/10 的 TBS 中，即可应用。

⑨ 上液中可加入 0.05%叠氮钠防腐，保存于 4 ℃中备用，但长期保存则效果欠佳。

⑩ 上述试剂可用电镜观察，以确定颗粒的直径、均匀度及单一性。有金颗粒聚集者为差，不可用。金颗粒应为球形或椭圆球形的电子致密颗粒，呈单个均匀的散在状态。已制备的胶体金应立即使用，以新鲜胶体金液标记大分子较好，可防止非特异性标记。

4. 金标记物的染色技术

应用于电镜水平的免疫金染色法，可分为包埋前染色和包埋后染色。

(1) 包埋后染色

组织经固定、树脂包埋、超薄切片后再进行染色，优点是简便可靠，可重复性高，但抗原性在脱水、浸透及包埋等过程中可能被破坏，后固定剂锇酸的破坏性很严重，为了改善这种状况，常需要提高醛类固定剂的浓度，延长固定时间还可选用水溶性包埋剂和低温包埋剂。据报道，PLP(过碘酸—赖氨酸—多聚甲醛)固定液对抗原性的保存较好。

① 超薄切片 50～80 nm 厚度，置于无支持膜的 200～300 钼镍网或金网上。

② 在 1～10% H_2O_2 液中处理 10 分钟～1 小时(视环氧树脂硬度和切片厚度而定)，越硬 H_2O_2 浓度也需越高，以除去锇酸和增进树脂的穿透性，利于抗体进入。

③ 双蒸水洗 3 次，每次 5～10 分钟。

④ 浮于正常羊血清(1∶50～1∶100)滴上，室温 30～60 分钟，或 1∶5 浓度，漂浮 5

分钟。

⑤ PBS 漂洗 3 分钟(也有人主张不洗)。

⑥ pH8.2 的 PBS(内含 1%牛血清白蛋白)中,5 分钟。

⑦ 加适当稀释的胶体金标记抗体液(1∶30～1∶100),淡红色为适宜稀释液,4 ℃下 20 小时或室温 10 分钟～2 小时。

⑧ 双蒸水洗 3 次,每次 3 分钟。

⑨ 如双重染色,则应将网翻过来,用另一类抗体血清,重复 2～8 步骤。

⑩ 铀染 5 分钟,双蒸水洗涤 3 次。

⑪ 铅染 5 分钟,双蒸水充分洗涤。

⑫ 待干燥后电镜下观察。

(2) 包埋前染色

树脂包埋以前进行染色,然后在进行锇酸固定、脱水、包埋等程序,抗原性保存较好,对于含量少、不易检出的抗原采用此法效果较好。

① 新鲜组织小块经 2%戊二醛—多聚甲醛适当固定,而后充分洗涤。

② 将 10～20 μm 原片附贴于明胶涂布的玻片上。若为散细胞可制成细胞悬浮液,离心成块状。

③ 0.05 M TBS(pH7.4)洗 3 分钟。

④ 用 1∶5 正常羊血清处理切片 30 分钟,以阻断非特异性吸附。

⑤ 滴加适当稀释的一抗,4 ℃ 20 小时,然后室温 2 小时。

⑥ 0.05 M TBS pH7.4 洗 3 次,每次 3 分钟。

⑦ 0.02 M TBS pH8.2 洗 3 次,每次 3 分钟,为与胶体金结合作准备。

⑧ 两次阻断非特异性吸附,同④。

⑨ 以金标记的二抗(1∶10)在室温下孵育 1 小时。

⑩ 0.02 M TBS pH8.2 洗 3 次,每次 3 分钟。

⑪ 0.05 M TBS pH7.4 洗 3 次,每次 3 分钟。

⑫ 1%锇酸(0.1 M PBS 液配制)固定 1 小时。

⑬ 双蒸水清洗 15 分钟。

⑭ 常规电镜脱水、渗透、包埋和超薄切片及铅对照染色,电镜观察。

第十八章 电镜放射自显影技术

电镜放射自显影技术(EM radioautography;EM autoradiography)是在细胞的超微结构水平上,通过放射性物质在细胞内的分布状态了解生命体的合成、吸收、运转、代谢等过程及规律。同时还能在不破坏细胞结构的情况下研究核酸、蛋白质、脂肪和酶等生物大分子的合成位置及其变化。此外,还可以根据放射强度做定量分析。目前,此项技术已经在自然科学领域里得到了广泛应用,并且有着不可取代的重要作用。

第一节 放射自显影技术的基本原理

生物体吸收放射性同位素标记的化合物之后,将其取材、固定、包埋、切片,把切片放在有膜的载网上,涂上一层核乳胶,放置一段时间后,放射性元素放射出的射线使乳胶中的卤化银"感光"形成潜影,经过显影、定影等冲洗过程后,潜影变成银颗粒,通过光学设备观察,这些颗粒状物质的所在位置就是放射性物质所在(代谢产物)的部位。同位素标记的物质与没有标记的物质相比,物理性质不同,而化学性质一致,生物体不能区分它们而是一样地吸收,它们在生物体内也参与相同的代谢过程。

一、放射性同位素

1896年,贝克莱尔(H. Beeguerel)首次发现铀中有放射性的存在,并指出铀在自发的、不间断的放射一种射线,肉眼看不到,但其能在黑暗中使照相胶片感光。后来也表明了元素周期表中的核元素都有一种以上的同位素能自发或人工产生射线,称为不稳定同位素或放射性同位素。

1. 放射性同位素的特征

(1) 可不间断的放出射线,且不受外界条件和因素的限制。此射线容易被射线探测仪检测,也可使感光材料曝光。

(2) 放射性元素与同一元素的普通原子一样,具有化学性质的一致性,可在生物体内参与相同的代谢过程。

2. 核射线的种类

原子核在衰变过程中放射出的射线为核射线,这种现象称为核辐射。核衰变的方式可分为α、β、γ三种,分别放出的三种射线相应地称为α、β、γ射线。三种射线的质量、能量、速度、射程、穿透力、在乳胶留下的径迹等各不相同。

（1）α 射线

α 射线亦称甲种射线，其穿透力弱，在乳胶上射程短，在放射自显影技术中，α 粒子能给出很清晰的自显影像，但在具有生物学重要意义的元素中，没有 α 粒子的放射体，因此没有实用价值。

（2）β 射线

β 射线亦称乙种射线，是高速运动的电子流或正电子流，质量小，能量低。在生物学自显影中，β 射线能量低，电离作用适中，显像好，既有足够的穿透力，又十分方便控制。作为生物体主要结构和功能成分的氢、碳、磷等元素的放射性同位素都是发射 β 射线的。

（3）γ 射线

γ 射线亦称丙种射线，是一种波长极短的电磁波，能量高，速度快，不易与其他物质发生碰撞，当穿过乳胶时，不能被乳胶记录，因此，γ 射线不能够应用于自显影。

α、γ 射线的能量有几个特定的数值，而 β 射线的能量是连续的，可以从零到某一最大值。不同的放射性同位素 β 射线的最大能量值也不同。一般，能量越低的 β 射线射程越短，在乳胶中形成潜影的效率越高，所得图像的分辨率就高。

3. 放射性同位素的相关概念

（1）半衰期：放射性衰变过程中，放射性元素的核数减少到原有核数一半所需的时间称为半衰期。各种放射性同位素的半衰期互不相同，长短不一，有的长达亿年还多，有的短至不足秒钟，这些都是人为不能改变的。

（2）比放射性：即放射性比度或比活度。指单位量（mg 或 mmol）放射性物质的放射强度。用贝克/毫克（Bg/mg）或贝克/毫摩尔（Bg/mmol）表示。

（3）放射性物质浓度：指单位体积（mL）的标记化合物溶液所含的放射性强度，用毫居里/毫升（mic/mL）表示。

（4）放射性化合物纯度：指标记化合物中，特定结构化合物的放射性强度占总放射性强度的百分比。

经常使用的放射性同位素有 ^{3}H，^{14}C，^{125}I，^{131}I，^{32}P，^{35}S，^{45}Ca 和 ^{55}Fe 等。^{3}H，^{14}C 半衰期较长，有利于放射自显影实验，而半衰期较短，适合于短时间放射自显影实验。几种放射性同位素的特性如表 18-1-1。

表 18-1-1　常用的放射性元素

种类	半衰期	放射线	能量（MeV）	比放射性（mCi/mmol）
^{3}H	12.36 年	β	0.186	$10^{2}\sim10^{4}$
^{14}C	5 760 年	β	0.155	$1\sim10^{2}$
^{32}P	14.3 天	β	1.711	$10\sim10^{3}$
^{35}S	87.4 天	β	0.167	$1\sim10^{2}$
^{125}I	60 天	α	0.035	$10^{2}\sim10^{4}$

（续表）

种类	半衰期	放射线	能量(MeV)	比放射性 (mCi/mmol)
^{55}Fe	2.7年	α	0.006	1～10
^{131}I	80天	β、γ	0.807	10^2～10^4
^{45}Ca	165天	β	0.258	1～10

二、核乳胶

自显影乳胶由溴化银和明胶组成，其成分和普通照相乳胶一样。其中溴化银是感受射线形成潜影的主要成分，在乳胶制备过程中，在溴化银晶体表面掺进一些硫化银杂质，使晶体出现点阵缺陷，这些缺陷增加晶体离子导电率，对射线十分敏感，遇到射线，便形成潜影，成为晶体敏化中心。溴化银颗粒的直径越大，感光度越高，反之，则越低，通常以50 nm为界，当溴化银颗粒小于50 nm时，其感光度明显下降。明胶是一种动物胶，它可以使溴化银晶体均匀的悬浮其中，同时，又是很好的敏化剂，有助于促进敏化中心的形成。核乳胶对红光不敏感，因此可在暗室的红灯下操作。

1. 核乳胶的种类

(1) 光镜放射自显影核乳胶应选用溴化银颗粒越大，感光强度高的核乳胶，一般以40倍光镜能清楚看到溴化银颗粒直径为好。光镜常用核乳胶见表18-1-2。

表18-1-2　光镜放射自显影常用核乳胶

品　名	生产厂家	平均银粒直径(nm)	感光度
NR-M2	日本小西六	150	低
NTB2	美国 Eastman-Kodak	260	高
NTB3	美国 Eastman-Kodak	290	高
NTB5	美国 Eastman-Kodak	340	高
NUC-307	比利时 Gevaert	70	低
K2	英国 Ilford	200	中
K4	英国 Ilford	200	高
K5	英国 Ilford	150	高

(2) 电镜放射自显影的核乳胶在理论上是溴化银颗粒直径越小越好，分辨率越高。但是，溴化银颗粒直径小于50 nm时，其感光度又明显下降。因此，电镜放射自显影的溴化银颗粒直径在200 nm以下。电镜放射自显影的核乳胶是专用的原子核乳胶，银粒细，直径为0.2 mμm左右；银盐浓度高，达80%；银粒分布均匀，有“单层乳胶”之称。其本底低，敏感性好，显像效果好。电镜常用核乳胶见表18-1-3。自显影核乳胶应避光，置于4 ℃冰箱内保存，在有效期内使用，过期的乳胶会产生灰雾。操作需在暗室的红灯下进行。

表 18-1-3　电镜放射自显影常用核乳胶

品　名	生产厂家	平均银粒直径(nm)	感光度
L-A	英国 Ilford	150	低
NR-H2	日本小西六	260	高
ER-29	日本富士	290	高
NTE	美国 Eastman-Kodak	340	高
K129-01	比利时 Gevaert	70	低
NUC-307	中国原子能科学研究院	200	中
HW-3	英国 Ilford	200	高
HW-4	英国 Ilford	150	高

第二节　电镜放射自显影技术的样品制备

一、放射性同位素的选择

常用的放射性同位素有^{3}H，^{14}C，^{125}I，^{131}I，^{32}P，^{35}S，^{45}Ca和^{55}Fe等，应依据放射性同位素的综合特征以及研究的需要进行选择。对于β射线来说，能量越低感光效率越高，分辨率也越好，因此，在同等条件下应选择能量低的。

二、放射性同位素的引入

用放射性同位素标记生命体时，可采用直接给生物体表涂抹，或注射，对动物可进行灌胃，饲喂等，还可加入组织或细胞培养液中经浸泡等方法引入。引入途径也应根据实验的实际条件和需要而定。

三、制备超薄切片

当生命体引入放射性同位素标记的化合物之后，将其样品进行固定、包埋、切片等，按常规方法制备超薄切片。由于核乳胶与带有放射性物质的超薄切片接触，减少了散射引起的带电粒子损失，定位非常准确。

四、放射自显影

1. 乳胶膜的制备

整个过程须在暗室里进行。常温下，核乳胶呈胶固状。使用时，需在安全红灯下将其融化稀释，并用蒸馏水按一定比例稀释，水浴加热至 40 ℃即可，其间不断搅拌使其均匀。稀释的乳胶需用带膜的铜网在电镜下检查，看银颗粒晶体分布是否均匀，合格的稀释乳胶置 4 ℃冰箱保存备用。宜现用现配，以防本底增高。

在载网的超薄切片上涂布一层晶粒单层、排列紧密均匀、无任何不连续的乳胶膜，至关重要。常用方法如下：

(1) 点样法：最原始、简单但难以保证理想效果的方法。取乳胶液，滴于带有超薄切片的载网上，滤纸吸去多余的乳胶液，待晾干即可。

(2) 悬浮法：将带有超薄切片的载网用双面胶粘在干净载玻片上，用类似钳子的工具将载玻片夹住，使浮于乳胶液表面数秒钟，缓缓平提出，自然干燥待用。此法较简单，也难以控制乳胶膜的效果。

(3) 浸涂法：将带有超薄切片的载网用双面胶粘在干净载玻片上，有切片面朝上。将载网轻轻垂直浸入稀释乳胶数秒钟，再慢慢垂直提起，用滤纸擦去载玻片背面和底端的乳胶，直立放置，晾干即可。

(4) 平基法：亦称平板法。将干净的载玻片垂直浸入 0.5～1%的火棉胶醋酸戊酯溶液片刻，取出，直立放置，待晾干。利用水滴将切片移于火棉胶膜上，滤纸吸干。然后进行铀、铅双染色，清洗晾干后，喷碳，碳膜厚度约 50～60 Å。暗室红灯下，一起放入稀释乳胶液中，取出，直立，晾干。

(5) 环套法：亦称金属环法。首先将有超薄切片的载网置于(可用双面胶把载网边框粘住)一个比载网直径稍大的圆柱(塑料、有机玻璃或软木制成的)顶端，切片面朝上。然后把一个由金、银或铂等金属制成的金属环浸入乳胶液，再轻轻提起，金属环内即形成一层乳胶膜。将环内乳胶膜轻轻套在圆柱顶端的载网上，用镊子夹起载网，置于洁净处自然干燥。

2. 感光

亦称曝光或自显影，一般需要保持无光、低温、干燥。将涂上一层核乳胶膜的切片放在暗盒内(暗盒内应放有适量干燥剂类)，置于 4 ℃冰箱，超薄切片中的射线与乳胶中的溴化银粒子相互作用，形成潜影。在电镜放射自显影中，由于切片很薄，放射出的射线强度很低，感光时间相应较长，一般为几个星期到几个月。通常是每隔一定的时间取出 1～2 个载网做显影试验，直到效果满意为止。

3. 显影和定影

切片中的射线使乳胶中的溴化银“感光”后形成的潜影(溴化银颗粒)须再经过显影、定影等过程，才能获得供电镜观察的可见影像(金属银颗粒)。

显影液使溴化银还原为银。通常采用微粒显影剂 D19，温度在 18～20 ℃，时间在 2～4 分钟，效果较好。显影后用蒸馏水洗去核乳胶膜，再进行定影，用硫代硫酸钠溶液溶去未形成潜影的溴化银颗粒，留下还原的银颗粒。常用的定影剂是柯达 F-5。

4. 染色

为了增加图像的反差效果，需作染色处理。染色方法和普通超薄切片一样，采用铀和铅染色。电子染色可放在覆盖核乳胶膜之前，进行“先染”，也可放在定影之后，进行“后染”。“先染”的优点是切片上没有核乳胶膜，染色便于操作，也不会造成银颗粒流失，反差效果较好；缺点是在染色中可能会丢失一些放射性物质，乳胶成分可能与染液发生反应等，影响放射自显影的效果。"后染"的优点是能较好地保留切片中的放射性物质；缺点是容易引起乳胶的银颗粒移位和产生染色沉淀物。

为了防止样品中的锇酸与核乳胶膜中的溴化银起反应，导致潜影消退，可在切片上喷镀上一层碳膜，再覆盖核乳胶膜。

五、电镜观察

同常规电镜观察一致。

六、放射自显影的辅助实验

在放射自显影实验过程中，样品是否引入了足够的标记，这一点很重要，它对实验结果起着的决定作用。而我们只能在感光后的超薄切片看到银颗粒的存在和分布，一旦发现引入的标记前体不能满足试验要求，再采取补救措施，既浪费人力、物力，又拖延了实验时间，不利于工作开展。为了保证试验的成功率，可做如下预实验：

(1) 检测样品在引入标记体的前后放射量。

(2) 将包埋块切成 1 μm 的切片，做光镜水平的放射自显影。如果感光时间是 10 天，在细胞上看到大量的银颗粒，再用同一包埋块切成超薄切片，涂核乳胶膜后将感光时间扩大 10 倍左右，则可得到满意的放射自显影像。

(3) 必须有对照实验，以得到真实、科学的结果。

第三节 电镜放射自显影的图像分析

在透射电子显微镜下，可根据图像信息包括银颗粒的数量和分布情况，来正确判断实验结果。例如放射源的位置、标记、细胞结构等，都是结论的关键依据。

一、放射源的银颗粒分布特征

在透射电子显微镜下，银颗粒的分布取决于放射源的大小、强度和形状等。由于放射源不同，导致了银颗粒分布的四种现象：

(1) 点状放射源：放射源的银颗粒密度最高，银颗粒向四周散射，范围达 3HD 以上。

(2) 线状放射源：放射源的银颗粒密度最高，银颗粒向两侧对称性散射范围达 5HD 以上。

(3) 环状放射源：放射源的银颗粒密度最高，银颗粒向环内外两侧对称性散射，散射距离为 4HD 以上。

(4) 盘状放射源：放射源中心的银颗粒密度最高，周边较低，边缘外也有散射，散射距离为 4HD 以上。

二、放射源的分辨率

（1）点分辨率：又名半半径（HR）。一个点状放射源发出射线，会在以放射源为中心的各个方向发生作用。在这个范围内，可找到一个以点状放射源为中心，某一距离为半径的圆，圆中的银颗粒数是该范围内所有银颗粒数的一半，这个圆的半径距离被称为半径。HR 的数值越低，表示分辨率就越高。

（2）线分辨率：又名半距离（HD）。一个线状放射源发出射线是一条宽带，可以在宽带两侧做两条平行线，其中包括的银颗粒数是该放射源银颗粒数的一半，两平行线间的距离被称为半距离。同理，HD 的数值越低，分辨率就越高。

三、图像分析

电镜观察时，为了防止银颗粒蒸发，需将灯丝电流控制在 25 μA 之内。影像分布稀疏，交差较少的放射源，只要随机观察的重复性好，便可得出正确的结论；而影像重叠交差的放射源，分析比较困难，需要作统计分析。

（1）百分比统计分析：将某细胞结构占有的银颗粒总数按百分数表示，即可反应每个细胞结构的标记与总标记的分布关系。

（2）颗粒密度统计分析：根据单位面积的银颗粒数，判断放射源的存在位置。

（3）概率圆统计分析：以半距离对每一个银颗粒画圆，圆内所有的结构都可以认为与该银颗粒有关（几率 50%），最终将所有的结果作统计分析。

第四节　放射性的防护

一、防护标准

我国《放射性防护规定》将人体各器官按其对辐射的敏感不同分为四类，并分别提出防护标准的具体数值（如表 18-4-1）。

表 18-4-1　电离辐射的最大允许剂量当量和限制剂量当量(rem)

受照部位		职业放射性工作人员的年最大允许剂量当量	放射性工作场所、相邻及邻近地区工作人员和居民的年限制剂量当量
器官分类	名称		
第一类	全身、性腺、红骨髓、眼晶体	5	0.5
第二类	皮、骨、甲状腺	30	3
第三类	手、前臂、足、踝	15	7.5
第四类	其他器官	15	1.5

二、防护措施

1. 控制放射源的量和质

在不影响应用效果的前提下，尽量减少放射源的强度、能量、毒性量等。

2. 屏蔽防护

所有放射源都有明显标志，与非放射场所严格区分开。在不影响工作的情况下，尽可能远离放射源。根据射线种类，放射源与人之间应设置固定或可移动的屏障。放射性的物质及工作场所采取层层隔离，使之限定在有限空间内，防止向外扩散。放射性废品有专门的排放和处理场所。

3. 严格监测

严格放射性监测，定期检查工作人员衣物和裸露部分的污染状况，工作人员应配个人监测器。

4. 实验室管理

加强实验室管理，放射性试验用具由专人清洗使用、保存，禁止无关人员进入实验室以及接触有关物品。实验后，个人、实验室以及实验用品都应严格注意清洁卫生。禁止在放射性场所饮水、饮食等，严禁口尝或鼻嗅放射性药品。操作人员需专门的工作服、手套、帽子、口罩等。

第十九章 电镜技术在生物大分子研究上的应用

第一节 电镜生物大分子技术研究概况

生物大分子(Biomacromolecule)是生物体内重要的活性成分，以碳链为骨架，由简单的组成结构聚合而成，结构复杂，分子量较大，达上万或更多(往往比一般的无机盐类大百倍或千倍以上)。这种大分子具有重要的生物功能，在生命体生长发育过程中，起着无比重要的作用，如供给维持生命所需要的能量与物质、传递遗传信息、控制胚胎分化等，其功能主要取决于它们的三维结构、运动及相互作用。生物大分子主要包括蛋白质、核酸、糖、脂类以及它们相互结合的产物，如糖蛋白、脂蛋白、核蛋白等。

人类对生物大分子的研究经历了近两个世纪的漫长历史。20世纪末之前，对生物大分子的研究主要是物质的提取、性质、化学组成和初步的结构分析等。随着X射线衍射技术和电子显微镜技术的发展及科研设备的不断完善，生物大分子的形态研究取得了显著的成果。

二十世纪五十年代，电镜负染技术最先应用于研究大分子。A. Klug在蛋白质和病毒的电镜研究中，得出过许多杰出的科研成果，因此获得了1982年的诺贝尔奖。当时，A. Klug和他的助手们采用负染技术研究生物大分子时发现：(1) 染色剂的颗粒性影响到分辨率；(2) 只获得外表形貌；(3) 由于负染色样品较厚，无法使用高分辨率的相位反差成像机制。因此，制备电镜样品时他们采取了一些措施：(1) 不染色；(2) 采用低剂量电子束技术，减少电子束的辐射损伤；(3) 用理化特性与水相近但不会在真空中挥发的物质(如葡萄糖、单宁酸等)取代生物样品中的水分，避免了在电镜的高真空下，含水的生物样品会因水分挥发而使结构严重改变。在这种情况下，当样品足够薄时(<200 nm)，就可以使用高分辨率的相位反差成像机制，从而获得高分辨率。但由于生物大分子主要由碳、氢、氧、氮等轻元素组成，不染色则图像反差很弱，而采用的低剂量电子束技术，获得的图像噪音远大于图像信号，图像极差，无法辨别图内结构，单个生物大分子像仍无法获得。到了七十年代，科学家在三维结构理论的基础上创立了生物电子晶体学理论，利用电子与晶体的相互作用来研究二维的高度有序的大分子。像病毒等生物材料不能用葡萄糖或单宁酸等取代水分来防止真空损伤，但通过冷冻技术，可形成非晶体固体膜，也使其保持良好的自然状态，同时能够防止真空损伤和电子束辐射损伤，单颗粒材料采用计算机方法叠

加获得结果，于是形成了冷冻电镜三维重构技术，亦称单颗粒技术。1977 年，B. ttcher 在《Nature》上发表了应用冷冻电镜三维重构技术研究乙肝病毒三维结构的论文，分辨率达 0. 74 nm，引起国际学术界的强烈反响。

经过半个多世纪的发展和几代科学家的努力，电子显微镜在生命科学领域的应用方法和技术已获得长足的进展，取得了令人瞩目的科学成就。它能够研究的范围从细胞到大分子复合物，直至大分子结构；从两维的平面结构到三维的空间结构；并且能从结构研究到功能研究。它在生物大分子研究领域的作用甚至超过十九世纪光学显微镜在生命科学中的作用。

本章将以蛋白质和核酸为例，介绍电子显微镜技术在生物大分子结构研究上的应用。

第二节　蛋白质电镜技术

19 世纪 30 年代以来，当细胞学说建立的时候，蛋白质已经受到关注了。蛋白质命名始于 1836 年，当时著名的瑞典化学家 J. Berzelius 和正在研究鸡蛋蛋白类化合物的荷兰化学家 G. J. Mulder 提出用“蛋白质”命名这类化合物。到本世纪初，组成蛋白质的 20 种氨基酸已被发现了 12 种，1940 年陆续发现了其余的氨基酸。19 世纪末，有机化学家们就开始探讨蛋白质的结构。

目前，蛋白质电镜技术主要包括负染技术、超薄切片技术、金属投影技术、复型技术、电镜细胞化学技术、电子晶体技术、冷冻电镜技术等。这些都是电镜样品制备常用的技术，已在前面几章中阐述。但其中电镜细胞化学技术着重研究待测蛋白质在组织细胞内的原位定位；负染技术在蛋白质分子研究上比较常用，既适用于游离状态的单个分子，也适用于蛋白质结晶体，但根据蛋白质的特性，与常规负染技术略微有些不同：(1) 支持膜采用低噪声的纯碳膜，厚度 150 Å 左右为宜，常规有机支持膜的背景噪声会影响反差及分辨率。(2) 分离蛋白质溶液浓度应适当，浓度太高，容易发生堆积，浓度太低，观察比较困难，因此应通过预试验确定溶液浓度。(3) 当蛋白质溶液不能均匀分布或者膜的吸附性差时，应先对碳膜进行亲水化处理，使其表面带上一定的正电荷。

第三节　核酸电镜技术

核酸的发现要比蛋白质晚得多。1868 年在德国工作的 24 岁的瑞士化学家米歇尔 (F. Miescher)从病人伤口脓细胞中提取出当时称为“核质”的物质。这就是被后来公认的核酸的最早发现。核酸是生物有机体内的遗传物质，参与遗传信息在细胞内的储存、编辑、传递和表达，从而调控生物体的发育。

核酸的电镜样品制备需要打开超螺旋结构，成为充分伸展的长链，并适当增粗，提高电子反差，样品制备基本还沿用 Kleinschmidt 等建立的蛋白质单分子展层技术。

一、蛋白质单分子展层技术的原理

有些碱性蛋白质可在低盐溶液或水的表面形成不溶性薄膜，当浓度合适时，会成为单分子层，这个单分子层实质上是一个多肽链构成的分子网。利用碱性蛋白的这个特性，将核酸混于含有碱性蛋白的溶液中，核酸分子链上的酸性基团和碱性蛋白分子多肽链上的氨基酸碱性基团以水合键结合，核酸附着于蛋白质分子上，当蛋白质分子在溶液表面展开时，核酸分子也被拉成展开的长链。蛋白质分子膜保证了核酸分子的完整性。然后用带有纯碳支持膜的铜网蘸取单分子膜，滤纸沿边缘吸干，进行染色、投影来增强反差，然后电镜观察。

二、蛋白质单分子展层技术

1. 核酸的提取

提取核酸的方法因材料不同而不同。提取的样品溶液要求很纯，不得有其他成分的干扰，而且要求新鲜。样品溶液的 pH 值介于 6 与 10 之间。制备过程中，要求所用器皿干净，试剂为分析纯级，并避免接触表面活性剂和变性剂。提取 RNA 样品时，还要对器具和试剂进行高温消毒（碱性蛋白质除外），消除 RNA 酶的影响。

2. 展层方法

展层的碱性蛋白常用细胞色素 C。

（1）展开法

把核酸混入含有细胞色素 C 的高浓度盐溶液中，核酸随着碱性蛋白展开，该混合溶液称为上相液，承受单分子层展开的溶液常用低浓度盐溶液或双蒸水，称为下相液。上、下相液中所用的盐主要有醋酸铵和甲酰胺等。醋酸铵法溶液比较稳定，但因为阻止单链核酸分子内的“退火”作用不适用于单链核酸。上相液配制时，按顺序将醋酸铵、双蒸水、核酸、细胞色素 C 一起混匀，各成分浓度为醋酸铵 0.5～2 M，核酸 0.5～1 μg/ml，细胞色素 C 0.05～0.1 mg/mL；下相液为 0.05～0.25 M 的醋酸铵溶液（pH7.5）或双蒸水。

甲酰胺本身是一种能够增加反差的变性剂，能打开单链核酸碱基间的氢键，使超螺旋结构变性成为单链。甲酰胺法制样能明显区分单、双链的不同。上相液配制按顺序将 Tris-Na3EDTA 缓冲液（pH8.5）、双蒸水、核酸、细胞色素 C、甲酰胺一起混匀，各成分浓度为 0.1M Tris-0.01 M Na3EDTA 缓冲液（pH8.5）、核酸 0.5～1 μg/mL、细胞色素 C 0.05～0.1 mg/mL、40%～50%甲酰胺；下相液为 0.1 M Tris-0.01 M Na3EDTA 缓冲液（pH8.5），10%～20%甲酰胺。但溶液很不稳定，宜立即使用。

（2）一步释放法

病毒、噬菌体类样品，不需提取核酸，而是在展层时，利用上、下相液盐浓度的差异（需将上相液中的醋酸铵浓度提高到 2 M，下相液中醋酸铵为 0.2 M 或直接用双蒸水），使得上相液中样品的蛋白质外壳遇到低渗下相液而破裂，核酸释放出来，随碱性蛋白而展开。核酸释放与展层同时进行，故称一步释放法。

(3) 扩散法

上相液、下相液配制同展开法，只是将核酸加入到下相液中，当单分子层在下相液表面形成时，下相液中的核酸由于扩散作用而吸附到单分子层下面，用带碳膜的铜网蘸取即可。此方法适合用于短链的DNA和RNA，长链核酸常需较长的扩散时间，且往往展开效果不理想。

(4) 单滴法

当核酸量很少时，可采用单滴法。在一小型凹孔中注满下相液，用末端尖圆的细玻棒成45°插入下相液，取微量上相液(0.1 mg/mL 细胞色素C，10%甲醛，10%甲酰胺)沿玻棒加入也能形成单分子层。

3. 染色

染色为了增加核酸分子的电子密度。染液常用0.1%磷钨酸的90%乙醇溶液(含1 mL浓硫酸/100 mL染液)和10^{-5} M醋酸铀的90%乙醇溶液(0.5 N盐酸配制0.05 M的醋酸铀，染色时用90%乙醇稀释100倍)。染色液配置后需过滤处理。染色时，铜网漂浮于染液上10～30秒，然后用90%乙醇漂洗10秒钟，滤纸沿铜网边缘吸去余液，自然干燥。

4. 金属投影

真空镀膜仪进行投影，投影角8°左右。投影后可再喷碳膜加固。

蛋白质单分子展层技术不适用于酶和核酸—蛋白质复合体，因为其中的蛋白质组分会被细胞色素C遮盖，而且核算直径增大到100 Å以上。因此，需要不用蛋白质的展层技术。有关研究使用铵盐类低分子化合物如氯化烃基二甲基苄基胺(BAC)代替细胞色素C，效果较好。1973年，Griffith提出将碳膜铜网在真空镀膜仪中辉光放电5分钟，按扩散法漂浮于核酸溶液表面，因碳膜的带电离子作用而吸附核酸。

第二十章　细胞的超微结构与功能

第一节　细　　胞

1665年，英国的虎克(Robert Hooke)用显微镜观察软木结构，发现了一个个被分隔的小室，称之为“细胞(cell)”。细胞是生物体结构和功能的基本单位，是生物个体生命活动的基础。生物体都由细胞组成(病毒除外)。细胞是一个能独立生存、进行自我调节的开放体系，不断同外界进行着物质、能量、信息的交换，细胞之间又相互依存、彼此协作，共同维持机体的生命活动。细胞的大小不一，大多数细胞的直径在10～100 μm之间。由于结构、功能的不同，细胞形态也多种多样，有纺锤形、圆形、椭圆形、柱形、方形、多角形、扁形、梭形，甚至不定型等(如图20-1-1，图20-1-2)。

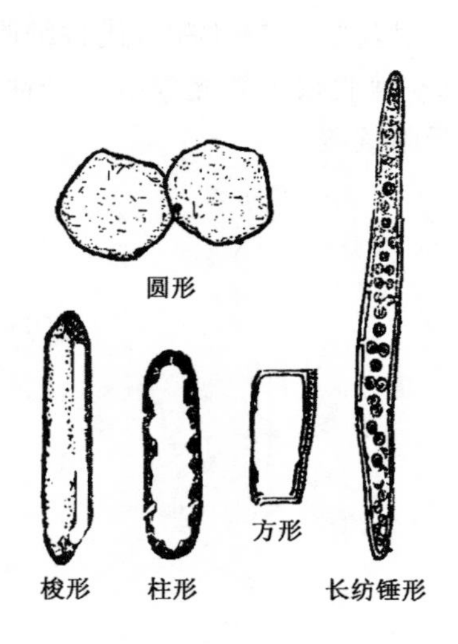

图 20-1-1　细胞的形态

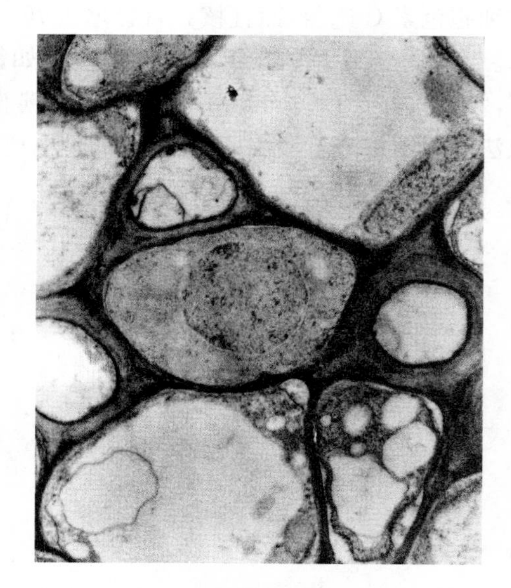

图 20-1-2　竹叶细胞电镜照片(×6 000)

细胞分为原核细胞(procaryotic cell)和真核细胞(eucaryotic cell)。原核细胞相对较小，结构简单，膜系统不发达，而真核细胞结构复杂，膜系统发达，不仅细胞膜有多种表面分化，如细胞联结、微绒毛、纤毛等，而且细胞内包含许多具有一定结构和特定功能的细微结构——细胞器，如线粒体、内质网、高尔基体、核糖体等，以及一些贮存的营养物质和代谢产物，如淀粉粒、蛋白体、脂滴、糖原、色素等。因此，细胞内部结构与职能的分工是真核细胞区别于原核细胞的重要标志。

植物细胞与动物细胞最显著的不同是具有细胞壁、质体和液泡，植物细胞结构示意如图 20-1-3。

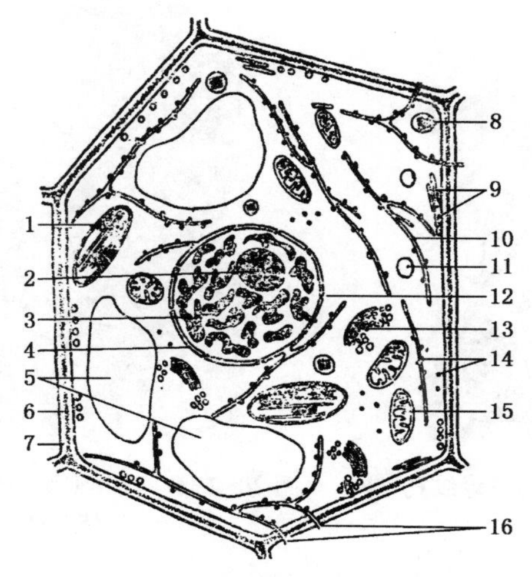

图 20-1-3　植物细胞结构示意图

1. 叶绿体　2. 核仁　3. 染色质　4. 核膜　5. 液泡　6. 初生壁　7. 胞间层　8. 微体　9. 微管　10. 内质网　11. 圆球体　12. 核孔　13. 高尔基体　14. 核糖体　15. 线粒体　16. 胞间连丝

第二节　细胞的超微结构

一、细胞壁(cell wall)

细胞壁(cell wall)是植物细胞的特有结构，包围在细胞的最外层，起保护作用，同时影响着细胞与外界的物质、信息和能量交换。细胞壁由原生质体分泌的非生活物质形成，主要成分为纤维素、半纤维素、果胶质和木质素。根据细胞壁形成时间和化学成分的不同，可将细胞壁由外而内分为三部分：胞间层、初生壁、次生壁，如图 20-2-1。壁上有纹孔和胞间连丝。

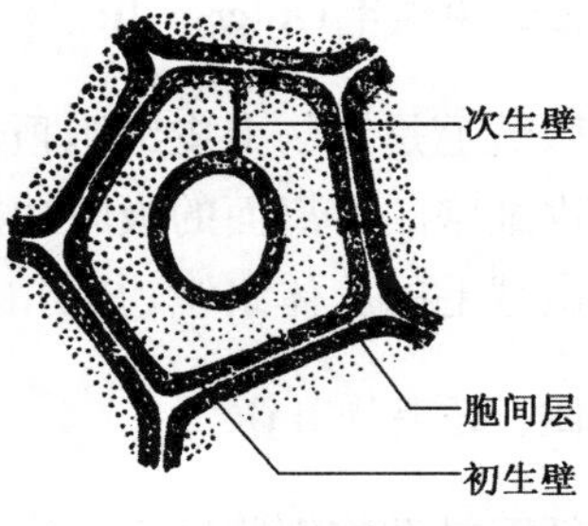

次生壁
胞间层
初生壁

图 20-2-1　细胞壁横切面示意图
(陆时万，等. 植物学. 1988)

纹孔(pit)：细胞壁增厚形成次生壁时，壁上未全面增厚的部分，形成一些薄壁区域，在显微镜下观察似孔状。纹孔是细胞间进行物质、信息等交流的通道。纹孔包括单纹孔、具缘纹孔(如图 20-2-2 所示)和半具缘纹孔，三种类型的区别主要是加厚情况的不同。

胞间连丝(plasmodesmata):即穿过细胞壁而使相邻细胞彼此相连的细胞质丝,这种细胞质丝非常微细(图 20-2-3)。胞间连丝构成细胞相互联系的重要渠道。

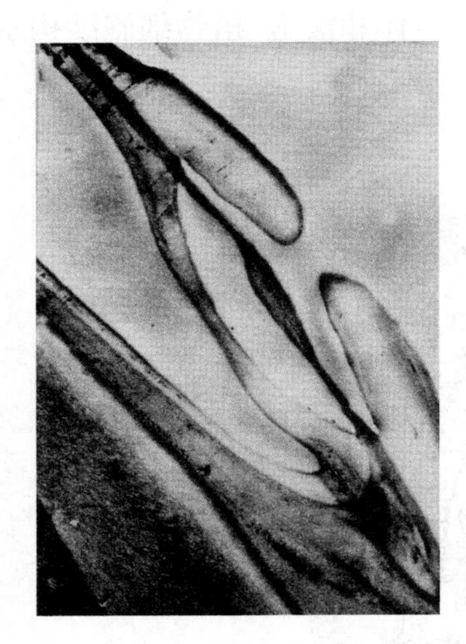

图 20-2-2　红松管胞的具缘纹孔(×8 000)

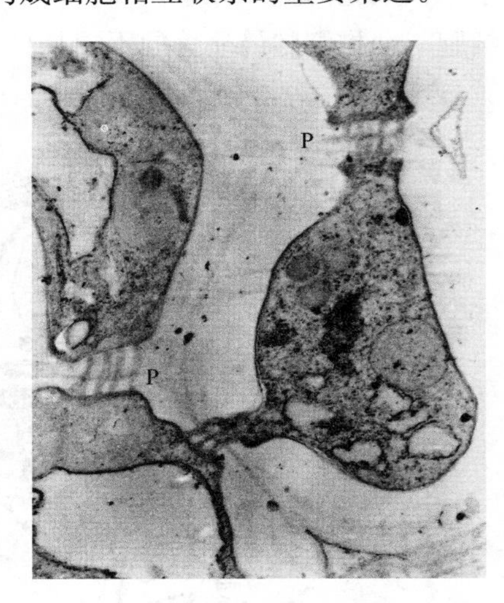

图 20-2-3　竹叶细胞的胞间连丝(P)电镜照片(×15 000)

二、质膜(plasma membrane)

细胞质外表面由一层很薄的膜状结构包围着,这层薄膜即质膜,动物细胞中称为细胞膜(cell membrane)。植物细胞的质膜紧贴细胞壁。电镜下观察,膜呈"暗—明—暗"三层结构,两层致密的深色带夹一层疏松的浅色带;两层深色带的厚度平均各为 20～25 Å,中间的浅色带厚度平均为 25～35 Å。一般把这三层结构形式的膜叫做单位膜(unit membrane)。细胞膜主要由蛋白质,类脂(胆固醇、磷脂)、糖类(糖蛋白、糖脂)构成。它作为细胞的保护层,还具有选择性吸收的功能,是细胞物质转运、能量传递、维持代谢和动态平衡的枢纽,对维持和调节细胞的正常生活具有极其重要的意义。

三、微绒毛(microvilli)

微绒毛是动物上皮细胞顶部的细胞质突起,呈圆柱状,如图 20-2-4。微绒毛的存在使上皮细胞的游离面的吸收功能大为增强。并不是所有微绒毛都与吸收功能有关,如部分有微绒毛的腺体组织,其功能与吸收无关。

四、纤毛(cilia)

纤毛是动物细胞质表面突出形成的表面结构。突起纤毛主要分布在上呼吸道和生殖管道一定部位的上皮、脑室的室管膜细胞等处。纤毛外有细胞膜包围,内为细胞质,其中有纵行的微管。纤毛的主要功能是协助细胞把黏附在细胞表面的分泌物和颗粒状物质向一定方向推送。

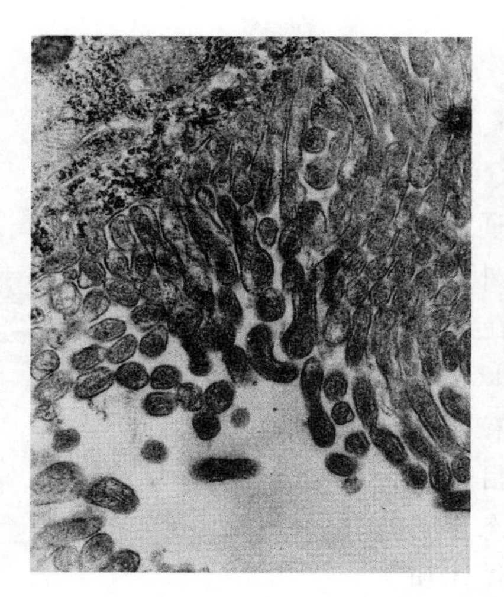
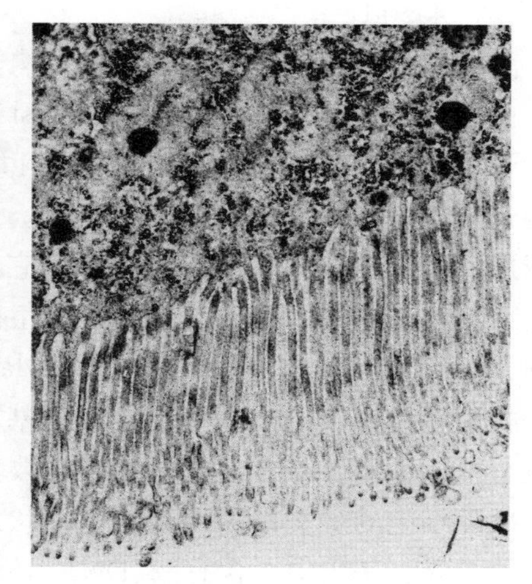

图 20-2-4　蚕肠细胞微绒毛的电镜照片(×10 000)

五、细胞核(nucleur)

细胞核几乎存在于所有的真核细胞中，由原生质特化而成，包括核膜(nuclear membrane)、染色质(chromatin)、核仁(nucleolus)和核液(nucleochylema)几个组成部分。核膜包裹在核外，为双层膜，核膜上有核孔，核孔由内外层核膜融合形成。核膜为选择性渗透膜，控制着细胞核与细胞质之间的信息交流。核孔是细胞核与细胞质之间物质运转的结构基础，并可能具有开启和关闭的作用。一般来说，分化程度低及合成代谢旺盛的细胞，核孔数多，反之则少。细胞核的主要功能是储存和传递遗传信息，还可通过控制蛋白质的合成来调细胞的生理活动。

六、细胞器(orgallera)

细胞质充满整个细胞腔，细胞器是细胞质中具有一定的形态结构和特定功能的微细结构。

1. 线粒体(mitochondrion)

真核生物的生活细胞中普遍含有线粒体，呈球状、棒状或细丝状颗粒，具有双层单位膜结构，外膜包裹在整个线粒体外面，内膜向内突起、折叠形成线粒体嵴(christae mitochondriales)。线粒体是进行生物氧化及提供生命活动所需能量的重要细胞器，称为细胞的“动力工厂”。线粒体在细胞内的数量以及线粒体嵴的多少与细胞的生理状态有关。一般生理功能活跃、代谢旺盛的细胞中线粒体数量特别多且具有较密的嵴；反之则较少。线粒体是细胞内生物氧化的主要场所。线粒体的外膜、内膜、嵴、外室及内室中都含有很多种酶类，其中大多与生物氧化有关。三羧酸循环、呼吸链电子传递及氧化磷酸化都在线粒体内进行。三羧酸循环是在线粒体的内室基质中进行的，而氧化磷酸化过程是在线粒体内膜上进行的。

2. 质体(plastid)

质体为植物细胞所特有,具双层膜结构。质体根据色素的不同,可分为叶绿体(chloroplast)、有色体(chromoplast)和白色体(leucoplast)。叶绿体是植物细胞进行光合作用的场所(图 20-2-5)。通常叶绿体是球形、卵形或圆盘状,直径约 1 μm。它外有双层膜,内含无色的基质(stroma)。基质内存在由膜形成的扁平密封的小囊,称为类囊体(thylakoid)。类囊体垛叠形成基粒(grana)。基粒之间有基粒间膜(基质片层,stroma lamella)相连。基粒的数目以及膜层的层次随细胞的种类以及所处的生理状态不同而有很大的差异。基质中还含有酶、DNA、核糖体和淀粉粒等。有色体形状多种多样,能够积聚淀粉和脂类。白色体不含色素,根据其功能分为两类:合成淀粉的造粉体(amyloplast)和合成脂肪的造油体(elaioplast)。有色体和白色体内部均没有发达的膜结构,不形成基粒。

图 20-2-5 叶绿体电镜照片(×10 000)

3. 内质网(endoplasmic reticulum)

内质网是分布于细胞质中,由单层膜构成的管、泡、腔交织的网状管道系统,它广泛存在于各种细胞内,其形态和数量随各细胞而异。在有些细胞(如各种类型的白细胞)中很简单,只有少数小泡、小管状;而在另一些细胞(如浆细胞、肾上腺皮质细胞)则十分复杂,且占细胞质的很大部分。内质网可与细胞核的外膜相连,也可与质膜相连、甚至可以穿出细胞与相邻细胞的内质网相连。内质网可分为粗面内质网和滑面内质网。

(1) 粗面内质网(rough endoplasmic reticulum)

粗面内质网的表面附有核糖核蛋白体(ribosome),它可以是少数小的游离囊泡,也可以形成广泛互相连接的囊泡,但大多数为扁平状、管状或泡状。在旺盛合成和分泌蛋白质的细胞(胰腺外分泌细胞、浆细胞)中粗面内质网发达,由于粗面内质网的表面附着核糖体,而核糖体是合成蛋白质的场所,因此,粗面内质网的功能与蛋白质合成及运输有关。

(2) 光面内质网(smooth endoplasmic reticulum)

光面内质网表面光滑,没有附着核糖体,常呈分支小管或小泡的不规则的网状结构,多数分布在细胞的边缘,且常和粗面内质网相连,主要功能是合成和运输类脂和多糖。

4. 高尔基体(Golgi body)

高尔基体由排列整齐的扁平囊组成,每一扁囊都是由双层平行膜构成,囊边缘收缩形成膜质小泡,通过缢缩断裂而脱落。高尔基体的主要功能是分离、浓缩和加工包装细胞质内合成的物质向细胞的一定方向运输。

5. 溶酶体(lysosome)

溶酶体是由单层膜包围而成的囊泡状结构,一般直径 0.25～0.3 μm,含多种水解酶类,具有分解蛋白质、核酸、多糖等生物大分子的功能,也能够消化分解细胞自身的局部细胞质或细胞器，溶解衰老和不需要的细胞，利于分化和个体发育。常用电镜细胞化学技术观察溶酶体。

6. 圆球体(spherosome)

圆球体是单层膜包裹着的圆球状小体，直径约0.1～1.5 μm，是脂肪积累的场所，也具有溶酶体的功能。

7. 微体(microbody)

微体直径约0.2～1.5 μm，和溶酶体在形态上相似，从所含酶的性质可以区别微体和溶酶体。目前已知的微体类型有四种：过氧化物酶体(peroxisome)、乙醛酸循环体(glyoxysome)、氢酶体(hydrogenosome)和糖酶体(glycosome)。它们各自承担不同的任务。

8. 核糖核蛋白体(ribosome)

核糖核蛋白体简称核糖体，是无膜结构的细胞器，由核糖核酸(RNA)和蛋白质组成，主要功能是合成蛋白质。核糖体在细胞内的分布有两种形式：附着核糖体—附着在内质网表面上，游离核糖体—游离在细胞质中。

9. 中心粒(centrosphere)

中心粒存在于动物细胞和低等植物细胞之中，呈短筒状，成对并彼此相互垂直排列。中心粒含有DNA和RNA，在细胞进入有丝分裂期能够进行自我复制。

10. 液泡(vacuole)

液泡也是植物细胞特有的结构，是单层膜包被的小腔，腔内充满细胞液(cell sap)。细胞液成分为水和细胞的一些代谢产物——无机盐和有机物。幼嫩细胞不具有或具有许多小而分散的液泡，细胞成熟后，细胞中央形成一个大的中央液泡，细胞核、细胞质都被挤到紧贴细胞壁。液泡是储存养分和代谢产物的场所，能够调节细胞的渗透压，维持一定的膨压。

11. 微管(microtubeles)和微丝(microfilaments)

微管和微丝呈中空管状或细丝状，相互纵横交织分布于细胞内，构成细胞骨骼式的支架。微管由微管蛋白——一种球蛋白组成，微丝的主要成分是类似于肌动蛋白和肌球蛋白的蛋白质。

第三节　细胞内含物

细胞内贮存的各种代谢产物，即细胞内含物(ergastic substance)，包括碳水化合物、脂肪、蛋白质、无机盐等，它们只是暂时性的贮存于细胞内，可以在细胞生活的不同时期产生和消失，随着生理和病理状况而改变，有的是储藏物，有的是废物。

一、淀粉(starch)

淀粉是植物细胞中碳水化合物贮藏形式之一，是一种多糖，以颗粒状存在，称淀粉粒(starch grain)。不同植物淀粉粒的大小、形态结构也不同，因此可作为鉴定植物种类的特征之一。水稻、小麦、玉米等的籽粒含有丰富的淀粉，玉米籽粒所含淀粉如图 20-3-1。

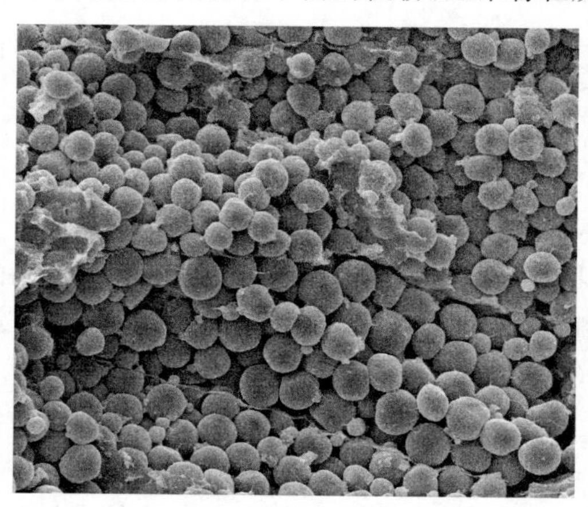

图 20-3-1　玉米籽粒所含淀粉粒 SEM 图片(×800)

二、蛋白质(protein)

细胞中的贮藏蛋白质与原生质体中的有生命蛋白质不同。它以固体状存在，生理活性稳定，可以是结晶的或无定形的。无定形的蛋白质常被一层膜包裹成圆球状的颗粒，称糊粉粒(aleurone grain)。

三、脂肪和油类(oil)

脂肪和油类只是物理性质不同，常温下，脂肪为固态，油类为液态，常以固态或油滴形式存在。脂肪经锇酸固定后呈不同电子密度、不同大小的球形脂肪滴(lipid droplets)形态，如图 20-3-2 中颗粒所示。

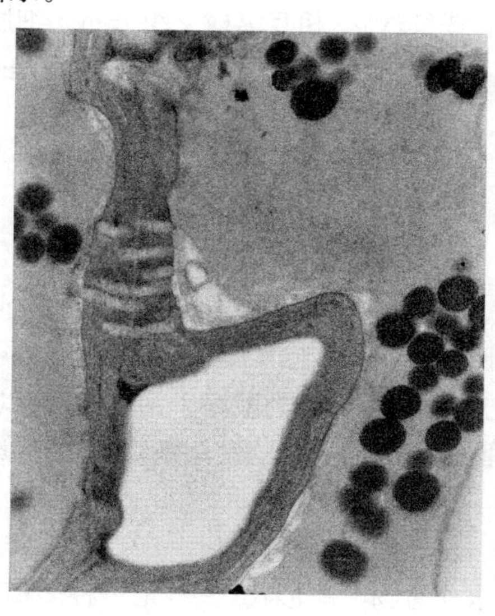

图 20-3-2　竹叶细胞内脂滴 TEM 图片(×20 000)

四、糖原(glycogen)

糖原是动物细胞中贮存的多糖，又称动物淀粉。肝脏中糖原含量特别多。糖原经锇酸固定和铅染色后在电镜下呈高电子密度的颗粒，外无被膜，分散在胞质中，如图 20-3-3。糖原颗粒分为 β 型和 α 型两类。β 型呈圆形，直径 15～30 nm，常单个存在。α 型由一些较小的 β 型颗粒组成昙花簇状，直径为 80～100 nm。糖原在细胞内的数量多少与机体的生理、病理及进食状况密切相关。

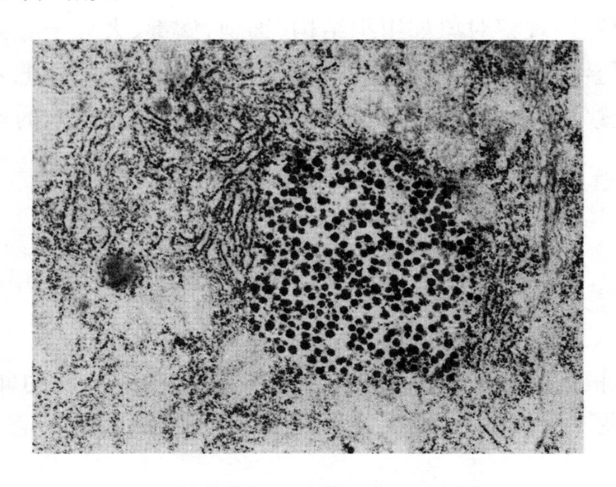

图 20-3-3　家蚕中肠细胞内糖原 TEM 图片(×16 000)

五、晶体(crystal)

植物细胞中，无机盐常形成各种晶体，一般是新陈代谢的废物，形成晶体避免了对细胞的毒害。根据形状可分为单晶、针晶和簇晶。

第二十一章　电镜观察中的注意事项

电镜观察时，须对被观察对象如组织结构、细胞、病毒、大分子等物质有一定的理论基础和实践经验，否则会对电镜中呈现出的丰富信息熟视无睹，甚至把人工假象当成细胞结构。因此，在电镜观察过程中必须具备足够知识，才能对体现出来的资料和信息进行正确的分析。

第一节　观察内容的初步判断

在3千倍以下，根据细胞的形态、轮廓、细胞内和细胞间物质的伸延情况可对组织类型作出初步判定。在3万倍以上，即高放大倍数下，根据病毒的形态特征，也可作出初步判定。

第二节　放大倍数的正确使用

一般情况下，细胞在放大1万倍时相当于一个鸭蛋大，线粒体相当于一个花生米大。在观察时，应由几百倍或几千倍的低倍开始。方能掌握细胞的全面情况，避免得出“一孔之见”的错误结论。观察病毒时要在2万～3万倍以下，而观察大分子结构时起码要求在10万倍以上。在电镜照片上有两种方法表示放大倍数。

(1) 照片一侧或底部直接标有放大倍数。如照片尾标上注有×20 000即放大2万倍。或照片尾标上注有3.02E3即表示放大倍数库3 020倍。E3表示应在前面表示的数字后面加上3个0。

(2) 在电镜照片上划有代表一定长度的标尺，如1张电镜照片中标线代表1 μm长的结构，那么细胞的各部分都可以用它作为标准进行测量。如果用尺子将这条标准线量一下，它是25 mm长，则表示原始标本任何1 μm长的结构，在放大的照片上应当是25 mm，也就是放大倍数为25 000倍。对于熟练的电镜工作者，有时不需要凭标尺或放大倍数来判断放大倍率，而是根据生物结构形态即可进行估计。生物细胞膜的厚度约75 Å。核蛋白体直径约为100～200 Å，胶原纤维的周期横纹结构为640～700 Å。红细胞的直径约为7.5 μm。

第三节　突出重点，关注全局

在电镜观察中，人们往往把注意力集中在需拍摄的位置上，而忽视了重点与周围的关系。这是造成结论片面的主要原因，应尽力避免。

照片所记载的仅是标本的一部分，大量的信息还应当在电镜观察时掌握，在观察过程中，有关人员应做详细记录，以便查询和分析。在分析照片时切忌片面性和主观性，最后结论应由电镜工作者和专业人员共同商定。

第四节　细胞生长变化和病理变异的形态区别

形态是功能的基础，功能是形态的反应。近四十年来，电镜技术的飞跃发展，使细胞结构成分与生物化学研究的分子单位日趋接近，甚至达到并驾齐驱的水平。如肾衰的后期，尿中钠离子增加，即可见肾曲小管上皮细胞显著变性，绒毛排列紊乱，脱落。干细胞胞质中核蛋白体较多等。再如：在纤维回用性能研究中，不同的加工工艺，将对纤维细胞发生不同的影响，而细胞的变化状态又决定了纸质及其性能等。

新生的细胞与衰老的细胞是互逆的，前者处于活跃的生长旺盛时期，后者处于衰退时期，其超微结构也表现不同。细胞发育的不同阶段，表现出不同的特征，细胞发育的早期、中期、晚期或者机体发育的幼年、壮年、晚年也都如此。因此，在开展电镜工作的过程中，必须清楚细胞的性能和生长期，才能对细胞的病理变异形态作准确的判断。

第五节　人工损伤和假象识别

由于技术上的错误往往会引起标本制备和电镜观察中的人工损伤，造成正常细胞结构和物质状态的人工假象，从而对所研究的工作产生误导作用，因此，必须在工作中予以避免。

一、标本制备中的人工损伤

细胞离体后必然发生变化，其结构是细胞的死亡和相继分解。细胞结构破坏的过程叫自溶，是酶分解作用造成的。化学固定作用是使结构蛋白得以稳定，使酶失去活性。此外，细胞对缺氧甚为敏感，甚至短暂的片刻也会引起人工损伤，甚至造成难以识别的假象，因此最好的解决方法是使组织尽快得到固定。

1. 固定损失

使得细胞内出现淡色区或空白区并同时出现胞浆结构的颗粒性凝聚，此外，细胞正常的微细颗粒丢失，而出现不规则的染色质颗粒集结和异常的"空白区"，固定损伤还表现在胞浆膜的破裂，线粒体的肿张和松懈。胞浆的空胞化和内质网小池的扩大等。

2. 渗透损失

固定液的渗透压不适宜和 pH 值不适当也会造成结构上的损伤。尤其是低掺和酸性固定液容易引起人工损伤。当低渗时，细胞发生肿胀，基质变淡或不协调，山脊扩大混乱，内质网池扩大。当高渗时，细胞容易收缩，核呈扇状。线粒体变小，基质溢出等。细胞膜破坏，如果细胞质很苍白应仔细观察细胞膜。细胞质内容很可能从破口处漏到间质中去，其原因是低渗，机械损伤或细胞已死亡。

3. 取材损伤

取材的器械挤压，钝刀的损伤，修块的粗暴操作。样品太大，固定不易穿透中心部位，所以取材易少而精，避免修块时一层一层的削下去，最后只剩下中心部位，而这个部位正是固定最差的部分，从而降低了制样的成功率。

4. 包埋损伤

脱水不彻底的结果会造成包埋剂不易渗入组织，使聚合之后的组织缺乏强有力的支撑，难以切片。同时 O_sO_4 对样品的固定和脱水剂对样品脱水的作用也会引起细胞间距离的缩小，而用丙烯酸酯类包埋后的材料片层间又会稍有扩张，为了避免收缩后扩张引起的损伤，应采用环氧树脂类包埋剂，则可达到较为理想的效果。

5. 切片损伤

(1) 刀痕损伤

由于刀口不锋利在切片上易出现与切割方向垂直的许多纹路。

(2) 颤痕损伤

颤痕损伤与刀口方向平行，是厚度不一致的波状纹路。主要由刀和组织块之间产生的高频率颤动引起，其次是切片和内部的震颤影响。此外，组织块的包埋不均，软硬不一，密度上的差异也可引起切片的周期性变化或出现带状颤痕。

(3) 污染损伤

染色过程中形成的微小结晶和沉淀，有时在细胞结构上形成类似某种结构的假象，是超薄切片过程中最令人头痛的事，主要由染液和器皿被污染引起，其次是在染色过程中的二氧化碳的侵蚀造成。操作者必须尽力回避。

6. 电镜观察时的人工假象

(1) 漂移和像散

漂移主要是因电镜标本台的稳定性差和镜筒污染产生光束偏移引起，或因支持膜受热后脱离或破裂造成，应尽力避免。像散是由电镜的光学缺点引起，可通过消像散器进行校正，严重时则必须彻底清洗镜筒内所有光学元件。

(2) 电子束轰击损伤

较长时间的局部观察会造成包埋材料的升华，使组织模糊不清，甚至导致切片破裂，此外，电子束照射还会在切片表面形成玷污层，使样品呈云雾状。因此，需放大倍数较高时，因快速选点、拍摄，以免失去捕捉信息的良机。

第二十二章　电镜胶片摄影技术

近年来，许多电镜都配备了计算机操作系统，简化了样品的结构观察和图像的记录及保存程序，提高了电镜的工作效率。但因感光负片具有难以更改的特征，将会使相机摄影成像的方式在科学研究领域中起到无可取代的作用。因此，当今的电镜工作者需要将电镜摄影与暗室技术作为电镜技术的一部分进行了解和掌握，以便满足形态学研究发展的长远需要。

第一节　电镜的摄影技术

一、透射电镜(TEM)的摄影技术

1. TEM 调试

(1) 调节灯丝饱和点，照明亮度对中。

(2) 检查及消除“像散”。

2. TEM 样品的检查

透射电镜超薄切片应厚度均匀、无震颤、无刀痕及污染，反差适当。

3. 底片的预抽与安装

TEM 电镜底片使用前，应将其放入底片储存盒内，在低真空状态下预抽 1 h 以上，抽掉吸附于底片表面的气体分子，才能将其放进电镜照像室内使用。

4. TEM 的摄影

(1) 复查电镜的工作状态

在照像之前，必须复查一下电镜的工作状态，并确认电镜的曝光条件。其中，曝光时间不宜过长，时间过长后会因样品漂移而影响底片质量，一般以 2 秒为宜；其曝光亮度是据选用的底片不同而事先测定好的。

(2) 选择视野，确定放大倍数

根据根据不同生物样品及结构选择视野，并确定放大倍数，其中选择视野时，要把关键结构放于中心位置，放大倍数要适中，不应过分追求较高的高大倍数。

(3) 调整物镜光阑

根据样品的反差以调整物镜光阑大小；如果样品的反差较弱，宜选择比较小的光阑孔；如样品的反差较强，则使用较大的光阑孔，直到反差适中为止。

(4) 样品的聚焦

拍照低倍电镜图像时(15 000 倍以内),多采用肉眼聚焦或参考摇摆器聚焦法,一般正确的聚焦点处其样品反差最小。拍照高倍电镜图像时(15 000 倍以上),除有经验者采用肉眼观察法以外,其他人员最好采用更高倍聚焦拍照法。即在更高倍调整细调旋钮后,再回到所需的放大倍数上进行聚焦。

(5) 检查电镜图像的稳定性

检查漂移的标准是:定点定结构观察样品,如 30 s 之内无移动现象时为无漂移。其中样品漂移的主要表现是:样品结构呈现持续性的、缓慢的和单方向的移动,其产生的原因是样品台有移动或支持膜过薄、薄厚不均,支持膜与铜网脱离及支持膜破裂等。

(6) 放平荧光屏并传送底片

放平荧光屏关上"快门",再按支底片递送钮传送底片,使底片进入照像位置。

(7) 选择最佳曝光亮度

调节并降低光斑亮度,待曝光指示灯亮(最佳曝光亮度)为止。

(8) 启动快门,进行曝光

启动快门按钮,或轻轻拉起荧光屏,待曝光完毕后再将其放平,此时即完成一张底片的照像程序。待底片储存盒中的底片全部照完后,即放气取出储片盒。

5. TEM 照相感光胶片

TEM 感光片为色盲片,对红光不感光,可在红灯下装片或洗片。其曝光时间为 2~4 s,显影时可用 D-72 或 ED-12 显影液。宜放于阴凉干燥处保存。此胶片乳剂卤化银颗粒较小、药膜较薄、反差较大、感光度较低、分辨力较高,一般在 GB80~140 之间。

二、扫描电镜(SEM)照像技术

1. SEM 的调试

(1) 调节灯丝饱和点。

(2) 检查及消除"像散"。

(3) 调整样品的高、低位置。

2. SEM 摄影程序

(1) 检查电镜的工作条件

① 加速电压的选择。选用多高的加速电压既取决于样品的性质,也与图像反差和放大倍率的要求等因素有关。一般进行高倍观察时,则要求用较高的加速电压,因电压高时电子束的发射量大,所激发的二次电子数量就多,有利于得到高分辨的 SEM 图像。而进行低倍观察时,则要求用较低的加速电压,此时所激发的二次电子较少,且对非导电样品的损伤和充放电效应亦较少,有利于得到层次丰富和反差适当的图像。

② 聚光镜电流的选择。聚光镜电流的调节原则是:在基本满足图像亮度和反差要求的前提下,尽可能加大聚光镜电流,此时电子束可聚得很细,有利于取得高分辨力、大深景的 SEM 图像。但在进行低倍率观察或要求得到具有丰富层次的图像时,其聚光电流则应小一些为宜。

③ 物镜光阑孔的选择。对于表面结构复杂高低差异很大的样品，就要求选用小的光阑孔，以获得较大的焦点深度，使复杂的结构显示出来；在进行低倍观察时，则要求选用较大光阑孔，以提高大视野中电子束的相对密度，增加视野内的信号强度。

④ 照相扫描速度的选择。SEM 照相用荧光屏，为短余辉摄影显像管。这种显像管的画面分辨力高，一般在 1 000 条线左右，所以要想把显像管上的亮线由上到下记录下来，就需较长时间。因此，在 SEM 照相机光圈 F_4 或 F_6 的情况下，其每幅照片的扫描曝光时间大约在 50～100 s 之间。

(2) 选择视野、确定放大倍数

其具体做法与要求，与 TEM 相同。

(3) 样品的聚焦

所谓聚焦是指通过聚焦旋钮，把 SEM 图像清晰的显示在观察荧光屏上的过程。聚焦好坏的判断全靠操作人员的眼睛。在操作时，如果是小于 1 000 倍的低倍图像，主要以调节粗聚焦钮为主，若为 1 000 倍以上的较高倍图像，则需先调节粗调节钮，而后再通过细聚焦钮将图像调节清楚。

(4) 图像消像散

在进行 SEM 照相时，聚焦与消像散往往同时进行，特别是进行 10 000 倍以上的高倍照相时更是如此。假如 SEM 图像出现像散，其图像结构主要表现为单方向的图像模糊，这样不仅使图像产生失真，而且清晰度也会大大降低。像散的产生主要是灯丝或物镜光阑不对中、物镜光阑的抽气污染、各种样品对电子散射的角度不同等因素所造成。所以 SEM 照相时，经常因为样品的更换和样品观察位置的不同，而随时可以产生像散，这样就需要经常进行消除像散的工作。上述这一特点与 TEM 照相不同。

消除像散的操作方法如下：样品聚焦后如果图像出现像散，则调节消像散旋钮，首先调节 X 方向旋钮，消除 X 方向的像散；而后再调节 Y 方向旋钮，消除 Y 方向像散；最后再调节细聚焦钮，重新聚焦。经过以上反复调整，可使图像显示的细节最多也最清晰。

(5) 调节亮度和反差

SEM 图像的亮度和反差，都是决定图像质量的重要因素。目前国内使用的一般 SEM，都装有亮度和反差自动调节旋钮(如飞利浦 SEM-505 等)，当完成上述操作步骤后，只要调整自动调节钮，即可得到亮度和反差适当的图像。至于没有亮度和反差调节旋钮的 SEM，如日立 S-430 及 S-450 等，则需要靠经验进行操作了。一般的调节步骤是：将亮度和反差钮，调节到指示灯和绿黄灯必须亮，而后红灯稍亮即为合适的条件，此时即可得到亮度和反差均为合适的 SEM 图像。

(6) 进片及拍摄

当完成上述操作以后即可进行拍摄。首先转动 SEM 胶卷，然后按动面板上的摄影快门钮，荧光屏上立即显示出帧和幅的慢扫描动作，待自上而下全部扫描完成以后，一幅照片即拍摄完毕。

3. SEM 照相感光胶片

(1) 胶片性质

为了适应 SEM 照相荧光屏短余辉及慢扫描的要求，适合用银颗粒比较细感光度较高的胶片，以便充分发挥 SEM 分辨力高的特点，得到层次丰富，细节清楚的 SEM 的图像。此类胶片一般为全色胶片，只对暗绿色不感光。

(2) 胶片类型

SEM 使用的感光胶片主要有以下几种：

① 120 全色胶片：目前的 SEM 一般都带有 120 相机，故多采用此类胶卷照相。其感光度均为 GB210～240 之间。

② 一次成像照相：该方法只适用于装有 Polaroid 后背相机的 SEM。由于这一方法没有底片，每次摄影只能出一张照片，故主要用于观察电镜工作状态和选择曝光条件。当这些条件选择好以后，再换用全色胶片正式摄影，以便获得最佳摄影效果并有利于 SEM 图像的洗印和保存。

三、电镜底片的衡量标准

1. 底片的密度

底片密度的形成，主要与胶片感光度、照相时的曝光量以及显影情况等因素有关。对底片密度的鉴别，主要靠经验目测。优质底片的标准是最大密度区和电波密度区，均能分出层次并辨别出微细结构。

2. 底片的反差

底片的反差，是指底片明亮处(低密度区)与高密度区之间亮度的差别，故又称密度差或黑白对比度。底片反差的强弱，与多种因素有关，如样品的固有反差、感光片的固有反差、电镜实验条件(如光阑的选择)及显影条件等。

3. 底片的分辨率

分辨率是指胶片对图像微细结构的表现能力，故亦称胶片的分辨力。分辨力越高者其图像越清晰，否则其图像就粗糙。胶片的分辨力，取决于感光乳剂内卤化银颗粒的大小与药膜的厚度。一般颗粒细且药膜薄者，其解像力高，如感光度低的 TEM 胶片；相反，颗粒粗药膜厚者，其解像力则偏低，细微结构的表现力则相对差些。

四、电镜摄影的注意事项

(1) 摄影应设有“照相记录簿”，必须作好详细记录，内容包括实验题目、观察日期、操作人员、电镜条件、底片号码、放大倍数、实验分组、样品编号、图像内容、存在的问题及疑点，并及时总结分析。

(2) 严守电镜摄影的操作程序，以确保电镜图像的质量。

(3) 观察调焦时，应使光斑的亮度由暗渐亮，但应避免过亮现象，以防止电子束对样品的热损伤作用，并减少样品表面的污染机会。

(4) 图像视野的选择，要在学术性的前提下必须注意艺术观点，不仅布局合理，而且要重点突出。

(5) 电镜摄影时，应遵循先低倍后高倍的原则，避免盲目追求高倍，以致造成所拍的图像难以辨认，无法分析。

(6) 为了防止样品热损伤后可能带来的结构模糊，电镜照相时应迅速选好区域进行"摄影"，而后再仔细观察进行补拍，以提高照相效果。

第二节　底片和相纸的选择

电镜使用的底片和相纸必须具备感光度高，分辨力强，反差适中和工艺精良的特点，才能满足超微结构研究和电镜设备使用的需要。

对于扫描电镜使用的底片来说，凯歌 120 和上海 120 比较合适，既能满足电镜摄影的需要，也极少因包装不标准而损坏相机；对于透射电镜来说，汕头产的 SO 软片使用效果较好。

超微结构研究的范围广、种类多、摄影获得的信息比起人物和风景照来说要多得多，因此所使用的相纸必须根据结构显示的要求和底片冲洗效果选择相应的型号。纸的型号越大，反差越强，型号越小，结构越细腻，反差越小。市场上可以买到的相纸有 4 种：1 号(软)，2 号(中等)，3 号(硬)，4 号(很硬)。一般情况下需体现细微结构选用 2 号相纸，需体现明朗层次选用 3 号相纸。其他型号的相纸则用于特殊的结构和底片。

第三节　底片的冲洗

TEM 感光片和 SEM 所用 120 负片的冲洗操作程序基本相同，其操作程序为显影—停影—定影—水洗—干燥，见图 22-3-1。

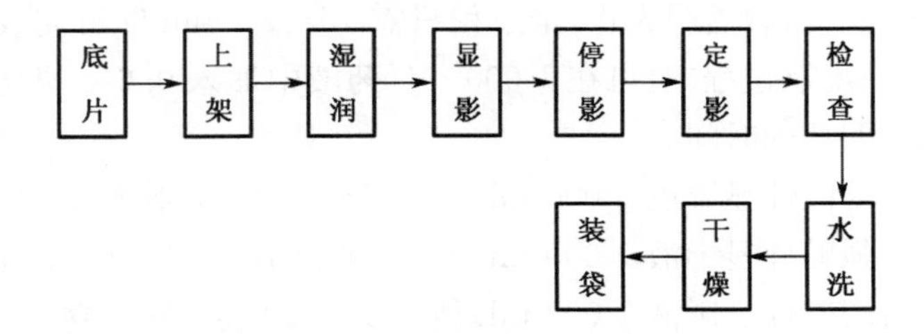

图 22-3-1　负片冲洗操作程序

一、显影

1. 显影过程具有的现象

(1) 显影剂对乳剂层的作用，由表及里逐层渗透。

(2) 受电子束照射多的部位被还原的银粒多、显影快、密度大,受电子束照射少的部位则相反。

(3) 未被电子束照射的部位,卤化银在一定时间内与显影剂不起反应,但超过一定时间后则可反应,此时就可在胶片上形成一层灰雾,因而可影响底片的反差。

2. 常用的显影液配方及其配制方法

冲洗 TEM 底片最常用的显影液配方为中性显影液 D-72、微粒显影液 D-76、ED-12 硬性配方等。从配方药品性能组成上来区分有显影剂、促进剂和抑制剂等。常用的显影剂有米吐尔、对苯二酚(几奴)、菲尼酮;保护剂有亚硫酸钠;促进剂有硼砂、碳酸钠、碳酸钾;抑制剂有溴化钾、碘化钾。显影液又分为工作液和补充液两种,使用工作液冲洗胶片,每 20 张 TEM 底片或 1～2 个 120 或 135 胶卷时,要向工作液中加入原液 20～30 mL 以稳定药液的性能。配制显影液时,应在一定温度(32～52 ℃)下,按一定顺序加入药品,待前一种药品完全溶解后才能加入后一种药品,配好的溶液须静置 12 h 后才能使用,并需避光、封闭保存。在操作中要注意到选择合适的配方。负片配方很多,性能各异,得总的来讲是对密度、反差、颗粒三方面的作用,在日常工作中可根据情况,灵活掌握,但在一般情况下,D-76 显影液对扫描电镜的底片使用比较合适;D-72 加两倍水冲淡后,对透射电镜的底片使用效果较好。判断底片冲洗效果的方法是通过直射光和反射光来检验,质量好的底片对准直射光时,密度大的部位还略能透光,当放在反射光下又能看到不同程度的层次。

此外,显影液的配制也是暗室技术中的重要工作,按传统方法每配制 1 000 mL 显影液就要花去 1 h 左右的时间,而电镜室每年都要消耗大量的显影液,才能满足工作需要,既占用了工作人员的大量时间,也影响了电镜工作的效率。因此,编者在对显影药剂的成分研究后改进了配制方法,提高了显影液质量,节省了 2/3 的人力和时间,节约了 50%的药剂量。

具体的操作方法是,先将称好的显影剂米吐尔、几奴尼和无水亚硫酸钠一起放入 50 ℃的纯净水中搅拌,待其彻底溶解后,再将称好的无水碳酸钠或硼砂和溴化钾一起放入,继续搅拌,直至完全清澈透明为止,全过程只需 15～20 min 即可完成,对于不含抑制剂的 D-76 显影液,在配制过程中,可在 1 000 mL 药液中加入 0.6 g 溴化钾,可增强胶卷的一致性,而不增加配药的时间。

常规配法用量:弱碱性显影液 1 000 mL 能冲 6～8 卷 120 胶卷。

强碱性显影液 1 000 mL 洗 6～8 张 10 cm×120 cm 相纸的光片。

改进配法用量:弱碱性显影液 1 000 mL 能冲 10～12 卷 120 胶卷。

强碱性显影液 1 000 mL 洗 10～12 片 10 cm×120 cm 相纸的光片。

3. 显影操作方法

(1) 浸泡底片:无论是 TEM 底片和 SEM 负片,在显影前最好先用清水浸泡底片,以使显影均匀和避免底片出现斑迹。

(2) 控制密度与反差:显影时间的长短,与底片曝光或接受电子束照射的程度等因素有关。所以在一般情况下,显影时间的选择仅作为参考,更重要的是凭操作者的经验,来控制底片的密度和反差。

(3) 盘中显影：TEM底片和SEM负片都可以采用此方式显影，盘中显影时，由于显影液与空气接触较多，因此活力较强，其显影要比TEM胶片架槽显影和SEM负片罐中显影所需时间要短些，盘中显影的具体操作方法为：将显影液倒入一塑料显影盘里，其温度可控制在20～25 ℃之间；再把经水浸的胶片放入显影液中，随后用竹夹子翻动TEM底片，或用手摄着SEM负片的两头来回拉动，使其在盘中显影；显影时间约2 min左右，即边显影边密切观察底片的密度与反差，在安全灯下衡量底片的密度与反差的标准为：

① 观察底片的背面时，可见图像的轮廓并具有一定的反差；观察底片的正面，其曝光部分已有一定黑度，并与未感光处形成明显反差；而底片高密度区仍能微量透光，低密度区仍可辨别出结构层次。

② 电镜底片上的加速电压，放大倍数，底片编号等字样，清晰可见。只要这两项合乎标准，即达到显影要求。

为了提高底片反差，有时可采用"间断浸水中片法"，即在显影过程中将底片取出进行水浸，而后接着再显影，如此反复进行直至显影完毕。

(4) 架槽显影：本方法只适用于TEM底片显影，其显影过程在特制的显影槽内进行，该槽下面有一个出水孔，其深度略高于TEM底片的宽度，其宽度以能容下底片为宜(图22-3-2)。操作时，将底片用底片夹夹好，依次放入显影槽底的片架上(每张底片之间要有一定距离)，然后向槽内倒入显影液使液面高于底片。

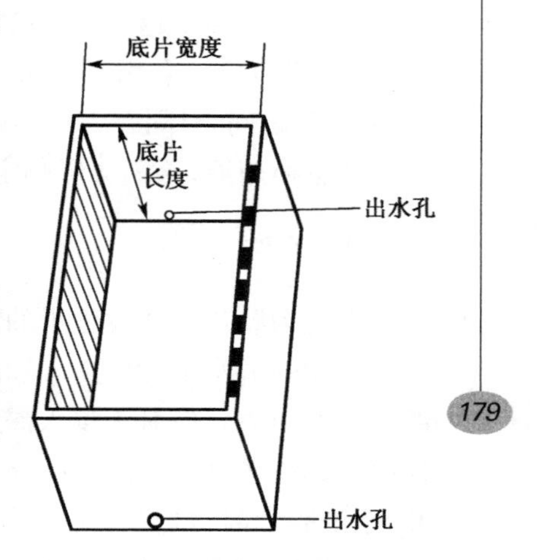

图22-3-2　TEM底片冲洗架

当显影时间达到2 min时，即可将显影液从出水孔放出，并立即向槽内注入清水，显影即可终止。

4. 罐中显影

本方法只适用于SEM负片显影，其显影过程系在市售的显影罐中进行。操作时，将显影罐底片轴取出，在安全灯下沿底片轴不锈钢丝轨道，按规定方向装好负片。经检查负片确实装好以后，将底片轴放入显影罐中，旋紧罐盖，向显影罐内注满清水，稍摇动显影罐后将水倒出，再注满显影液，进行显影，其显影时间参考所选用的显影液而定。在显影过程中，可轻轻转动显影罐，使底面药膜与显影液充分接触，直至显影时间结束，再将显影液倒出，注入停显液。

二、停影

因为显影后的感光片，在其乳剂膜中还残存着大量的显影液，此时显影作用还在继续进行，但这种显影是不均匀和不正常的有可能产生显影过度，在底片上产生斑块和增加灰度等。所以从高标准要求，在显影后应立即进入停影，而后才可进行定影。

一般显影液中的促进剂均属碱性，如果用酸性物质将其中和，便可使其丧失促进剂能力并可减弱乳剂中残存的显影作用，进而中止显影。一般停影处理时间为10～20 s。停影配方为：H_2O 750 mL+28%醋酸 48 mL，然后将水加至 1 000 mL。

如果是盘中显影，则把停影液放于另一盘中，将胶片从显影液取出后，即刻放于停影盘里，翻动几下以后取出即可进入定影。如果是罐中显影，在将显影液倒出后，即可倒入停影液，摇动显影罐 10 s 后即可倒出，再放入定影液。

三、定影

定影是将已显影的影像固定下来的过程。显影后未感光的卤化银仍存在，而卤化银难溶于水。见光后又会逐渐变黑，不但损害了负片影像的透明性，也破坏了已显出的影像，因此，负片与正片都必须经过定影，溶去未感光的卤化银，再通过净水冲洗处理，才能使影像固定，便于长期保存。

定影液的温度越高，作用越快，所需时间越短，反之定影时间则需要相应延长。要注意的是温度太高，会引起药膜膨胀脱落，造成工作失败。因此定影液的温度应保持在 18～24 ℃之间，时间在 10～20 min 之间，比较合适，如发现定影液出现混浊和沉淀现象应立即更换药液，否则会影响定影质量，使底片和照片难以长期保存或发黄难看。

四、水洗

水洗为胶片冲洗过程中的重要一环，不容忽视。冲洗的主要作用，是将定影后的胶片放于流动的清水中，经过一段时间水浸以后，可将藏在乳剂膜中的硫代硫酸钠等杂质，大部分清洗出去。但对于浸入深层的硫代硫酸钠，则很难除尽。如果在乳剂膜中残存的硫代硫酸钠越多，该胶片在保存时极易与空气中的二氧化碳作用而发黄或影响其寿命。因此，水洗胶片时，最好为流动的自来水，水洗时最好能经常翻动胶片，以免胶片表面形成小气泡而影响水洗效果。水洗的时间，应不少于 20～30 min。如在水中过夜，则需将自来水流速拧小，否则相片变软，影响上光效果。

五、干燥

水洗后的底片，即可进行干燥。干燥时可将底片边用塑料夹或木质夹夹好，放于通风良好，空气干燥处，让其自然干燥。亦可将其放于红外线底片干燥箱内干燥。干燥时，切忌火烤或日晒。

第四节 底片的减薄、加厚和清洁

底片的冲洗效果是决定照片质量的主要因素，在操作中必须认真对待。但因电镜摄影的种类太多，有些样品条件很难控制，尤其是扫描电镜的摄影条件很难有规范的模式，全靠经验和摄影技术来确定条件，难免会使底片产生一些缺陷。同时工作中的疏忽也会导致底片产生较为严重的缺陷，如曝光或显影过度造成底片（太黑）太厚；曝光或显影不足造成底片太薄（太透明）。这些均可用减薄或加厚的方法加以补救。

一、减薄

底片是由感光材料(卤化银)涂布于透明片基上制成，当曝光或显影过度时，银粒就会堆积太多，出现太厚而发黑的现象，要使底片厚度适宜，可通过减薄液溶去一部分银粒。具体操作方法是将底片浸于减薄液之中进行全面减薄；也可用毛笔沾上减薄液涂在需减薄的部位。须引起注意的是应不断摇动药液，防止产生条纹。

二、加厚

曝光不足或显影不足时，会使底片银粒堆积太少，结构浅淡，反差不足。需采用加厚措施，才能获得较佳底片。具体操作方法与减薄一样。总的来讲减薄和加厚全是不得已的补救方法，其效果总是不如曝光和显影合适的底片，有时甚至会使底片的缺点更加显著，因此，如果条件许可的话，最好重拍。但为了应付特殊情况，电镜工作人员也应掌握减薄和加厚的操作方法。

三、清洁

底片不干净时可用如下方法处理：

(1) 附着尘灰，需用毛笔或软毛刷掸下灰尘，切忌用棉花或布等拭擦。

(2) 摸上指纹或油类脏物，可用酒精棉球轻轻擦掉。

(3) 有水迹，可放入水中重新漂洗晾干。

(4) 有擦痕，(放大后的光片有白色纹路)可放入水中重新漂洗、干燥，纹路可去除去。

第五节　电镜照片的洗印与放大

一、印相

可分为相夹印相法和箱式印相法。该方法所用的工具是印相夹和印相箱(图 22-5-1)。印相箱主要是由一个装有光源、上面盖有磨砂玻璃的小木箱构成。新式的专业用印相箱，都装有自动定时曝光控制器，市场有售。使用印相箱的操作方法如下：

图 22-5-1　印相机

1. 印相准备

首先，准备好安全灯、显影、停影、定影等工具及冲洗药液；其次，要按底片大小裁出各号相纸，并分类待用；如需印人像，根据底片大小做好黑纸框，以便把画面以外的部分遮住。

2. 曝光操作

根据需要定好印相箱上的定时曝光器(一般为 0.4～0.8 s 左右)，将底片放于印相箱玻璃上，再把裁好的印相纸放于底片上，盖好印相箱后背，使印相纸与底片密切接触(注意药膜面相对），启动定时曝光器，印相箱里的灯泡即亮，曝光结束后灯泡自动熄灭。

3. 洗印程序

将曝光后的印相纸，放于显影盘中显影，当在安全灯下观察相纸呈现的图像显得有些“过”（色调较深），随即放入停影液中，再用清水稍加清洗，便可进入定影；再将相片放入流水中水洗，最后用上光机上光干燥。

二、放大

电镜的有些照片是需要放大完成的，在一定程度上放大技术的好坏决定了电镜照片的质量，因此该技术对于电镜工作十分重要。

1. 放大机的原理与结构

放大机由灯室、聚光器、底片夹、轴向移动器、镜头等部分组成，它的工作原理是把照相机的工作情况倒过来，将底片还原为照片。放大机与照相机的最大不同是照相机将景物摄成底片，放大机是将底片还原成影像即照片；用相机摄影时，镜头距离景物越远，所拍摄的景象越小（图 22-5-2）；放大机则恰恰相反，镜头距离放大板越远，所得到的景象越大（图 22-5-3）。放大照片时，光线透过底片照射在放大板上的相纸上，底片上的密度越高其阻光率越大，投射到相纸上的亮度就越弱，所得到的影像密度就越小。反之，底片密度小的部分其阻光率亦小，投射到相纸上的亮度就越强，所得影像的密度则越大。

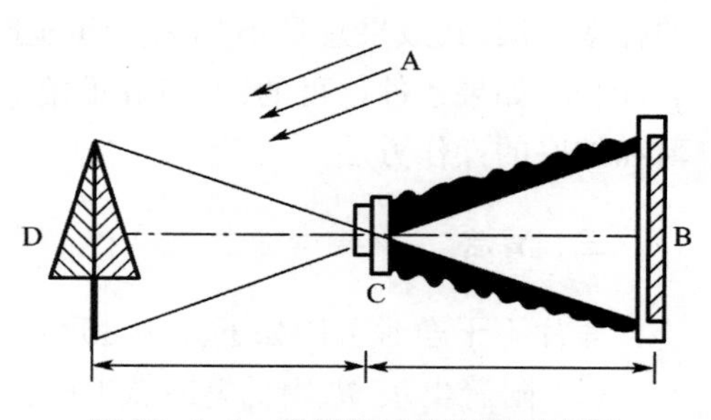

图 22-5-2 照相机工作原理示意图

A. 光线 B. 底片 C. 镜头 D. 被摄影像

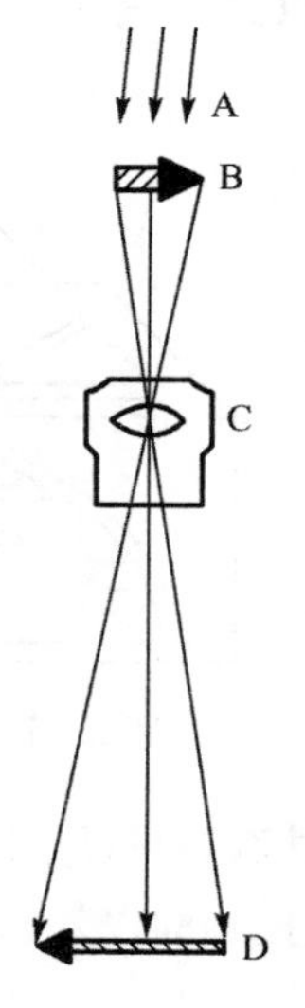

图 22-5-3 放大机工作原理示意图

A. 光线 B. 底片 C. 镜头 D. 放大相

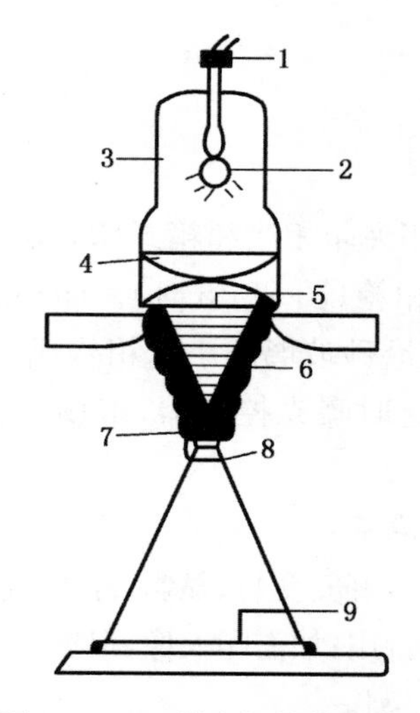

图 22-5-4 放大机结构示意图

1. 光线位置的调整螺丝 2. 光源 3. 灯室 4. 集光镜 5. 底片夹 6. 皮腔 7. 镜头 8. 滤色镜 9. 放大板

放大机的种类主要有两种，一种是焦光式，另一种是反射式。前者是放大机将光源，直接投射到焦光器上；后者是将光源投向反光镜，再由反光镜将光投向焦光器，将以焦光式放大机结构如下(图 22-5-4)：

(1) 光源：在放大机的最上面，功率为 150 W。

(2) 灯箱：灯箱为位于位于光源周围的圆桶形结构，其四周有散热装置。

(3) 集光镜：一般由两个玻璃凸透镜组成，它可以使灯光亮度增加，并使光束平行。可在集光镜上安装一块毛玻璃，以使光线柔和。

(4) 底片夹：由可以自由抽出插入的玻璃夹构成，其对角线应略小于集光镜的直径。

(5) 轴向移动器：为可以自由上下移动镜头的装置，它可以作两倍于镜头焦距的伸缩，这样便可放大出 1∶1 的照片。如欲缩小，移动器的伸长距离必须大于两倍焦距。

(6) 镜头：它是放大机的主要部分，并可根据底片的尺寸不同，可以选用具有不同焦距的镜头，但有一规律，就是其焦距必须大于或等于所放大底片的对角线。

(7) 滤光镜：为一红镜片，以便放相纸时观察纸的位置。

(8) 放大板：俗称尺板，该板一般为白色，是专供放大聚焦和放相纸用的一块平板，在平板的上方和左侧有带英尺和公尺刻度的压板(压条)，为压相纸专用。

2. 使用放大机注意事项

(1) 光轴对中为了充分发挥光源的最大亮度，避免光源灯丝照射在不适当的地方，应尽可能使透过聚光镜而成焦点的光源正好聚在放大镜头上。当放大倍率 h，应将放大灯泡向下落，放大倍率大时，应将放大灯泡上提。此外，灯泡的位置必须与集光镜、镜头三者的中心保持在一条垂直线上，以防光线不均匀。

(2) 底片的要求用于放大的底片，密度不宜太大，颗粒不宜过粗，如果密度太大不仅曝光时间过长，而且影响照片的层次；如果颗粒过粗，也会影响影响照片微细结构的再现及图像质量。此外，聚焦不实，底片过薄，底片破损及具有严重缺陷的底片，均不能放大。

(3) 光圈的选择：曝光时间的长短与镜头光圈的大小密切相关。放大时，曝光时间过长过短都不好。过长，受震动的影响图像可能模糊；过短，则不易控制，易影响图像质量。理想的曝光时间是 4～14 s，理想的光圈是 f/8～f/11。因此，一张标准底片，其光圈与曝光时间应在这一范围内进行选择。此外，光圈的大小还与景深有关。通常要想得到比较清楚的图像，就需要缩小光圈，以得到较长的景深，图像才能更加清晰。但光圈的选择也不宜过小，过 h 产生光绕射现象而影响分辨力。

3. 放大操作步骤

(1) 选择镜头：根据底片的尺寸，选用适当焦距的镜头。

(2) 装入底片：将底片乳剂面向下装入底片夹，并摆在底片夹的中间位置，底片四周透光部分应用黑纸遮挡起来。

(3) 聚焦：聚焦前根据放大尺寸调整放大板上的压条，再将镜头光圈放在最大一档，使放大板上有较多的光量，以便聚焦。聚焦时，首先移动整个机头位置，而后调节上、下距离，这样反复操作，使所放大的结构，清晰地呈现在放大板上的压条以内。为了方便观察可运用聚焦器协助聚焦。此外，聚焦时还应注意电镜图像画面的选择，应注重布局和突出画面的重点。

(4) 选择相纸:根据电镜底片的密度和反差情况,选择合适型号的放大纸。

(5) 确定曝光条件:将镜头光圈缩小到 f/8～f/11 之间,使自动曝光器的曝光时间控制在 4～12 s 范围以内,为比较理想的曝光条件。为了得到可靠的曝光条件,可以采用“试验曝光法”。其操作步骤为:选择图像从明到暗层次比较丰富的位置,用选定的放大纸条,按不同的光圈和曝光时间进行曝光试验,然后根据显影结果加以选择。

(6) 曝光:将红色滤光片移至镜头下面,在裁好的放大纸的背面用铅笔写好光圈,曝光时间和光学放大倍数和底片编号等项目,再平放于所需放大的图像上,并用放大板压条压好。确认自动曝光器上的指针确为预选的曝光时间,关掉电源,称去滤光片,按动自动曝光器上的曝光按钮,进行曝光。

光学放大倍数的计算可在底片夹内贴放 1 cm 宽的纸条,经镜头聚焦后,它在放大板上所显示的宽度为 2 cm 时,其光学放大倍数即为 2 倍;若为 2.5 cm 时,其光学放大倍数即为 2.5 倍,以此类推。

对于有明显缺陷的底片,如有的底片局部有亮斑或暗斑,底片密度薄厚不均等。遮挡时需用一定工具,可将硬纸片剪成圆形、椭圆形状,在曝光过程中可将其遮挡于底片密度较低处,而且用手不断摇动遮挡底片,使其不形成“死影”。通过遮挡可以得到曝光均匀的照片。

(7) 显影:关于洗相时显影液与配方的选择,如果底片软(反差弱),就选择硬性显影液(高反差显影液);如果底片硬(反差强),就选择软性显影液;如果底片正常,则多用 D-72 显影液。在洗 SEM 相片时,一般都用高反差显影液,以得到反差较强的 SEM 的相片。

① 显影时间:相纸曝光以后,一般在投入显影液后 10～15 s 即可出现影像,2 min 左右显影即可结束。如果影像出现的快,可能与曝光时间长,药液浓度高,药液温度高等因素有关。如果影像出现的慢或不出现影像,则可能与曝光时间短、药液浓度低、药液温度低及相纸过期使用等因素有关。

如果曝光正常显影时间不足,显影后的照片必然色浅、无层次或无立体感;显影过度则影像灰暗、低沉,调子偏软,亦缺乏立体效果。如果曝光不足,只有底片薄的地方出现影像,而底片密度大的地方其影像则不能出现;如果曝光过度,影像出现快密度小的地方则全部变黑。

② 显影温度:照片显影温度,可控制在 18～20 ℃范围之内。若显影液温度偏低,则不能充分发挥显影作用,照片的反差偏低;显影液的温度偏高,则显影作用活跃,照片的反差偏高。一般使用水浴法调节显影液的温度,即将显影液放在 18～20 ℃的水盘中,切记不可将显影液盘直接放在电炉上加温。

③ 显影情况的判断:在红灯下判断照片的显影情况,需有一定实践经验。一般在红灯下观察照片上的结构,应比在白灯上看起来人深一些;若在红灯下观察照片上的结构色调正好,在白灯下观察就可出现显影不足的情况。此外,判断照片的显影情况要从全局出发,应照顾到整个画面,特别是照片比较亮的地方,其结构层次要充分显示出来。

(8) 停影、定影与水洗：照片停影、定影与水洗的方法与要求和冲洗底片相同。

(9) 上光：照片上光可在平板式或滚筒式“上光机”上进行。上光以前，一定把机器上的电镀板擦干净，而且不能带有水珠；上光时，应将照片上的水分尽量用处理干净，以免照片干燥后出现水纹。

第六节　翻拍技术与幻灯片的制作

翻拍技术与幻灯片的制作，是电镜暗室技术的重要组成部分，特别是利用电镜图像制作出来的幻灯片，在一定程度上反映了论文的质量，代表了电镜室的技术水平，所以不容忽视。

一、翻拍技术

翻拍就是把照片、底片、绘图、文件、表格及文字说明等，用照相的方法将其制成复制品，甚至还可以通过翻拍校正原件的某些缺点，使之更加完美。翻拍时可使用专用翻拍机，也可以使用单镜头反光相机加近拍镜或接圈，进行翻拍。翻拍后的底片，可用来洗成照片或制成幻灯片。

1. 翻拍需用的器材

现以最常用的单镜头反光相机进行翻拍的方法，加以介绍。

(1) 相机

翻拍时使用的相机，一般是单镜头反光相机。包括国产上海、广州 DF 相机，日本 Olympus、Canon、Nikon、Mamiya、135 单镜头反光相机等。一定要注意翻拍时不可用 135 “傻瓜”相机，因为这种相机不能人为控制翻拍条件。135 镜头反光照相机由以下部件组成。

① 镜头：由镜片、光圈和镜筒等组成，其作用是使被摄景物成像。

② 机身：用以结合和支持相机各部件。关闭其后盖可在机身后部形成一暗盒，以便安放胶卷。

③ 取景器：用来观察被摄景物，选取合适的拍摄范围和画面。位于机身的上方中央，由光学系统和金属框架组成。在取景器内多有自动曝光表用以指示拍摄景物时所用光圈(时间预先设定)。

④ 快门：用以控制曝光时间的长短。

⑤ 送片装置：其作用是将已曝光的胶片拉走，把未曝光的胶片输送到位，准备下一次拍照。目前，大多数相机送片装置与快门连动，即在输片过程中同时将快门上紧。

⑥ 计数器：是用来自动统计已摄胶片的张数。

⑦ 调焦装置：通过前后移动镜头，使焦点聚在胶片上，可得到清晰的影像。

⑧ 测距器：用来测量被摄景物的距离，不少相机测距与镜头调焦连动，当测准距离时其镜头位置亦同时调好。

⑨ 其他：许多相机还有闪光装置和自拍器等，用以连接闪光灯和进行景物的自拍。一些相机的机身上还有胶卷定数(DIN、GB)显示器，相机可据不同定数，自动改变曝光控制器内的条件。此外，一般135相机都有倒片装置，以使胶片照完以后将胶片倒回暗盒，然后取出冲洗。

(2) 镜头

分为广角镜头(短焦距镜头)、标准镜头、望远镜头(长焦距镜头)，近摄镜和近摄接圈。

焦距反映了镜头的聚焦能力，焦距短的镜头景物成像小，拍照范围大。焦距长的镜头景物成像大，拍摄范围小，相对孔径是指镜头的通光口径与焦距的比值，它决定了镜头的通光能力，其值越小，通光能力越强，如1∶2.8则较1∶3.5的镜头通光能力强。镜头的视场角也就是镜头拍摄景物的角度范围，标准镜头视场角一般为50°左右。

翻拍时，因属近距离拍摄，因所拍摄的对象均为静物，可以用较长的曝光时间，故镜头不需太大的相对孔径，一般在f/3.5～f/5之间即可。翻拍时尽量使用镜头的中央部位，故将光圈收缩到F8～15为宜。翻拍专用镜头主要有以下几种：

近拍镜(增距镜)：在最近拍摄距离不变的情况下，在上述翻拍镜头前面再加上近拍镜，可使原镜头的焦距增加数倍，因此能够得到较大的影像。例如，在1∶1，焦距50 mm的翻拍镜头上加一支2倍的近拍镜，便可拍得2∶1的照片，放大倍率则增加了一倍。

近摄接圈：此圈一套3～5个，环的薄厚不等，可独立使用或几个连在一起使用。将其安装于翻拍镜头的后面，起到增加翻拍镜头焦距的作用，当翻拍较小画面时，可以得到较大影像。

变焦镜头：该镜头变焦范围由广角至长焦，适应性强，镜头上都标有“Z00M”字样。其优点是可以随镜改变焦距，当改变画面大h可不必更换镜头。在它前面再加上近拍镜时，可拍摄很小的画面。当代生产的变焦镜头，都带有近拍设备，简称微距。

(3) 翻拍架

为一带有底盘的照相机支架。相机可在底盘一侧的支架上做上下移动，将画面落实在焦点上，以便定点拍照。

(4) 翻拍照明

翻拍时灯光照明极为重要，一般采用四个100～200 W带罩蛇皮灯，放在翻拍架四周照明。当拍照底片时，可在翻拍架的底盘上放一“X光观片灯”，将底片套好黑纸框后放在观片灯上，而后打开观片灯里的日光灯，即可进行拍照。

(5) 胶片

① 黑白正片(色盲片、拷贝片)：该片感光度较低，适用于翻拍书籍、文献、各种SEM和TEM图像。制作幻灯片。其特点是反差强，底片冲出后黑白分明，可增强画面的反差，暗红色灯为其冲洗时的安全灯。

② 全色片(黑白负片)：该片对各种颜色都能感受，其感光度较高，反差适中，分辨力高。适合拍照反差较强的SEM和TEM图像。暗绿色灯为安全灯。其感光度为GB21(DIN)。

③ 彩色负片：彩色负片的基本结构是在片基上，由下向上依次涂有感光色层(青色)、

黄滤光层、感绿光层(品红色)及感红光层(青色)。在片基背面涂有防光晕层。彩色负片有日光型和灯光型之分,并有不同的感光度。

④ 彩色反转片:其一般结构与其他多层彩色片基本相同,但各感色层之间涂有不起感光作用的胶体融层,以防各层间产生不必要的化学反应,可改善最后透明正像的彩色纯度。彩色反转片也分为日光型和灯光型。此类胶片所得结果为彩色透明正相,翻拍后即可用做彩色幻灯片。

2. 翻拍的基本操作程序

(1) 准备工作

包括相机及其所需镜头的选择、画面大小的确定以及灯光的布置等项准备工作。

(2) 确定曝光条件

根据选用的胶片不同确定曝光条件。若选用黑白正片,其一般曝光条件为光圈 11,时间 2 s;若选用黑白负片,其曝光条件为光圈 11,时间 1/8 s;如果选用彩负片和彩色反转片,则行定好 GB(DIN)数值后,再根据取景器内的自动曝光表选择适当的光圈和速度。

(3) 聚焦

依据画面的大小,选择不同的镜头,而后将焦点聚在画面上,并使画面充满整个视野。

(4) 曝光

在曝光前确认曝光条件是否正确,然后按压快门使胶片曝光。

(5) 卸胶卷

当整个胶卷照完以后,即将胶卷倒回到 135 暗盒中,再将暗盒拿到暗室中依照胶片性质进行冲洗。如为彩色负片和彩色反转片,可拿到照相专业商店进行冲洗和扩印。

3. 翻拍时的注意事项

(1) 避免相机震动

翻拍时一定要把相机固定在翻拍架上,在聚好焦点以后再旋紧翻拍架上的相机固定螺丝,以免相机滑动;此外,还应考虑室内外的震动源,如避免室内走动,室内电冰箱及其马达的开支和室外车辆的震动等。

(2) 照明要均匀

室内除翻拍照明外,不应有其他光源,更不能有其他光源照射在翻拍的画面上,否则在胶片上可形成多条的曝光点;此外,翻拍照明灯应布局均匀,其照明方向应与镜头成 45°角。

(3) 保持画面平整

翻拍时应使被摄画面、文字、图表与底片的表面相平行,如果被摄画面等有卷曲或不平现象,可用玻璃板将其压平后再拍照。

(4) 选用滤光镜

翻拍时,可根据被摄画面的不同情况及存在的缺陷,选用适当的滤光镜如被翻拍的图片变黄,可加用黄色滤光镜以消除黄底;如采用日光型彩色反转片在室内翻拍时,应加用雷登 80 滤光镜。

二、幻灯片的制作

幻灯片在电镜学术交流、技术讲座和电化教学等方面，有着广泛的用途。细胞超微结构相片、电镜技术图表、图像说明及参考文献等，都可以制成黑白和彩色的幻灯片。制作幻灯片的感光材料，主要包括黑白正片（色盲性、拷贝片）、彩色反转片，其性质与翻拍用材料相同。其中黑白正片是用来做拷贝用的，它可以和洗相片一样，从底片上将负相洗成正像——黑白幻灯片；必要时，也可以将用黑白正片拷贝下来的幻灯片，用调色液将其加工为各种颜色的调色片。彩色反转片则是在翻拍以后，用反转冲洗法经一次加工，即可得到正像。目前，幻灯片的规格一般均为135型，个别亦有制成40*40 mm大小的。

1. 黑白幻灯片的制作

(1) 制作幻灯底片

利用翻拍技术，首先将细胞超微结构照片、电镜技术图表等制成135黑白底片。

(2) 拷贝

135幻灯片制成以后，可用135黑白正片按以下方法进行拷贝（即复制，copy），制成黑白幻灯正片：

① 直接印相法：采用一般印相箱，和普通印相一样，将底片药膜面向上放于印相箱的玻璃板上，再在底片上放上拷贝用的黑白正片，定好时间（一般为2 s左右）曝光。每次可以拷贝2～3张。

② 拷贝机制片法：此法需用专用拷贝机进行连续印片，该拷贝机分大型拷贝机和普通手动拷贝机两种。一般电镜室用普通手动拷贝机即可。该机的操作方法为：在拷贝机上方的暗盒里装好拷贝片，把幻灯片（药膜面向上）放于拷贝机上方的曝光玻璃窗上，并对准需要拷贝的画面，将暗盒扣在幻灯底片上，用手轻压暗盒上方，定好曝光时间，按动曝光钮进行曝光，将暗盒抬起并向右侧转动一片拷贝片，而后拉幻灯底片，将下个准备拷贝的画片拉向曝光窗口。如需要制作数量较多的幻灯片，重复上述曝光动作即可。

③ 冲洗：将已拷贝的黑白正片用清水浸湿，再放入显影液（D-72）显影。显影时可在红灯下密切观察，当胶片背面显出影像后（约30 s左右），即刻用清水洗去药液，在停影液里稍放，即可转入定影液，而后再用流水冲片20～30 min，放暗凉处干燥。

④ 装片：将干燥后的幻灯按片剪下，插入幻灯片框内。插片时要注意画面的反正，并要求戴上尼龙手套操作，以免弄脏画面。

如需制成40×40 mm幻灯片，则可用TEM底片制作，其制作方法为：将有图像的电镜底片装入放大机内，用缩小办法把底片缩放到40×40 mm TEM底片上，即可得到所需幻灯片。

附录1　常用试剂的配制

一、缓冲液配制

(一) 磷酸盐缓冲液

1. 0.2 mol/L 磷酸盐缓冲液

甲液：0.2 mol/L 的磷酸氢二钠溶液

$Na_2HPO_4 \cdot 2H_2O$　　35.61 g

(或 $Na_2HPO_4 \cdot 7H_2O$)　　53.65 g

(或 $Na_2HPO_4 \cdot 12H_2O$)　　71.64 g

加蒸馏水溶解成　　1 000 mL

乙液：0.2 mol/L 的磷酸二氢钠溶液

$NaH_2PO_4 \cdot H_2O$　　27.60 g

(或 $NaH_2PO_4 \cdot 2H_2O$)　　31.21 g

加蒸馏水溶解成　　1 000 mL

按表1混合甲、乙两液即得所需 pH 的缓冲液。

表1　0.2 mol/L 磷酸盐缓冲液

pH	6.4	6.6	6.8	7.0	7.2	7.4
甲液(mL)	13.3	18.8	24.5	30.5	36.0	40.5
乙液(mL)	36.7	31.2	25.5	19.5	14.0	9.5

(按表1混合甲、乙两液后，若将溶液稀释到 100 mL，则配得 0.1 mol/L 的缓冲液)

2. 0.135 mol/L 磷酸盐缓冲液

$NaH_2PO_4 \cdot H_2O$　　2.98 g

$Na_2HPO_4 \cdot 7H_2O$　　30.40 g

本液 pH 为 7.35，渗透压为 0.298 Osm，适用于大白鼠肾脏的固定。

3. Millonig's 磷酸盐缓冲液

A 液：2.26% $NaH_2PO_4 \cdot H_2O$ 水溶液

B 液：2.52%NaOH 水溶液

C 液：5.40%葡萄糖水溶液

D 液：41.5 mL A 液加 8.5 mL B 液

最终液：5 mL C 液加 45 mL D 液

本液 pH 为 7.3，调节 D 液容积，可以改变 pH。

4. 高透性的磷酸盐缓冲液

$NaH_2PO_4 \cdot H_2O$	1.80 g
$Na_2HPO_4 \cdot 7H_2O$	23.25 g
NaCl	5.0 g
加蒸馏水至	1 000 mL

(二) 醋酸-巴比妥缓冲液

1. Palade 配方

储存液：巴比妥钠	2.89 g
无水醋酸钠	1.15 g
(或结晶醋酸钠)	1.90 g
加蒸馏水至	100 mL
最终缓冲液：储存液	5.0 mL
蒸馏水	15.0 mL
0.1 mol/L 盐酸(大约)	5.0 mL

2. Zetterguist 配方

缓冲液原液：巴比妥钠	2.94 g
结晶醋酸钠	1.94 g
加蒸馏水溶解成	100 mL
Ringer's 液：氯化钠	8.05 g
氯化钾	0.42 g
氯化钙	0.18 g
加蒸馏水溶解成	100 mL
最终缓冲液：缓冲液原液	10.0 mL
Ringer's 液	3.4 mL
蒸馏水	25 mL
0.1 mol/L 盐酸(大约)	11.0 mL

用盐酸将 pH 调至所需值，本液不稳定，不能长期保存。

3. Ryter 和 Kellenberger 配方

缓冲液原液：巴比妥钠	2.94 g
结晶醋酸钠	1.94 g
氯化钠	3.40 g
加蒸馏水溶解成	100 mL
最终缓冲液：缓冲液原液	5.0 mL
蒸馏水	13.0 mL
1.0 mol/L 氯化钙	0.25 mL
0.1 mol/L 盐酸(大约)	7.0 mL

用盐酸将 pH 调至所需值，本液易被细菌污染，应临用前配制。

(三) 0.2 mol/L 二甲砷酸盐缓冲液配方

甲液：二甲砷酸钠　　4.28 g

　　　蒸馏水加至　　100 mL

乙液：盐酸　　0.2 mol/L

按表 2 混合甲、乙两液后，将总容积用蒸馏水稀释成 200 mL，即可获得不同 pH 的缓冲液。

表 2　二甲砷酸钠缓冲液的配制

pH	6.4	6.6	6.8	7.0	7.2	7.4
甲液(mL)	50	50	50	50	50	50
乙液(mL)	18.3	13.3	9.3	6.3	4.2	2.7

本缓冲液比较稳定，不易生长细菌，可长期保存。

二、常用固定液配制

1. Palade 缓冲 OsO_4 固定液

　2% OsO_4 储存液：OsO_4(结晶)　　2 g

　　　　双蒸水　　100 mL

　最终固定液：2% OsO_4　　5 mL

　　　　醋酸-巴比妥缓冲液　　2 mL

　　　　双蒸水　　1 mL

　　　　0.1 mol/L 盐酸(大约)　　2 mL

本液的渗透压为 0.14 Osm，低于哺乳动物红细胞的渗透压(0.34 Osm)。

OsO_4 结晶一般封装在安瓿瓶中，有 0.1 g、0.5 g、1.0 g 三种包装。使用时，先用清水浸泡，洗去瓶上的标签，再用洗液浸泡，洗净所有的有机物，然后用蒸馏水洗净，并用干净的滤纸擦干。将洗净的安瓿瓶放入干净的磨口棕色试剂瓶中，盖上盖子，猛力摇荡，将安瓿瓶振破，最后加上所需数量的双蒸水，让其缓慢溶解。也可用划割安瓿瓶用的小砂轮划割安瓿瓶，使其断裂后，将四氧化锇连同安瓿瓶一起放入试剂瓶中，并加入所需蒸馏水。OsO_4 溶解缓慢，因此应在使用前几天配制。OsO_4 极易蒸发，其蒸气对皮肤、黏膜、角膜有强烈的固定作用，配制及使用时均应小心，一般应在通风橱中操作。溶液如变成棕色或褐色，则表示已失效。本试剂比较昂贵，应节约使用。

2. Sjostrand 等渗 OsO_4 固定液

(1) Ringer's 溶液(见 Zetterguist 配方)。

(2) 2% OsO_4 溶液。

(3) 醋酸-巴比妥缓冲液。

(4) 按表 3 配制所需固定液。

表 3　等渗 OsO_4 固定液配制

组成成分	温血动物(mL)	冷血动物(mL)
2% OsO_4	25	25
醋酸-巴比妥缓冲液	10	7.4
Ringer's 液	3.4	2.6
0.1 mol/L 盐酸	11.0	8.1
双蒸水加至	50	50

本固定液中加有电解质，是哺乳动物红细胞的等渗液，可以减少细胞器的肿胀。

3. Millonig 缓冲液- OsO_4 固定液

Millonig 磷酸缓冲液　　5 mL

2% OsO_4　　10 mL

用盐酸调 pH。本液固定均匀，能减少细胞质物质的渗出，较好地保存糖原和纤维状结构。

4. 其他的磷酸缓冲的 OsO_4 固定液

0.2 mol/L 磷酸缓冲液(pH 7.2～7.4)　　1 份

2% OsO_4　　1 份

5. 磷酸缓冲的戊二醛固定液(0.1 mol/L)

戊二醛固定液一般用磷酸缓冲液或二甲砷酸盐缓冲液配制，而不能用醋酸-巴比妥缓冲液配制，因后者会使醛基起化学反应而失效。

市售戊二醛多为25%水溶液，可按表 4 配制所需浓度的戊二醛固定液。

表 4　0.1 mol/L 磷酸缓冲戊二醛固定液的配制

戊二醛最终浓度(%)	1.0	1.5	2.0	2.5	3.0	4.0	5.0
0.2 mol/L 磷酸缓冲液(mL)	50	50	50	50	50	50	50
25%戊二醛溶液(mL)	4	6	8	10	12	16	20
双蒸水加至(mL)	100	100	100	100	100	100	100

6. 二甲砷酸钠缓冲戊二醛固定液(0.1 mol/L)

表 5　0.1 mol/L 二甲砷酸钠缓冲戊二醛固定液配制

戊二醛最终浓度(%)	1.0	1.5	2.0	2.5	3.0
0.2 mol/L 二甲砷酸钠缓冲液(mL)	50	50	50	50	50
25%戊二醛溶液(mL)	4	6	8	10	12
双蒸水加至(mL)	100	100	100	100	100

7. 多聚甲醛-戊二醛固定液

取 2 g 多聚甲醛粉末溶于 25 mL 蒸馏水，65 ℃下不断搅拌，加 1～3 滴 1 mol/L 氢氧化钠使溶液透明，冷却后加 5%戊二醛，加二甲砷酸盐或磷酸盐缓冲液（0.2 mol/L，pH 7.2～7.6）使总容积达 50 mL，并加 25 mg 无水氯化钙。混合液的 pH 为 7.2。本液对微管有良好的保存作用。

8. Luft 缓冲高锰酸钾固定液

1.2%高锰酸钾固定液	1 份
醋酸-巴比妥缓冲液	1 份

本液对脂蛋白有特别良好的固定作用，多用于神经髓鞘及叶绿体片层等膜状结构的固定，但对细胞中的颗粒性及纤维性结构保存不好。

三、包埋剂的配制

1. 甲基丙烯酸酯包埋剂配制

甲基丙烯酸甲酯（硬性）	1 份
甲基丙烯酸丁酯（软性）	9 份
过氧化苯甲酰（催化剂）	1%～1.5%

调节甲酯和丁酯的比例，即可调节包埋块的软硬度。为减少聚合损伤，将配好的包埋剂在 60～80 ℃温度下进行预聚合，边加热边摇动，并注意黏度的变化，直至变成黏稠的胶水状。

市售的甲基丙烯酸酯中加有氢醌以抑制自发的聚合作用，因此，使用前应去除氢醌。清除的方法是：在分液漏斗中加进等量的甲酯（或丁酯）和 2%NaOH 溶液，用力振荡片刻，氢醌即溶于 NaOH 并呈红色，分层于底部，弃去此部分溶液。反复操作几次，然后用蒸馏水洗 3～4 次除去 NaOH。最后用吸水剂（硅胶、无水硫酸铜或无水硫酸钠等）吸去残留水分并过滤备用。

也有人认为这个氢醌没必要去除，加大量催化剂（2%）——过氧化苯甲酰即可抵消它的抑制作用。

2. Epon812 包埋剂配方（Luft，1961）

A 液：Epon812	5 mL
DDSA	5 mL
B 液：Epon812	5 mL
MNA	7 mL
最终包埋剂 L	
A 液	13 mL
B 液	15 mL
DMP-30	16 滴

本包埋剂已证明无论对植物或是动物的材料都是优秀的。配制时每加入一种试剂必须搅拌 20 min，使用前将 A 液和 B 液混合，DMP-30 催化剂的量比较紧要，要按 1.5%～

2.0% 的比例加入。包埋前不能保存,应随配随用,并注意防潮。

A 液和 B 液的比例随季节不同可适当改变,A 液多则软,B 液多则硬。通常冬天使用 A∶B=1∶4,夏天使用 A∶B=1∶9 左右,为操作方便,可将 Epon812、DDSA、MNA 三种成分加在一起配制使用,最后再按比例加入 DMP-30(见表 6)。

表 6 国产 618# 树脂包埋剂配方 I

	比例数(%)	10 mL	20 mL	30 mL	40 mL	50 mL	60 mL	70 mL	80 mL
Epon812	51.64	5.16	10.33	15.49	20.66	25.82	30.98	36.15	41.31
DDS	5.37	0.537	1.07	1.61	2.15	2.69	3.22	3.76	4.30
MNA	42.99	4.30	8.60	12.90	17.20	21.50	25.79	30.09	34.39
DMP-30	1.50	0.15	0.30	0.45	0.60	0.75	0.90	1.05	1.20

3. 国产 618# 树脂包埋剂配方 I

树脂　　6 mL

DDSA　　4 mL

DMP-30　　0.1 mL

量取时精确到小数后一位即可。

618# 和 DDSA 用注射器量取,用磁搅拌器或玻棒充分搅拌均匀,然后逐滴加入 DMP-30,边滴边搅拌,加完后继续搅拌 5～10 min,这时溶液比较黏稠,可置于 37℃温箱使其变稀,令气泡逸出,必要时可用真空机抽气。用前半小时配制。

4. 国产 618# 树脂包埋剂配方 II

树脂　　6 mL

DDSA　　4 mL

DBP　　0.3～0.8 mL

DMP-30　　0.1～0.2 mL

本配方中加有增塑剂 DBP,切割性能优于配方 I。

5. ERl-4206(又名 Spurr 树脂)配方

VCD(vinyl cyclohexene dioxide)　　10.0 g

DER-736(diglycidyl ether of polypropyleneglyool)(增塑剂)　　6.0 g

NSA(nonenyl succinic anhydride)(固化剂)　　26.0 g

DMAE(dimethylaminoethanol)(催化剂)　　0.4 g

配制时,先将前三种成分混合均匀后再加催化剂。如欲快速聚合,催化剂可改用 DMP-30,在 70℃下 8 h 可完成聚合。在低温防潮状态下配好的包埋剂可保存几个月。改变 Spurr 配方中各成分的比例,可获得不同性能的配方(见表 7)。

表7 低黏度 Spurr 树脂包埋剂的配方

成分	A(坚固)	B(硬)	C(软)	D(快速)	E(混合时间长、黏度低)
VCD(g)	10.0	10.0	10.0	10.0	10.0
DER(g)-736	6.0	4.0	7.0	6.0	6.0
NSA(g)	26.0	26.0	26.0	26.0	26.0
DMAE(g)	0.4	0.4	0.4	1.0	0.2
聚合时间(h)	8	8	8	3	16
混合时间(天)	3～4	3～4	3～4	2	7

四、支持膜溶液配制

常用的支持膜用火棉胶或 Formvar 膜，它们的配制如表8。

表8 火棉胶膜和 Formvar 膜液的配制

溶 质	溶 剂	浓 度(%)
Formvar 膜	二氯乙烯或氯仿或二氯乙烷	0.2～0.5
火棉胶	醋酸戊酯或醋酸异戊酯	0.5～1

配制好的溶液置于棕色磨口瓶中保存，如制出来的膜太薄，可打开瓶盖，让溶液挥发一部分，以提高浓度；反之，则增加溶剂，以制出适当厚度的支持膜。

五、染色液的配制

1. 醋酸双氧铀的配制

醋酸双氧铀	2 g
50%乙醇	100 mL

本液呈淡黄色，应装在棕色瓶中避光保存，溶液一旦出现絮状沉淀或变成咖啡色或绿色时，则应废弃。本液有一定放射性，使用时切勿打翻染液瓶或将染液吸进体内，手上有伤时，应戴防护手套或最好不要操作。废液不要乱倒，要集中处理，以免造成环境污染。

2. 柠檬酸铅的配制(Reynolds，1963)

硝酸铅	1.33 g
柠檬酸钠(含2分子结晶水)	1.76 g
蒸馏水	30 mL

将上述成分放在50 mL容量瓶中，用力振荡1 min，然后间歇摇荡30 min，便生成乳白色柠檬酸铅混悬液(牛奶状)，再加入1 mol/L新鲜的 NaOH 溶液8 mL，溶液立即变成清亮透明，最后加蒸馏水至刻度，置冰箱保存。本液具有高碱性(pH约为12.0)，易与空气中的二氧化碳生成碳酸铅沉淀，在保存和使用过程中，应尽量减少与空气的接触。如发现溶液有沉淀，即应废弃，重新配制。

六、暗室常用药液配制

(一) 显影液的配制

1. D-72

温水(30～40 ℃)	750 mL
米吐尔	3.1 g
无水碳酸钠	45 g
几奴尼	12 g
无水碳酸钾	67.5 g
溴化钾	1.9 g
加冷水至	1 000 mL

显影时间:2～3 min;显影温度:20 ℃左右。此液用于印相(如用10份水稀释后,也可用于显影胶卷)。

2. D-20

温水(30～40 ℃)	750 mL
米吐尔	5 g
无水碳酸钠	100 g
偏硼酸钠	2 g
硫氰酸钠	1 g
溴化钾	0.5 g
加冷水至	1 000 mL

显影时间:10～15 min;显影温度:20℃左右。

3. D-76

温水(50 ℃)	750 mL
米吐尔	2 g
无水亚硫酸钠	100 g
几奴尼	5 g
硼砂	2 g
加冷水至	1 000 mL

显影时间:6～10 min;显影温度:20 ℃左右。多用于底片显影,也可用于弱反差底片的印相显影。

4. D-76补充液

温水(50 ℃)	750 mL
米吐尔	3 g
无水亚硫酸钠	100 g
对苯二酚	7.5 g
硼砂	20 g

加冷水至	1 000 mL

此液可在 D-76 每次显影完胶卷后加入 50 mL 左右，即可延长 D-76 使用时间并保证显影质量。

(二) 定影液的配制

1. 酸性定影液

温水(20～30 ℃)	700 mL
硫代硫酸钠	250 g
无水亚硫酸钠	20 g
加冷水至	1 000 mL

2. F-5 酸性坚膜定影液

温水(20～30 ℃)	700 mL
硫代硫酸钠	240 g
无水亚硫酸钠	15 g
乙酸(28%)	45 mL
硼酸	7.5 g
硫酸铝钾	15 g
加冷水至	1 000 mL

附录 2　电镜常用的危险性试剂

常用的电镜试剂对人体和环境都有危害，且有的易燃。为了消除危险性，在使用和保管试剂时，请参考表中资料，以便对危险试剂的特性有充分的了解。

药名	用途	危险品分类	毒性	急性中毒症状	慢性中毒症状	注意事项
环氧树脂 DDSA MNA	包埋	危险品				防止接触皮肤
DMP-30	包埋	同上	致癌		皮肤癌、喉癌	防止吸入蒸气，防止接触皮肤
二甲基亚砜	防水晶	同上				
甘油	防水晶	同上				
甲醛	固定	同上	激烈刺激	是强烈刺激性气体。作用于鼻、眼、呼吸道黏膜可引起结膜炎、支气管炎和皮肤坏死	结膜炎，鼻咽炎，皮炎	防止吸入蒸气，防止被照射和被引火
戊二醛	固定	消防法第四类	致癌	其蒸气对眼有强烈刺激性，吸入蒸气刺激黏膜，直接接触刺激皮肤		防止吸入蒸气，防止被照射
二甲苯	脱脂	同上	剧烈刺激	麻醉作用		防止吸入蒸气和被照射
冰醋酸	定影	同上		接触和吸入蒸气都会破坏皮肤、黏膜、角膜、结膜；特别是直接接触到眼，有失明的危险	持续吸入蒸气，腐蚀骨髓，引起腭骨坏死、咽喉炎、慢性咳嗽、支气管炎、哮喘、结膜炎	防止吸入蒸气，防止被照射、被引火
氧化丙烯	置换	危险品	致癌			防止吸入蒸气和着火
丙烯醛	固定	同上	剧烈刺激	蒸气对眼和呼吸道黏膜有强烈刺激性。由于接触刺激皮肤，可引发水泡或造成烧伤		防止吸入蒸气，防止被照射、被引火

(续表)

药名	用途	危险品分类	毒性	急性中毒症状	慢性中毒症状	注意事项
丙酮	脱水	同上		刺激眼、鼻和呼吸道,有麻醉作用		防止吸入蒸气,防火
甲苯	膜溶液	同上		头痛,食欲不振,强麻醉作用,大量吸入可致死	大细胞贫血,肠胃中枢神经损伤	防止吸入蒸气,防火
铁氰化钾	调色幻灯片		剧毒	轻者黏膜刺激症状:头痛、眩晕、恶心、呕吐;重者昏迷、痉挛、放射消失、呼吸障碍	神经系统有关症状	防止接触和吸入
苯	脱脂	危险品	致癌	吸入时毒性强,刺激中枢神经系统	骨髓造血功能不全,出血性疾患贫血,黏膜刺激症状	防止吸入蒸气,防火
二氯乙烯	膜溶液	同上		吸入引起头痛、兴奋,大量吸入麻醉,损害肝、肾	食欲减退,恶心,呕吐,腹痛,眼球震颤,面肌震颤	防止吸入蒸气,防火
乙醇	脱水					防着火
丁醇	干燥	危险品		蒸气刺激眼和呼吸道,引起头痛、头晕、角膜炎		防止吸入蒸气,防止被照射、被引火
甲醇	脱水	同上	剧烈刺激			防止着火
火棉胶	支持膜	同上				防止着火
乙醛	固定	同上		对眼、鼻、咽喉、黏膜有强烈的刺激,造成意识障碍	肝损伤,皮炎,结膜炎	防止着火
苦味酸	固定	同上		吸入蒸气,刺激眼、鼻、口腔、黏膜和呼吸道		防止吸入蒸气,防止被照射、被引火
吡啶		同上		损伤眼、黏膜皮肤和中枢神经系统		防止吸入蒸气,防止着火
醋酸异戊酯	置换	同上		吸入蒸气有麻醉作用,引起声带水肿,直接接触刺激皮肤		防止吸入蒸气
醋酸乙烯		同上		黏膜刺激性,麻醉性	可引起肺、肾疾病和血液病	防止吸入蒸气
金属钠	脱树脂	同上	剧烈	接触皮肤有强烈腐蚀作用		与水接触会爆炸,防止接触皮肤

（续表）

药名	用途	危险品分类	毒性	急性中毒症状	慢性中毒症状	注意事项
液氮、液氨、液态 CO_2	冷冻干燥	高压气体		冻伤		防冻伤
液化丙烯气	冷冻	高压可燃气		冻伤		防冻伤，防气化、燃烧、爆炸
高锰酸钾	固定，染色	危险品（消防法第1类）		蒸气损害轻微，接触皮肤、黏膜有强大腐蚀性	对皮肤黏膜有腐蚀作用	防爆炸、分解
硝酸		同上	剧烈	经口吸入引起便血，嗜睡，震颤运动失调	脱毛，多发性神经病	防止吸入、接触和着火
硫酸		同上	剧烈	同上且更剧烈	同上且更剧烈	同上
醋酸铀 甲酸铀	电子染色	核燃料	剧烈	吸入粉尘有窒息感，咳嗽，胸痛，肺水肿，铀性肾病，皮炎，接触性粉尘引起角膜肿瘤	肺损伤，肾损伤	防止吸入粉尘
枸橼酸铅 硝酸铅 醋酸铅	电子染色，细胞化学		剧烈品、致癌	粉末可经消化道或皮肤伤口吸收引起口腔和胸部灼热感，消化系统症状，血压下降，少尿，痉挛，昏迷，甚至死亡	灼热感，消化系统症状，血压下降，少尿，痉挛，昏迷，皮肤线状色素沉着，铅中毒性腹绞痛，红细胞碱性点滴，铅中毒性脑病	防止吸入粉尘
重铬酸钾			剧烈品、致癌	刺激皮肤黏膜，经口吸收的毒性可引起中毒性肾炎和消化道损伤	腐蚀黏膜，皮炎，穿孔性溃疡，变态反应性皮炎，鼻中隔穿孔，肺癌发生率增高	防止吸入蒸气，防止被照射
四氧化锇	固定		剧毒、致癌	接触和蒸气都能破坏皮肤、黏膜、角膜、结膜，特别是接触到眼，有造成失明的危险	持续性吸入蒸气可以腐蚀牙髓，造成腭骨坏死，咽喉炎，慢性咳嗽，支气管炎，哮喘	防止吸入蒸气和接触、被照射
二甲砷酸钠	缓冲液		剧毒	吸入粉尘可致呼吸困难、肺水肿，由黏膜吸收	多发性神经病，色素沉着，肾损伤，肝硬化	防止皮肤接触吸收砷
氨			剧烈刺激	蒸气刺激皮肤、眼、呼吸道引起呼吸道水肿，接触可造成Ⅰ°～Ⅱ°烧伤，眼睑水肿，角膜浑浊，白内障，睫状肌视网膜萎缩，感觉障碍	吸入引起的后遗症为声音嘶哑，慢性喉炎感觉障碍	防止吸入蒸气，防止接触皮肤

（续表）

药名	用途	危险品分类	毒性	急性中毒症状	慢性中毒症状	注意事项
氯仿	膜溶液，麻醉		剧烈刺激	麻醉作用，损伤心、肝、肾		防止吸入蒸气
氟化氢	溶玻璃		剧毒	接触皮肤引起剧痛并向皮内浸透腐蚀		防止接触
聚四氟乙烯气	去尘埃		破坏环境			
三氯乙烷	膜溶液		致癌	损害肝、肾		防止吸入蒸气
巴比妥钠	缓冲液			吸入有麻醉作用		防止吸入蒸气
聚甲醛	固定		剧烈刺激	刺激眼、鼻、呼吸道黏膜，引起结膜炎，支气管炎，皮肤坏死	湿疹	防止吸入蒸气和防止被照射
酚			剧烈刺激	由于接触引起皮肤黏膜烧伤	由于皮肤、黏膜、呼吸道吸收，可引起全身倦怠，头痛，头晕，呕吐	防止皮肤接触和吸入蒸气
甲酰胺	截面展开		剧烈刺激			
对苯二酚	显影液			刺激眼和呼吸道	皮肤和眼的色素沉着	防止皮肤接触和吸入蒸气
米吐尔	显影液			吸入蒸气引起头痛，胃痛	皮炎	防止皮肤接触和吸入蒸气
氯化汞	辅助显影		毒物	粉尘可由黏膜、呼吸道、消化道、皮肤接触而吸收，引起呼吸道、口腔黏膜刺激症状，头晕，腹泻，语言障碍，肾损伤	影响消化系统，肾损伤，抑郁状态，幻觉，皮疹	防止吸入粉尘
单宁酸	固定，导电，染色					
硼酸	染色，显影液			皮肤接触引起红斑、表皮脱落	皮肤接触引起脱屑性瘙痒性皮炎	防止接触皮肤
草酸			剧烈刺激		长期吸入引起胃出血，肾损伤	防止吸入蒸气
盐酸	调整pH，溶解组织		剧烈刺激	接触和蒸气都能破坏皮肤黏膜、角膜、结膜，特别是接触到眼睛，有失明的危险	持续吸入蒸气引起牙髓腐蚀，腭骨坏死，咽喉炎，慢性咳嗽，支气管炎，哮喘，结膜炎	防止皮肤接触、吸入蒸气和被照射

（续表）

药名	用途	危险品分类	毒性	急性中毒症状	慢性中毒症状	注意事项
氢氧化钠 氢氧化钾	脱树脂，溶解组织		剧烈刺激	接触和蒸气都能破坏皮肤黏膜、角膜、结膜，特别是接触到眼，有失明的危险	长期接触引起慢性皮炎	防止接触皮肤
氢氧化钡			剧烈刺激	经口吸收引起肌肉（包括心肌）痉挛		防止入口
甲基丙烯酸树脂	脱水，包埋					

附录3 英汉名词对照

aberration 像差
absorbed electron 吸收电子
absorption 吸收
accelerating high voltage 加速高压
accelerator 加速剂
acetone 丙酮
acid phosphatase 酸性磷酸酶
acrolein 丙烯醛
actin 肌动蛋白
active 活动的
adenylate cyclase 腺苷酸环化酶
adjustment 调节
AE 俄歇电子
air compressor 空气压缩机
air drying 空气干燥
airlock 气锁
Airy disk 爱里圆盘
AKP(alkaline phosphatase) 碱性磷酸酶
alignment 对中合轴
ammonium acetate 醋酸铵
amplitude 振幅
amplitude contrast 振幅反差
analysis electron microscope 分析电子显微镜
angle of knife 刀角
angstrom 埃(Å)
annular detector 环形检测器
anode 阳极
anticontaminator 防污染器
antibody 抗体
antigen 抗原
aperture 光阑
Araldite resin 一种环氧树脂
artifacts 人为假象
assembly electrode 电极对
astigmatism 像散
astigmatism correction 像散校正
atom 原子
ATPase(adenosine triphosphataes) 三磷腺苷酶
autofocus 自动聚焦
autolysosome 自溶酶体
automatic focusing enlarger 自动调焦放大机
automatic voltage regulator 自动稳压器
autophagy 自溶、自噬作用
autophagocytic vacuble 自噬泡
autoradiography 放射自显影术
axis 轴
BAB 溴代十二烷基二甲基苄基胺
BAC 氯化羟基二甲基苄基胺
back focal plane 后焦面
back reflected electron 背反射电子
back scattered electron 背散射电子
bacteria 细菌
baffle 挡板
band 暗带
BC(basal cell) 基底细胞
BDMA(benzyldimethylamine) 苄基二甲胺

BE 背散射电子
beam 电子束
beam alignment coil 电子束合轴线圈
beam cross-over 电子束交叉斑
beam current 电子束流
BEEM capsules 一种塑料包埋囊
bell-jar 钟形罩
BM(basement membrane) 基膜
benzil activator 二苯基乙醇酮
bias voltage 偏压
biomembrane 生物膜
binoculars 双镜筒
bleb 泡
blok staining 块染
block trimming 修块
brightness 亮度
BSA(bovine serum albumin) 牛血清白蛋白

buffer 缓冲
buffer solution 缓冲液
cacodylate duffer 二甲砷酸盐缓冲液
camera 照相机
camera chamber 照相室
camera length 相机长度
Cap(capimary) 毛细血管
capsule 胶囊
carbon-coated grid 碳膜载网
carbon dioxide 二氧化碳
carbon film 碳膜
catalase 过氧化氢酶
cathode 阴极
cathodoluminescence 阴极荧光
caustic spot 焦散斑
cell 细胞
cell membrane 细胞膜
cell wall 细胞壁
cellophane tape 胶带
central beam stop aperture 中心束遮挡光阑
centrifugation 离心
characteristic line 特征谱线
characteristic X-ray 特征 X 射线
chatter 颤痕
chemical fixation 化学固定
chloroform 氯仿
chromatin 染色质
chromatism(or chromatic abeeration) 色差
chromium 铬
chromsome 染色体
cilia 纤毛
clearance angle 间隙角
clearance(or tilt angle) 倾斜角
clumping 凝集法
coil 线圈
cold cathode light source 冷阴极光源
cold stage 冷台
cold trap 冷阱
collidine buffer 可力丁缓冲液
collodion coated grids 火棉胶膜载网
colloidal gold 胶体金
column 镜筒
column cleanliness 镜筒清洗
condenser aperture 聚光镜光阑
condenser lens 聚光镜
conducting adhesives 导电胶
contamination 污染
contrast 衬度,反差
control 对照,控制
control panel 控制面板
convergent beam diffraction 会聚束衍射
coolants 冷却剂
cooling water conditioner 冷却循环水装置

copper grids 铜网
critical point dryer 临界点干燥仪
critical point drying 临界点干燥
cross-link 交联
crosslinking agents 交联剂
crossover 相交
CRT(cathode ray tube) 阴极射线管，显像管
cryofixation 冷冻固定
cryogen 冷冻剂
cryoprotecting agent 冷冻保护剂
cryosection 冷冻切片
cryoultramicrotome 冰冻超薄切片机
CSC(cementing substance) 黏合质
current center 电流中心
cutting speed 切片速度
Cy(cytoplasm) 细胞质
cytochalasin 细胞松弛素
cytochrome c 细胞色素 C
cytochrome oxidase 细胞色素氧化酶
cytolysosome 细胞溶酶体
cytoskeleton 细胞骨架
D(space of disse)disse 间隙(肝)
DAB(diaminobenzidine) 氨基联苯胺
damage 损伤
dark field image 暗场像
darkroom 暗室
DEAE(diethylaminoethanol; sephadex) 葡聚糖凝胶
diethyl-amino ethyl dextran 二乙氨乙基葡聚糖
DEAE-cellulose(diethyl aminoe-thyl cellulose) 二乙胺乙基纤维素、DEAE 纤维素
decoration 修饰法
DDSA(dodecenyl succinic anhyd-ride) 十二烷基琥珀酸酐
deflection coil 偏转线圈
defocus 散焦
dehydration 脱水
dense body 致密体
density 密度
depth of field 场深
depth of focus 焦深
DER 736 一种环氧树脂
detector 检测器
development 显影
Dewar vessel 杜瓦瓶
3,3′-diaminobenzidine 3,3′-二氨基联苯胺
DIECA 二乙基硫氨基甲酸钠
diffraction 衍射
diffusion pump 扩散泵
DMAE(dimethylaminoethanol) 二甲氨基乙醇
DMP-30(2,4,6-dridimethylamino methyl phenol)2,4,6-三(二甲氨基甲基苯酚)
DMSO(dimethylsulphoxide) 二甲(基)亚砜
DNA 脱氧核糖核酸
DNase(deoxyribonuclease) 脱氧核糖核酸酶
displacement 移位
display 显示
distillated water 双蒸水
distortion 畸变
double condenser lens 双聚光镜
double fixation 双固定
double-stick tape 双面胶带纸
drift 漂移
EC(endothelial cell) 内皮细胞
EDTA(ethylenediamine tetraace-tic acid) 乙二胺四乙酸

EDS(energy dispersive spectrometer) 能谱仪
EDX(energy dispersive X-rayspectrum) 能量分析法
EF face(extracellular fracture face) EF 面,外片劈裂面
EGTA 乙烯双氧乙烯氮基四醋酸,乙二醇四乙酸
elastic scatter 弹性散射
EDS(energy dispersive spectromete) 能普仪
electromagnetic field 电磁场
electronic wave 电子波
electron autoradiography 电子放射自显影
electron beam 电子束
electron bombardment 电子轰击
electron channel effect 电子通道效应
electron computer 电子计算机
electron dense material 电子致密物
electron diffraction 电子衍射
electron gun 电子枪
electron micrograph 电子显微镜照片
electron microscope 电子显微镜
electron microscopy 电子显微术
electron probe 电子探针
electron scattering 电子散射
electron stain 电子染色
electrostatic lens 静电透镜
elestically scattered electron 弹性散射电子
embedding 包埋
embedding media 包埋剂
emission 激发
emission source 激发源
empty magnification 空放大
emulsion 乳胶
endoplasmic half 内质片
endoplasmic reticulum 内质网
energy analyzer 能量分析
energy losses 能量损失
environmental chamber 环境小室
enzyme labelled antibody 酶标抗体
EP(endothelial pore) 内皮细胞孔
Epon resin 一种环氧树脂
ERL-4206 resin 一种低黏度环氧树脂
ES surface(extracellular surface) ES 面(外片亲水面)
etching 蚀刻
ethanol 乙醇
Eu(euchromatin) 常染色质
evaporated carbon film 喷镀碳膜
evaporator 真空喷镀仪
exposure 曝光
expoxy resins 环氧树脂
feedback 进给
ferritin 铁蛋白
ferritin-labelled antibody 铁蛋白标记抗体
field emission gun 场发射电子枪
filament 灯丝
film 底片,胶卷
fine grain development 微粒显影
fine structure 微细结构
first condenser 第一聚光镜
fixation 固定,定影
fixative 固定剂
flat embedding silicone rubber mold 平板包埋硅橡胶模
fluorescent light 荧光灯
fluorescent screen 荧光屏
focal length 焦长
focal plane 焦平面
focal point 焦点
focus 聚焦
formaldehyde 甲醛

formalin 福尔马林
formvar 福尔莫瓦膜
formvar-carbon-coated grid 福尔莫瓦碳膜载网
Fourier trasform 傅里叶变换
freeze-drying 冰冻干燥
freeze-etch 冰冻蚀刻
freeze-fracturing 冰冻断裂
freeze-replica 冰冻复型
freeze-substitution 冰冻置换
freeze-sectioning 冰冻切片
freezing 冰冻
freon 氟利昂
Fresnel fringe 费涅尔环
G(Golgi complex) 高尔基复合体
G · A(glutaraldehyde) 戊二醛
gamma control γ 灰度控制
gauges 规管
glass knife 玻璃刀
glucose 葡萄糖
glucose-6-phosphatase 葡萄糖-6-磷酸酶
glycerol 甘油
GMA(glycolmethacrylate) 乙二醇甲基丙烯酸酯
gold chloride 氯金酸
gold grids 金载网
goldpalledium 金靶
Golgi body 高尔基体
goniometer 测角器
graded strengths of acetone 丙酮梯度液
graded strengths of alcohol 乙醇梯度液
grain 微粒
grain of matallic silver 银粒
graphitised carbon black 石墨化炭黑
grid 载网
gun 枪
GV(Golgi veside) 高尔基小泡
hairpin filament 发叉形灯丝
half distance 半距离
half radius 半半径
hardener 硬化剂
He(heterochromatin) 异染色质
heater 加热器
height of filament 灯丝高度
heterolysosome 异溶酶体
heterophagy 异吞噬
high dispersion diffraction 高分散衍射
high resolution diffraction 高分辨衍射
high resolution operation 高分辨率操作
high vacuum 高真空
high voltage 高压
histochemistry 组织化学
HPMA(hydroxypropyle methacrylate)羟丙基甲基丙烯酸酯
HRP(horseradish peroxidase) 辣根过氧化物酶
HVEM (high voltage electron microscope) 高压电镜
ice crystal 冰晶
Ic(Intracellular canaliculi) 细胞内小管
Ij(Inferdigitation junction) 镶嵌连接
IEM(immnuno electron microscopy) 免疫电镜技术
illumination source 照明源
illuminating system 照明系统
image 图像
image analysis and treatment 图像分析和处理
image drift 图像漂移
image display system 图像显示系统
image formation system 图像形成系统，成像
image interpretation 图像识别
image inversion 图像反转

image recording 图像记录
image rotation 图像旋转
image translating system 图像翻译系统
image viewing 图像观察
image wobbler 图像摇摆器
immersion methods 浸渍法
immersion objective lens 浸没物镜
immunoenzyme 免疫酶
immunoglobulin G 免疫球蛋白 G
immuno gold 免疫金
in situ fixation 原位固定
inactive 不活动的
incident electron 入射电子
inclusion 包含物
inelastic scatter 非弹性散射
infiltration 渗透,浸润
infocus 正焦
information 信息
intensity 增强
interference 相干
interference color 干涉色
interfilamends 中间纤维
intermediate lens 中间镜
intermediate (or transitional) solvent 中间(转换)液
intracellular 细胞内
ion diffusion 离子扩散
ion localization 离子定位
ion pump 离子泵
ion sputter coater 离子溅射仪
ionization 电离
IS(intercellular space)细胞腔
ISEM 免疫吸附电镜法
ISU(intercellular substance) 细胞间质
isoelectric point of proteins 蛋白质等电点
karyolysis 核溶解
karyorrhexis 核破裂
keyboard 键盘
knife boats 刀槽
knife mark 刀痕
knifemaker 制刀机
knob 旋钮
KPT 磷钨酸钾
label 标记
LaB6(lanthanum hexaboride filament)六硼化镧灯丝
lamellipodia 皱褶,薄板状伪足
lanthanum 镧
latent image 潜影
lattice resolution 晶格分辨率
LD(lipid droplet) 脂滴
lead citrate 柠檬酸铅
length despersive X-ray spectrum 波谱分析法
lens 透镜
light microscope 光学显微镜
lipase 脂酶
liprofnscin 脂褐质
liquid carbon dioxide 液态二氧化碳
liquid nitrogen 液氮
liquid nitrogen slush 液氮米酮
loop methods 套环法
low magnification operation 低倍操作
low viscosity 低黏度
Lowicry K_4M 一种低温包埋剂
LV(large veside)大泡(高尔基体)
LY(lysosome) 溶酶体
M(mitochondria) 线粒体
magnetic field 磁场
magnetic lens 磁透镜
magnification 放大倍数
Maraglas 一种环氧树脂
mass density 质量密度

metal shadow 金属投影
maximum contrast focusing 最大反差法聚焦
maximum useful magnification 有效放大率
MB(multivesicular body) 多泡体
MC(microfilament)微丝
ME(medulla) 髓质(肾)
mechanical rotry pump 机械泵
melanin 黑色素
membrane 膜
metal evaporation 金属蒸发
methacrylate 甲基丙烯酸酯
MF(myofilament) 肌微丝
MG(mucousgranule) 粘原颗粒
MI(M line) M 线(肌纤维)
microanalysis 显微分析
microbody 微体
micro-beam diffraction 微束衍射
microbodies 微体
microfilament 微丝
microrige 微嵴网
microscope 显微镜
microscope column 镜筒
microtome 切片机
microtubule 微管
minimum contrast focusing 最小反差法聚焦
mitochondria 线粒体
MNA (methyl nadic anhydride) 甲基内次甲基邻苯二甲酸酐
modulator 调制器
molecular 分子
molybdenum boat 钼舟
monitor 监视器
monomer 单体
morphometry 形态计量学
MT(microtubule) 微管
muscular fibrille 肌原纤维
MV(microvinus) 微绒毛
MY(myelin sheath) 髓鞘
MYF(myofibvil) 肌原纤维
myosin filaments 肌球蛋白的微丝
N(Nucleus)细胞膜
NaPT 磷钨酸钠
NBT(notroblne teta tetrazolium) Nitro-BT 四唑氮蓝,氮蓝四唑
negative stain 负染
nickel grids 镍载网
NM(nuclear membrane) 核膜
noise 噪声
NP(nuclear pore)核孔
NSA(nonenylsuccinic anhyaride) 壬烯基丁二酸酐
Nu(nucleolus) 核仁
nuclear bodies 核小体
nuclear emulsion 核乳胶
nucleic acid 核酸
nucleoid 核样体
nucleolar mangination 核体迁移
nucleoloneme 核仁体
nucleus 细胞核
nuclopore 核孔
numerical density 数密度
numerical density on area 面数密度
objective lens 物镜
oil diffusion pump 油扩散泵
oil tank 油箱
O-PD (o-phenylenediaming) 邻苯二胺
operation 操作
optical diffraction 光学衍射
optical diffractometer 光学衍射仪
optical filtering 光学滤波
optimum underfocus 最佳欠焦

orientation 定位
O-ring O形垫圈
oscilloscope 示波器
osmium black 锇黑
osmium tetroxide 四氧化锇
osmium vapour 锇蒸气
osmosis 渗透作用
osmotic pressure 渗透压
OTO technique OTO 导电染色技术
overfocus 过焦
PAGE 聚丙烯酰胺凝胶电泳
paraffin 石蜡
parafilm 蜡膜
paraformaldehyde 多聚甲醛
parlodion 帕罗丁
pars amorpha 无定形部
pars fibrosa 纤维部
pars granulosa 颗粒部
particles 粒子
PBS(phosphate buffered saline solution) 磷酸(盐)缓冲盐水
PDB 对二氯苯
PEG(polydthylene glycol)聚乙二醇
penetration 渗透,穿透
Penning gause 潘宁规
periodic stiucture 周期结构
peroxidase 过氧化物酶
PF face (protoplasmic fracture face) 原浆面
phage 噬菌体
phase 相位
phase contrast 相位反差
phosphate buffer 磷酸缓冲液
photomultiplier tube 光电倍增管
photography 照片
PIPES 哌嗪-N，N′-双(2-乙烷磺酸)-钠盐
Pirani gause 皮喇尼规
plasma membrane 质膜
plasmodesmata 胞间连丝
plasticizer 增塑剂
plastic ring 塑料小环
plastid 质粒
platina 铂
platinum-iridium 铂-铱合金
PLP (periodate lysine and para-maldehyde) 过碘酸盐,赖氨酸和仲甲醛
pointed filament 点状灯丝
polepiece 极靴
polymerization 聚合作用
positive stain 正染色
postfixation 后固定
postlysosome 后溶酶体
potassinm permanganate 高锰酸钾
prelysosome 前溶酶体
primary fixation 前固定
primary lysosome 初级溶酶体
principle focal plane (or Gauss plane) 主焦面
projector lens 投影镜
propane 丙烷
propylene oxid 环氧丙烷
protect cryogen 冷冻保护剂
protein 蛋白质
protein A 蛋白 A
protein monolayer technique 蛋白质单分子展层技术
protein monoclecular layer 蛋白质单分子层
protolysosome 原溶酶体
protoplasmic half 胞质片
PS surface (protoplasmic surface) 胞质片的亲水面
PTA (phosphotungstic acid) 磷钨酸

pump 泵
PVP(polyving lpyrrolidone) 聚乙烯吡咯酮
pyknosis 固缩、皱缩
Quetol 651 一种环氧树脂包埋剂
quickalignment check 快速合轴检查
α-rays α 射线
β-rays β 射线
γ-rays γ 射线
radiation 辐射，放射
radiation damage 辐射损伤
radioactive 放射性
radioactive source 放射源
radioisotope 放射性同位素
raster 光栅
ray 射线
refraction 折射
regulator 稳定器，稳压器
replica 复型
residual body 残余体
resins 清洗
resolving power 分辨本领
resolution 分辨率
RNA 核糖核酸
RNase (ribonuclease)牛胰核糖核酸酶
riboaomes 核糖体
roll film 胶卷
rotary shadowing 旋转投影
rotary pump 旋转泵
roughing vacuum 粗真空
rpm 转/分，每分钟转数
Rs(ribosome) 核糖体
ruffles 皱褶
ruthenium red 钌红
S(space) 间隙
saft light 安全光
saponi 皂素
saturation of filament 灯丝饱和点
SC(Schwann cell) Schucmn 细胞
scanning 扫描
SEM(scanning electron microscope) 扫描电子显微镜
scatter 散射
scattered transmitted electron 散射透过电子
S-collidine 三甲基嘧啶，可力丁
screen 屏
second condenser 第二聚光镜
SE(secondary electron) 二次电子
SER(smoth surfaced encloplasmic reticulum) 滑面内质网
secondary electron detector 二次电子检测器
secondary fixation 固定
secondary fluorescence 二次荧光，次级荧光
secondary lysosom 次级溶酶体
secondary X-rays 二次 X 射线
section 切片
selected area diffraction 选区衍射
selected area magnification 选区放大
selective staining 选择性放大，选择性染色
self-bias 自偏压
semithin sections 半薄切片
sensitivity center 敏化中心
sensitizer 敏化剂
sephadex 葡聚糖凝胶
sepharose 琼脂糖凝胶
serial section 连续切片
shadow 投影
shield 屏蔽
shrinkage of specimen 样品收缩
shutter 快门

side entry type 侧插式
signal 信号
signal amplification 信号放大
silica gel 硅胶
silicotungstic acid 硅钨酸
silver bromide crystal 溴化银晶体
S/N(signal/noise ratio) 信噪比
soft iron 软铁
solid carbon dioxide 固态二氧化碳，干冰
solution 溶液
SPA(staphylococcal protein A)葡萄球菌蛋白 A
spatial frequency 空间频率
specific activity 比放射性
specific antibody 特异抗体
specificity 特异性
specimen 样品
specimen airlock 样品室气锁

specimen block 样品块
specimen drift 样品漂移
specimen holder 样品杆
specimen preparation 样品制备
specimen stage 样品台
spectral resolution 空间分辨率
spherical aberration 球差
spot size 光斑尺寸
spreading agent 扩展剂
Spurr resin 一种低黏度树脂
sputter coating 溅射
sputter coater 溅射仪
sputter-ion pump 溅射离子泵
stain 染色
STEM (scanning transmission electron-microscope) 扫描透射电子显微镜
stereo pair 立体对
stereoscope 立体镜
stereo viewing 立体观察
stigmator 消像散器
structure 结构
sublimation 升华
substructure 亚微结构
sucrose 蔗糖
supplies stability 电源稳定度
support film 支持膜
support grid 载网
surface examination 表面观察
surface tension force 表面张力
suspension 悬浮液
switching off 关闭
switching on 开启
syringe 注射器
tale powder 滑石粉
tannic acid 单宁酸、鞣酸
target metal 靶金属
TBS (triethanolamine-buffered saline solution) 三乙醇胺缓冲液
TCT (tissue conductance technique) 组织导电技术
TE 透射电子
TEM(transmission electron microscope) 透射电镜
test speciment 测试样品
tetrazolium salt 四唑盐
thermal drift 热喷镀(蒸镀)
thermocouple gauge 热电偶规
thick section 厚切片
thin section 薄切片
threating block 修块
three dimensional image 三维图像
three dimensional structure 三维结构
tilt 倾斜
TMV 烟草花叶病毒
TNBT 四氮四唑蓝氯化物
top entry type 顶插式

trap method 捕捉法
trimming block 修块
Tris buffer 三羟甲基氨基甲烷缓冲液
Triton 异辛基酚聚乙二醇醚
trough 槽
trough fluids 槽液
tungsten wire 钨丝
turbomolecular pumping 涡轮分子泵
true inclusion 真包含物
TV scanning system 电视扫描系统
two-dimension structure 二维结构
UHVEM(ultra high voltage electron micoscope）超高压电子显微镜
ultracentrifugation 超速离心
ultrahigh vacuum 超高真空
ultramicrotome 超薄切片机
ultrastructure 超微结构
ultrathin section 超薄切片
underfocus 欠焦
unit membrane 单位膜
unscattered transmitted electron 非散射透射电子
urangl acetate 醋酸铀
vacuoles 液泡
vacuum evaporation 真空镀膜
vacuum evaporator 真空镀膜仪
vacuum gauge 真空规
vacuum system 真空系统
valve 阀门
vapour 蒸气
vestopal-w 一种聚酯树脂
vibration 振动
video 视频
viewing chamber 观察室
viewing window 观察窗
virus 病毒
voltage center 电压中心
volume density 体密度
washing 清洗
wavelength 波长
Wehnelt cylinder 韦氏圆筒
weight density 重量浓度
wetting agent 扩散剂
WDS（wavelength dispersive spectrometer)波谱仪
wheel-type glass cutter 轮式玻璃割划器
wobbler focusing 摇摆聚焦
X-ray diffraction X 射线衍射
X-ray intensity X 射线强度
X-rays X 射线
X-ray microanalysis X 射线微区分析
Y-modulation image Y 调制图像
zoom lenses 变焦透镜

附录4 电子显微图像

透射电镜图像

一、植物超微结构

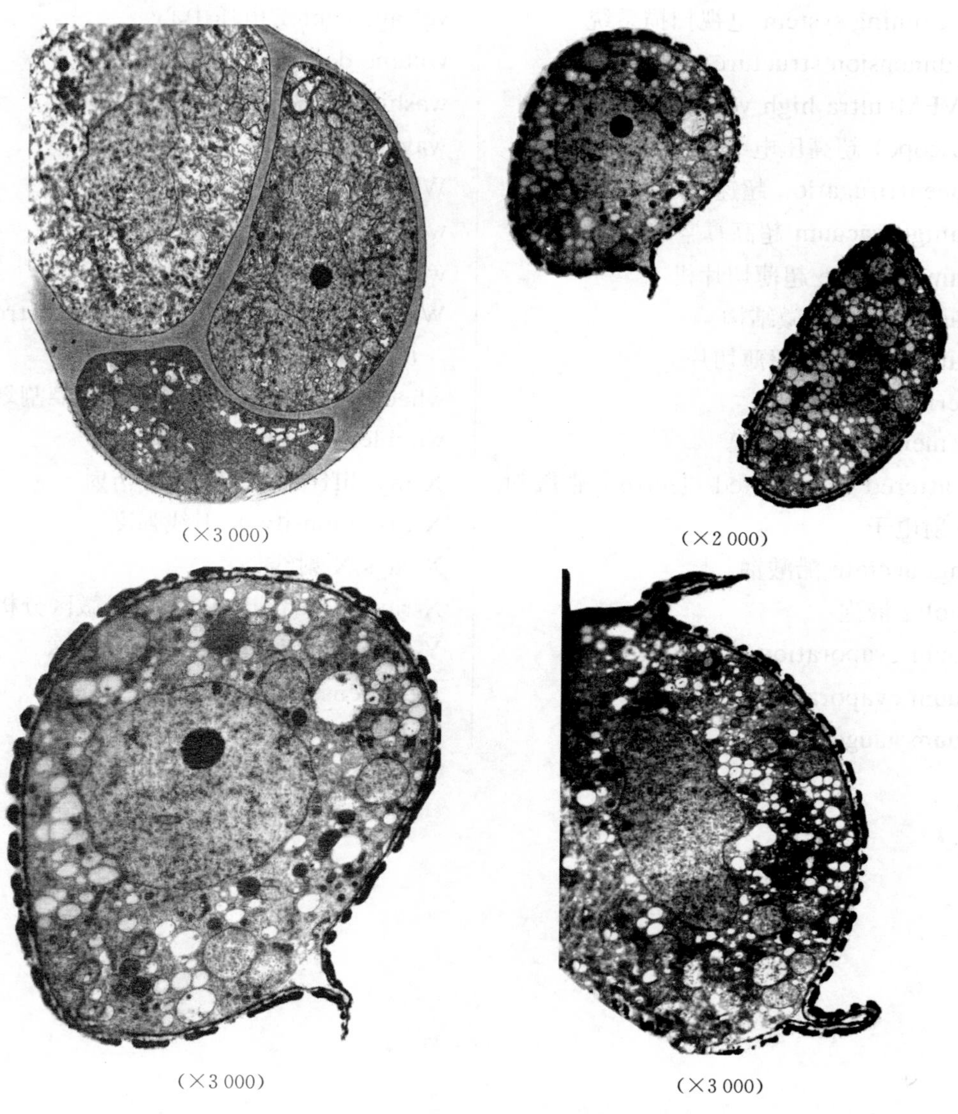

（×3 000）　（×2 000）

（×3 000）　（×3 000）

杂种鹅掌楸正常花粉的超微结构

图版1

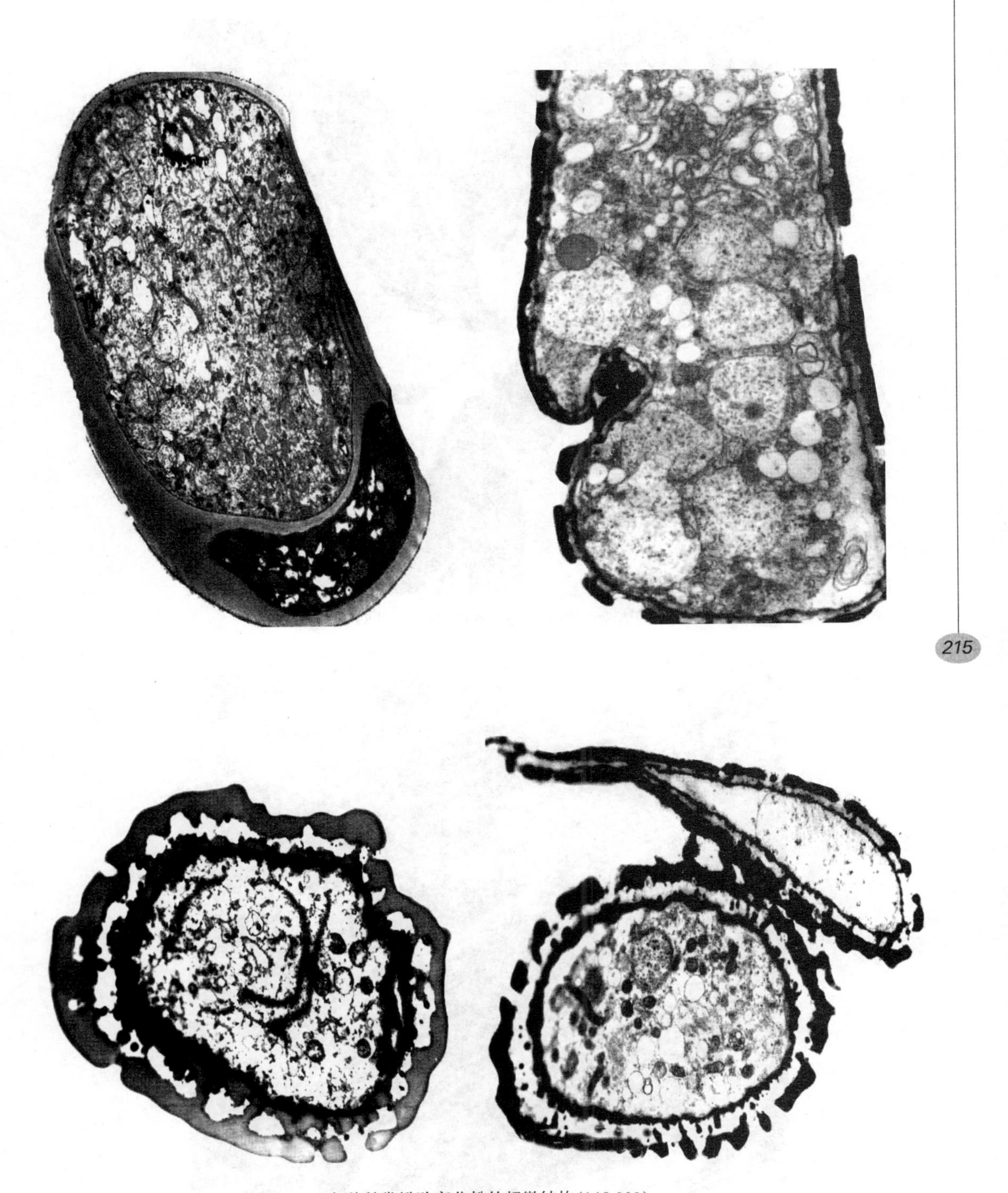

杂种鹅掌楸败育花粉的超微结构(×3 000)

图版 2

干旱处理的拟南芥叶片细胞结构(×8 000)

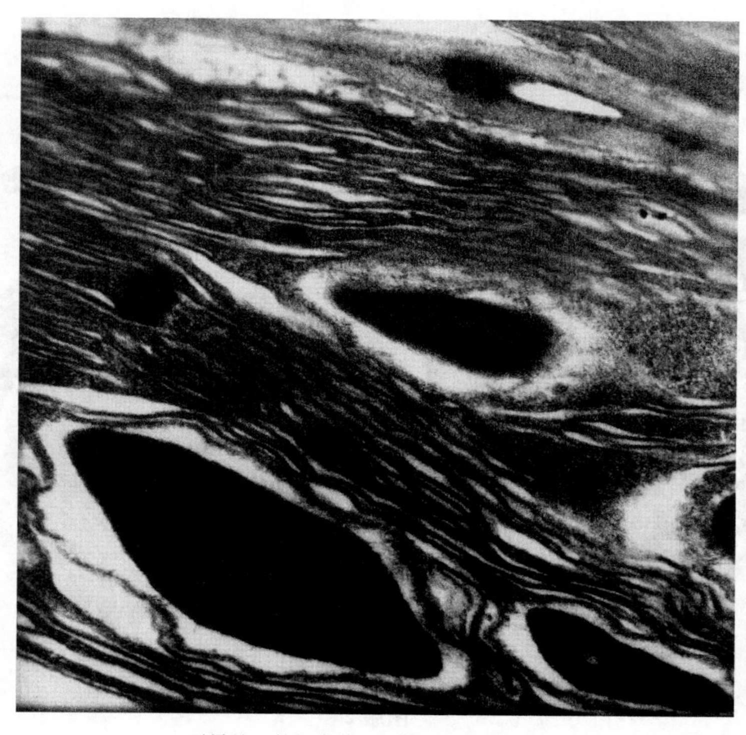

干旱处理的拟南芥叶绿体结构(×15 000)

图版 3

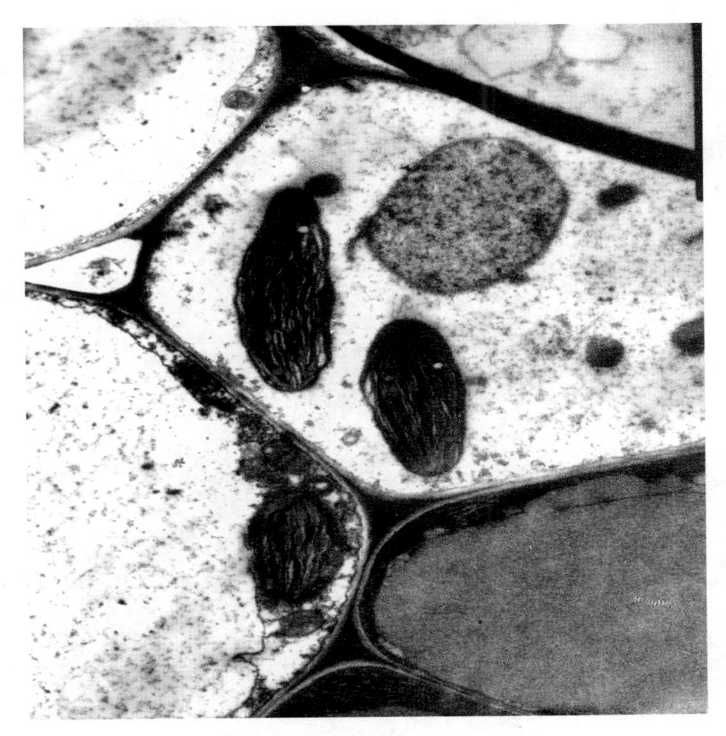

铜草叶片细胞结构(接微生物)(×8 000)

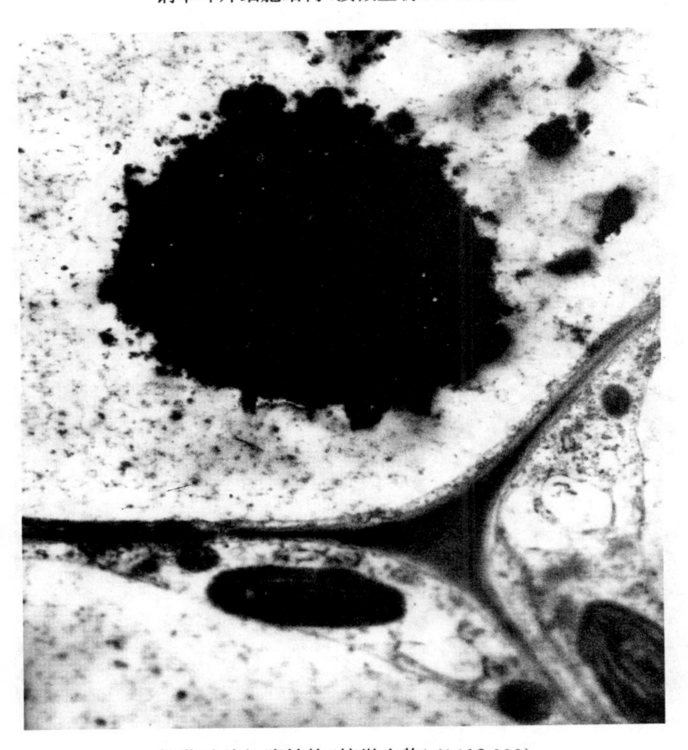

铜草叶片细胞结构(接微生物)(×12 000)

图版 4

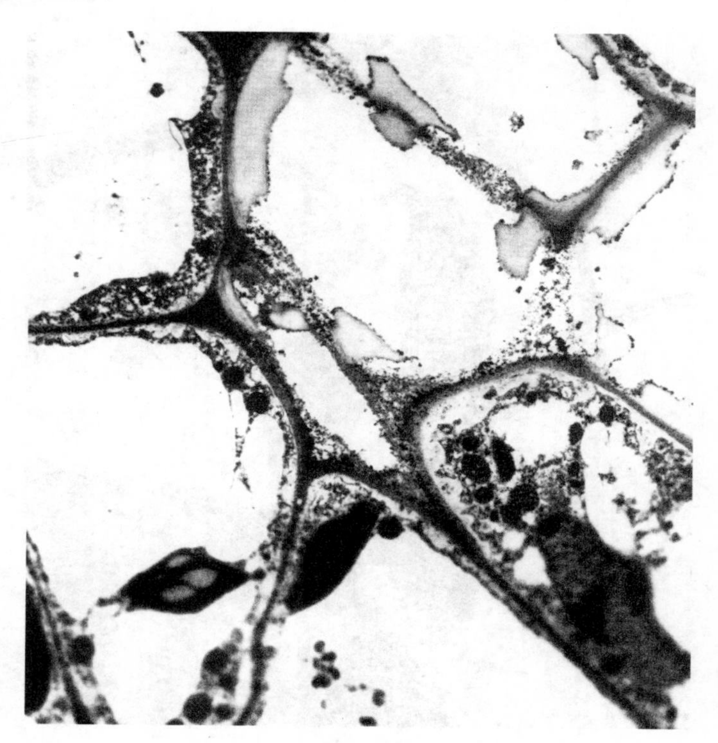

重金属污染的辣根叶片细胞(×5 000)

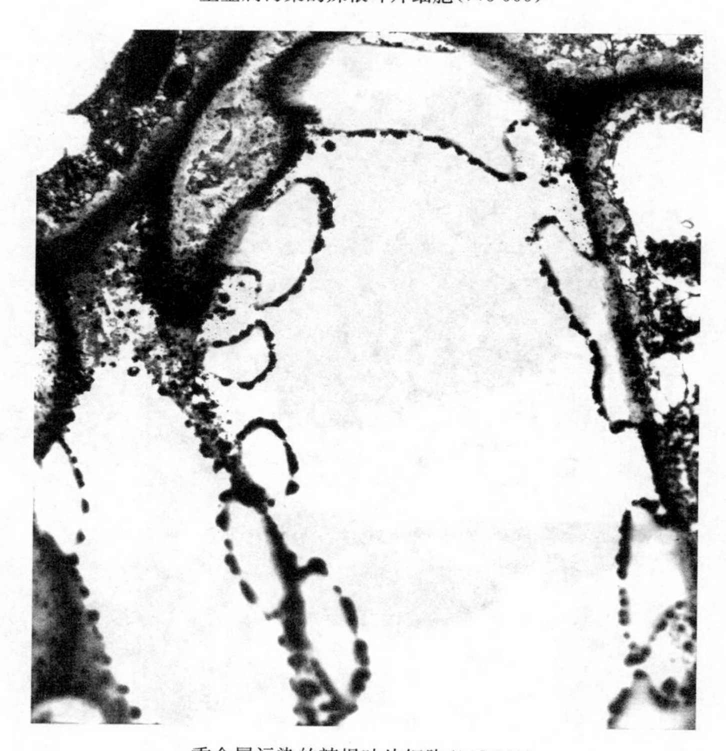

重金属污染的辣根叶片细胞(×8 000)

图版 5

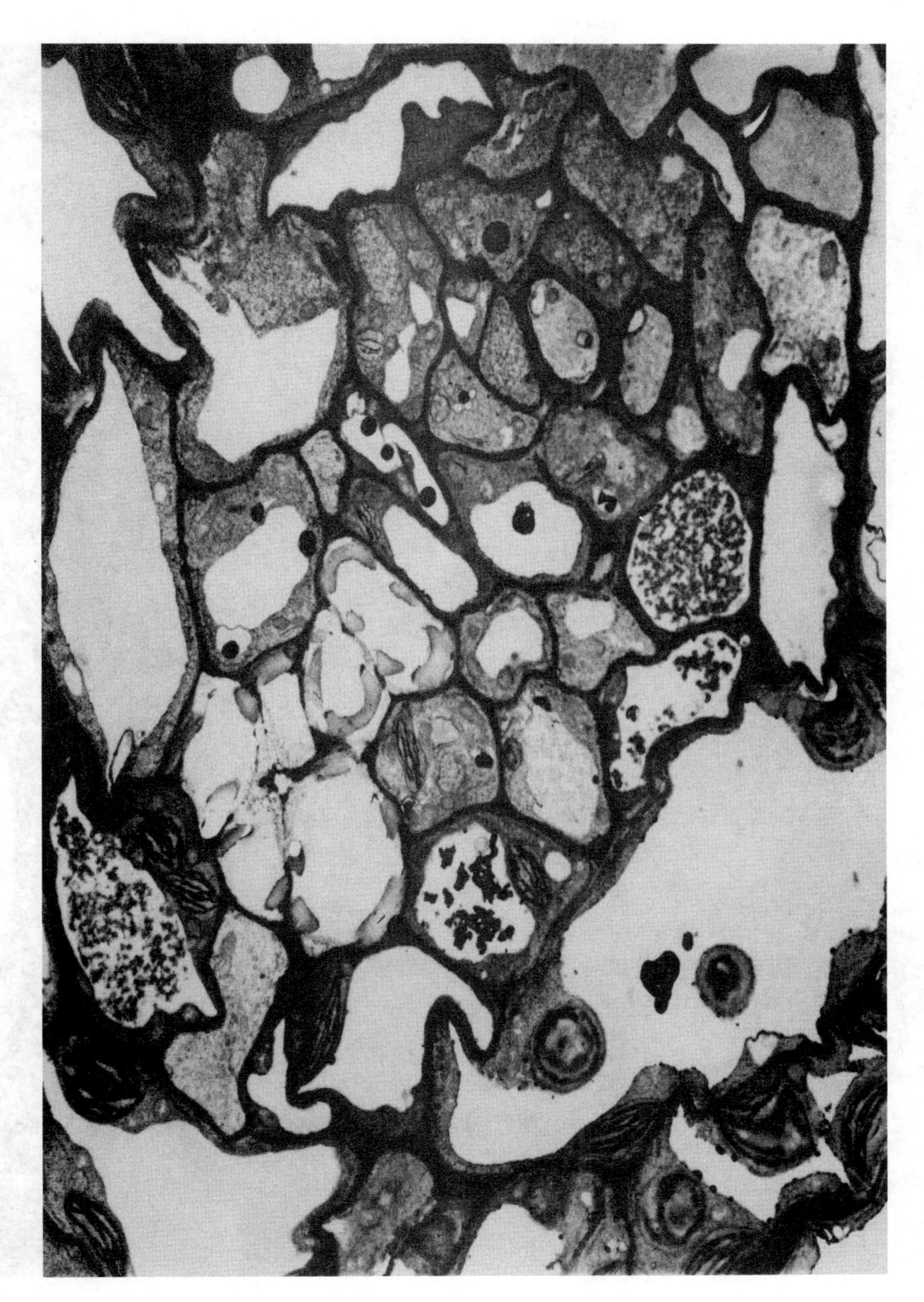

杨树幼叶细胞（×3 000）

图版 6

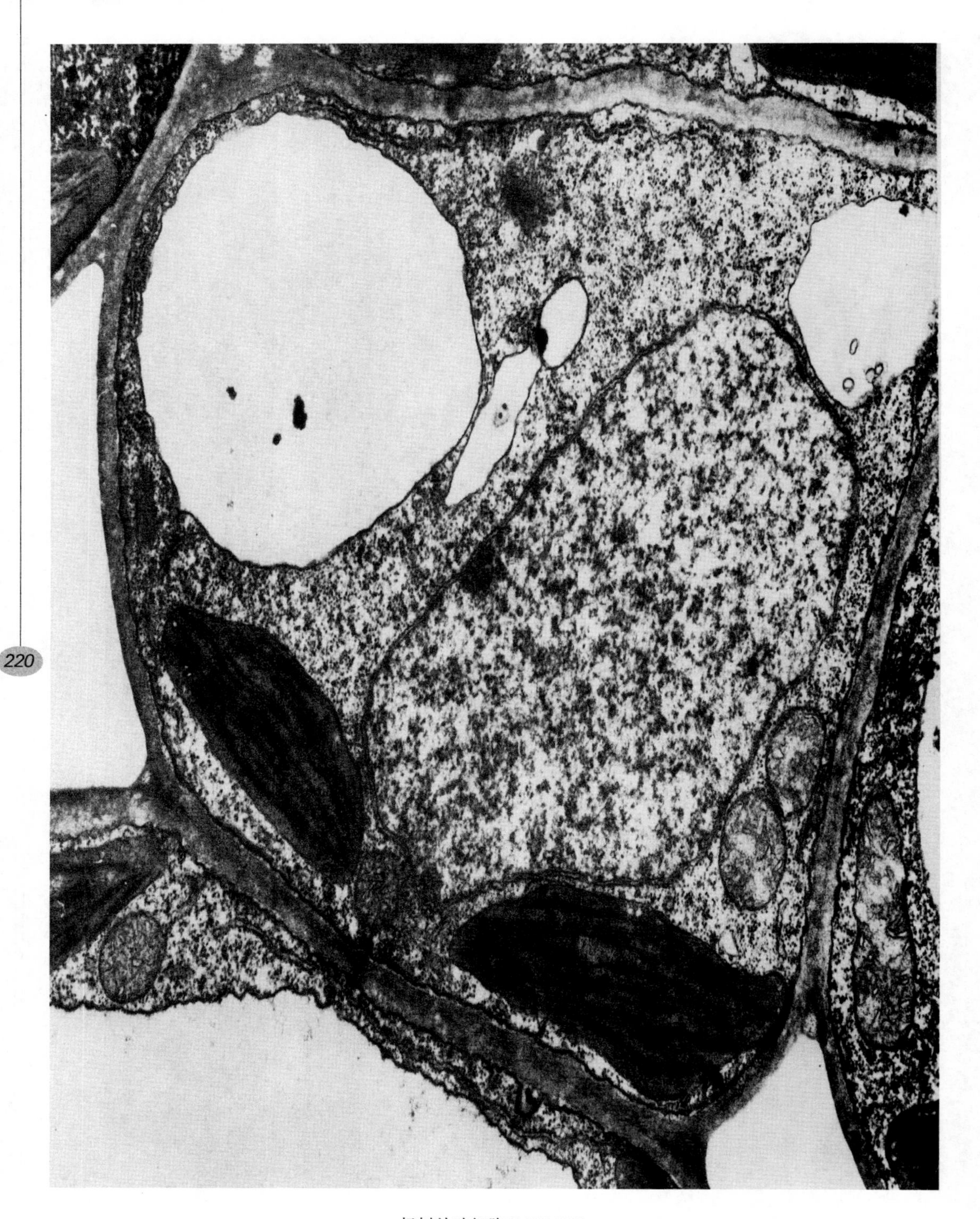

杨树幼叶细胞(×18 000)

图版 7

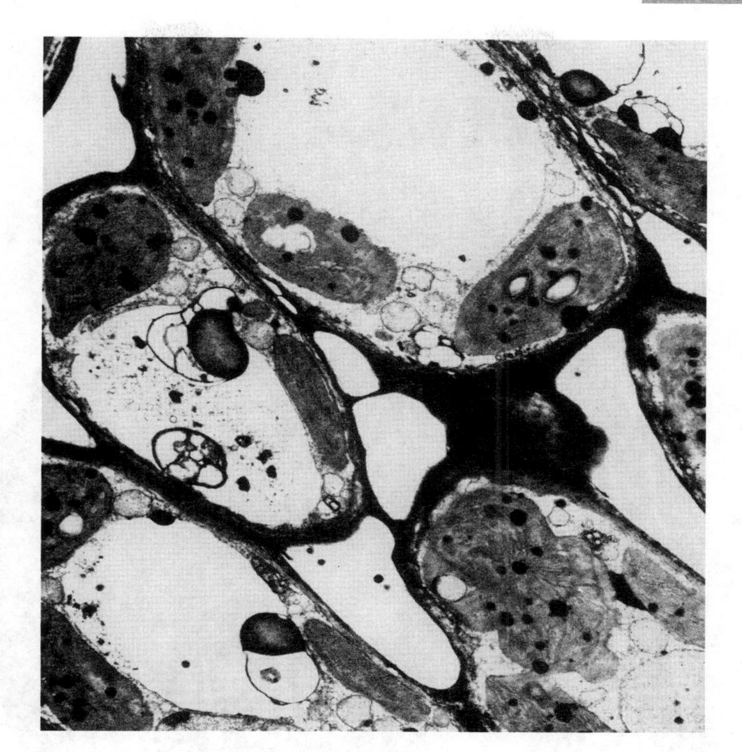

橘叶细胞(×6 000)

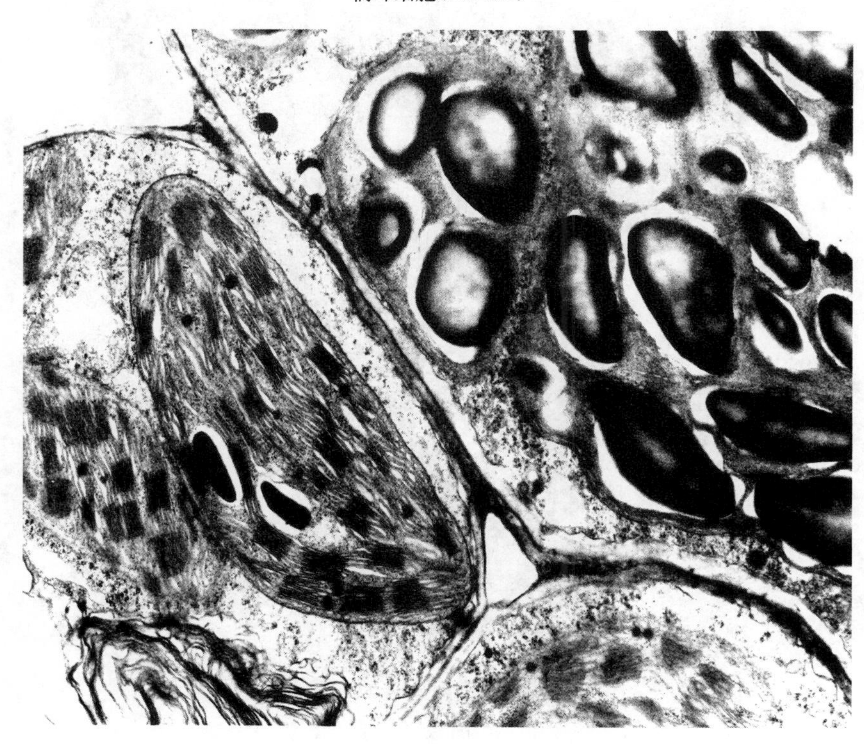

玉米叶细胞(×10 000)

图版 8

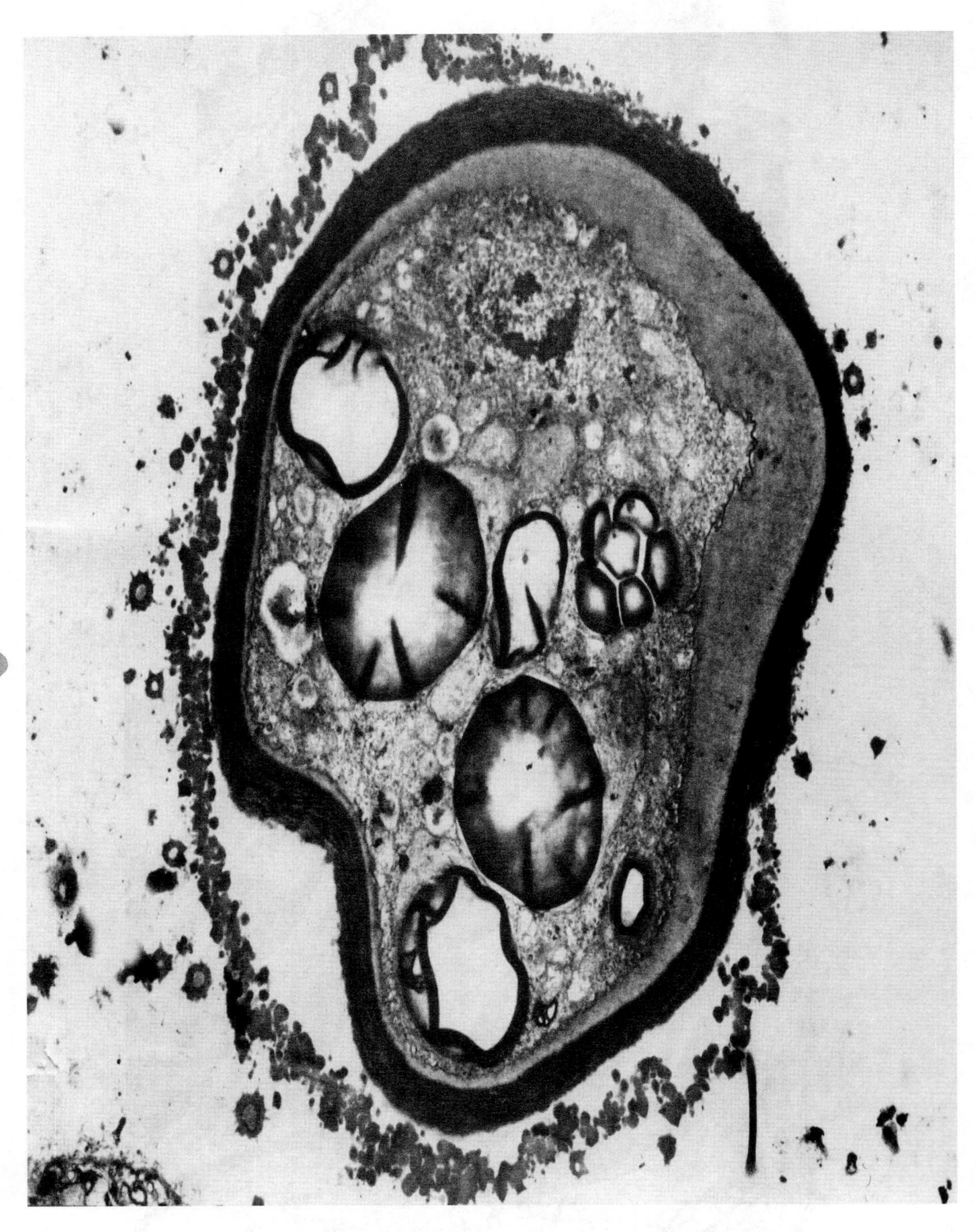

杉木花粉粒细胞(×9 000)

图版 9

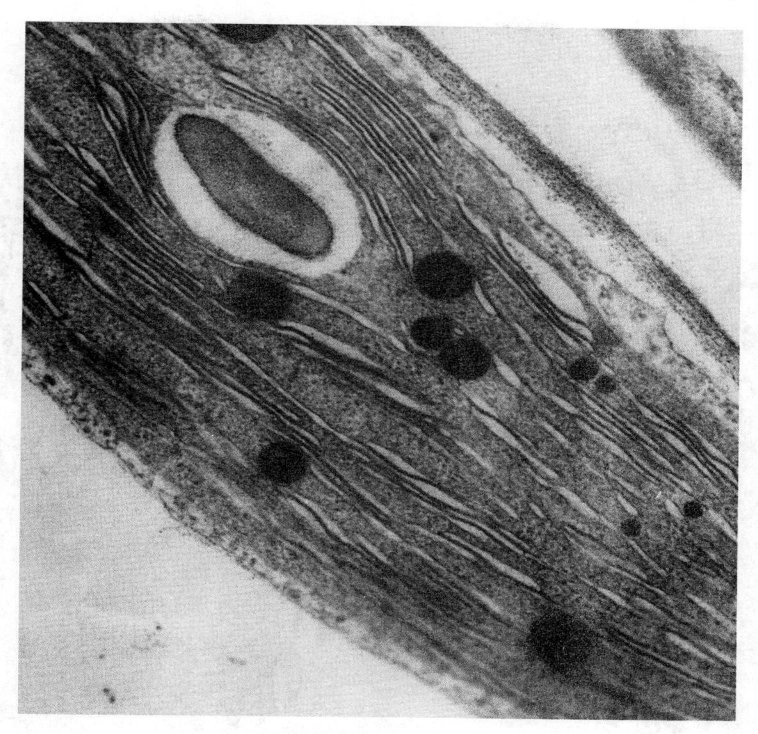

杨树叶绿体结构(×30 000)

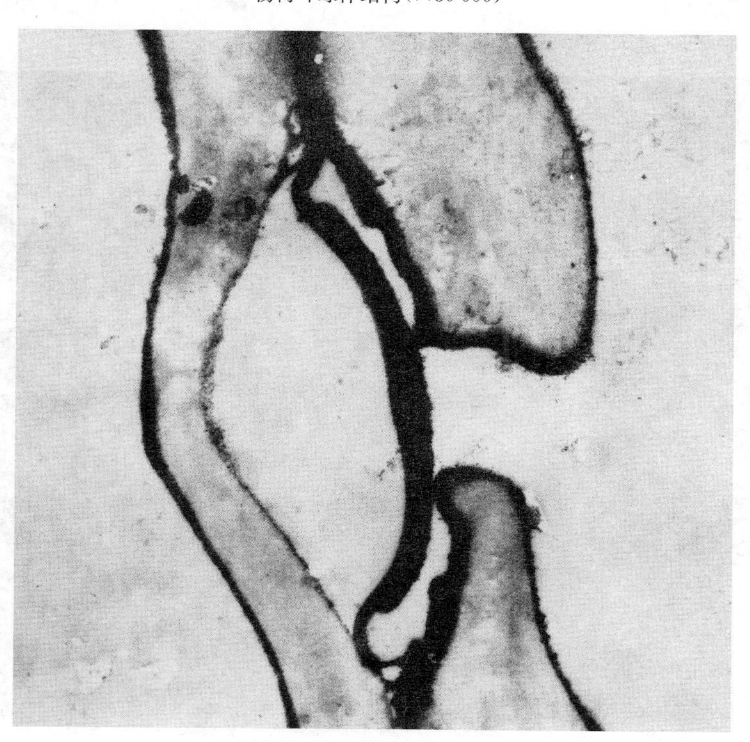

杨树纹孔塞(×30 000)

图版 10

二、动物超微结构

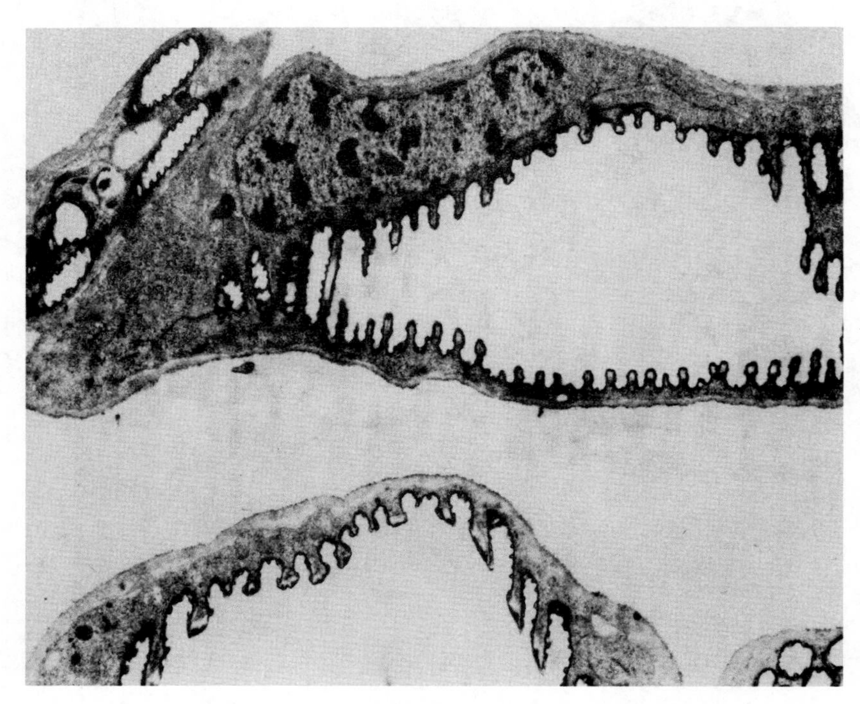

松毛虫后肠(×7 000)

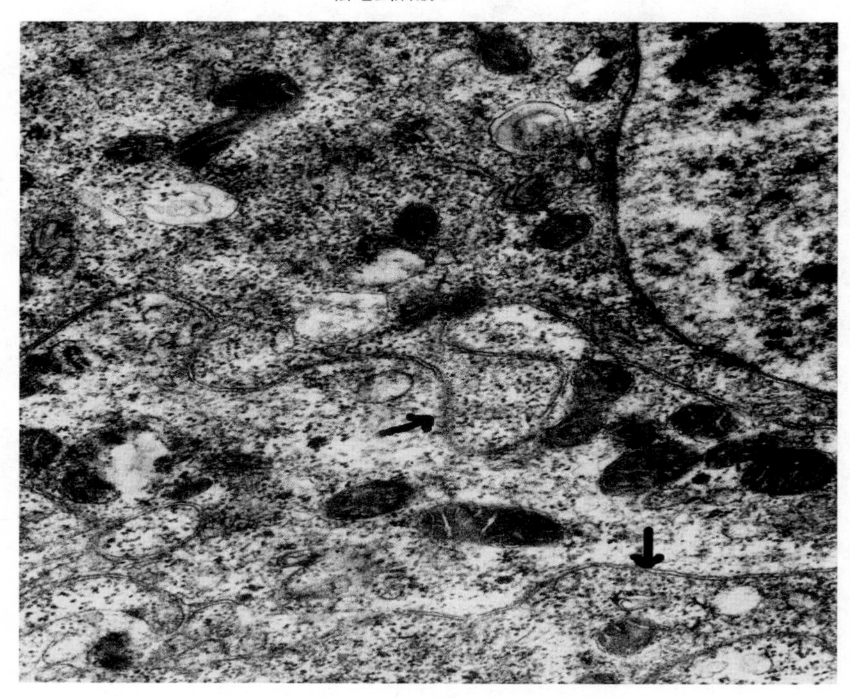

家蚕神经节(×20 000,箭头所指)

图版 11

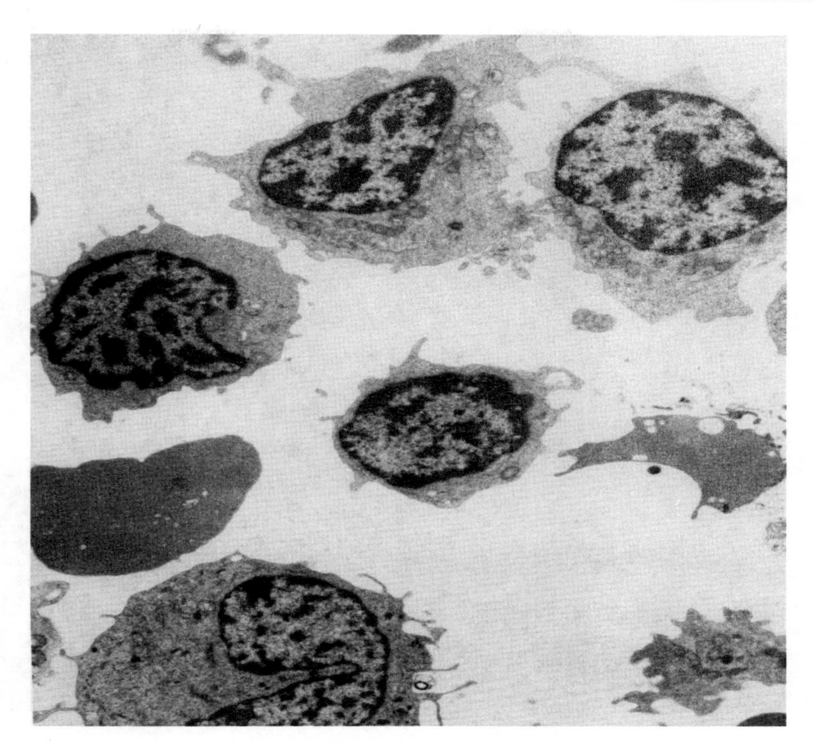

淋巴细胞（×8 000）

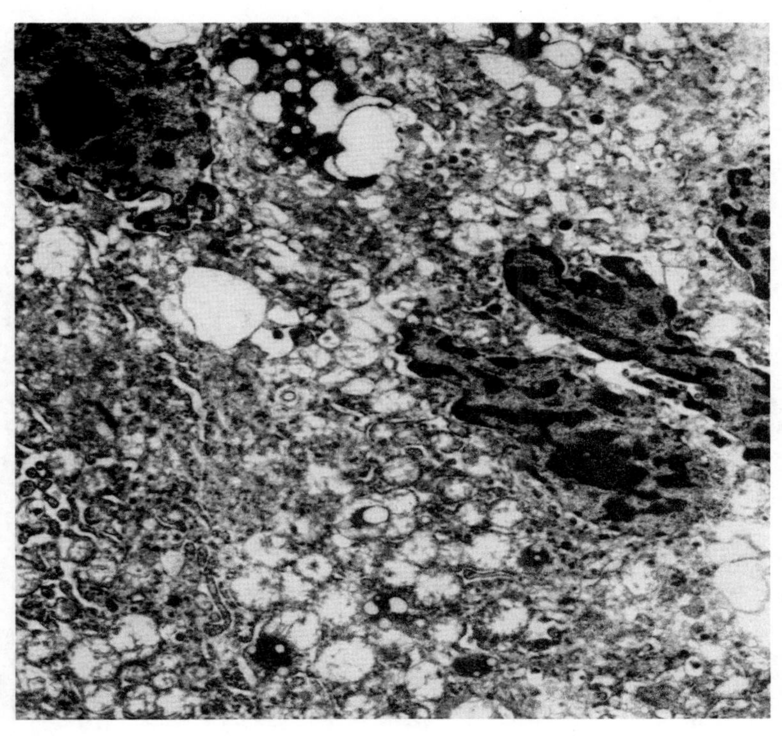

肾小球增生（×8 000）

图版 12

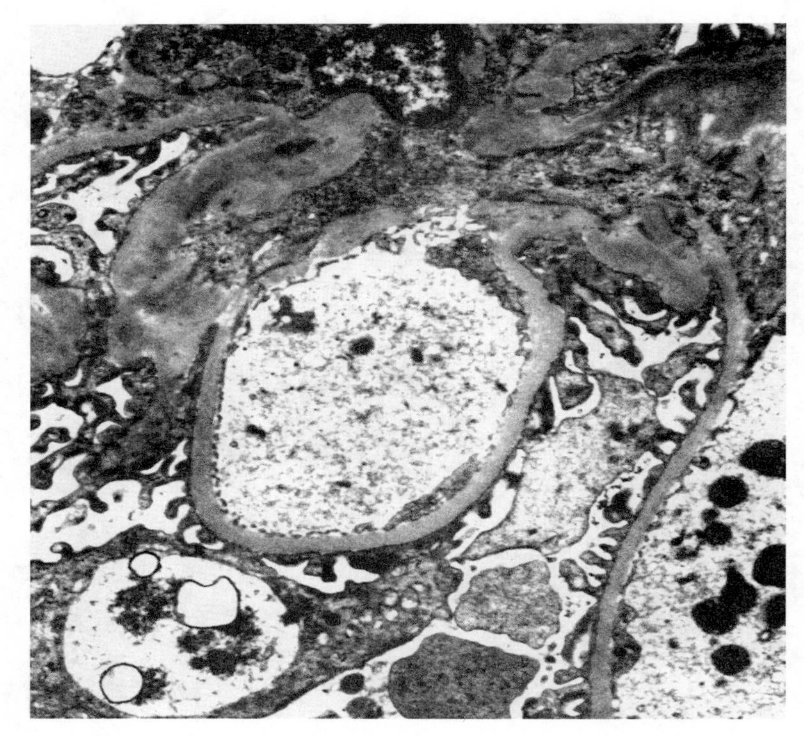

肾小球增生(×8 000)

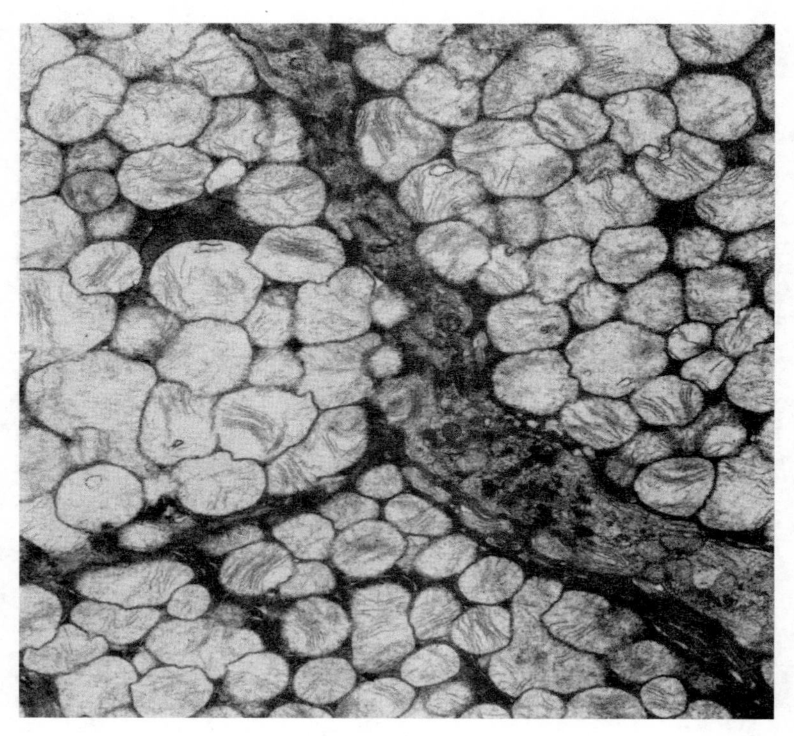

线粒体增生(×12 000)

图版 13

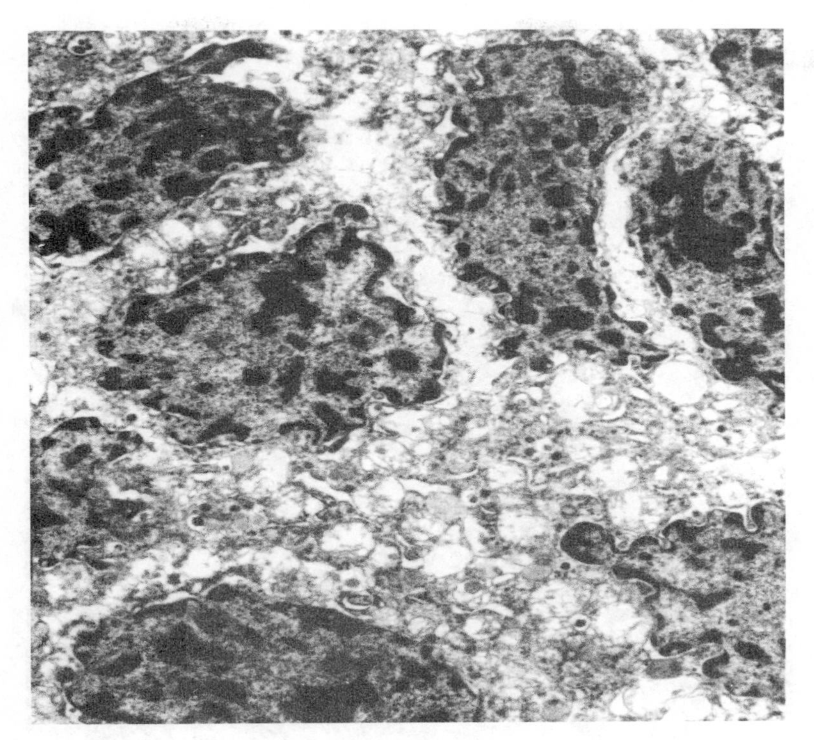

神经内分泌瘤(×8 000)

松毛虫体壁(×6 000)

图版 14

三、病毒、菌

大麦叶片细胞内风轮状病毒(×40 000)

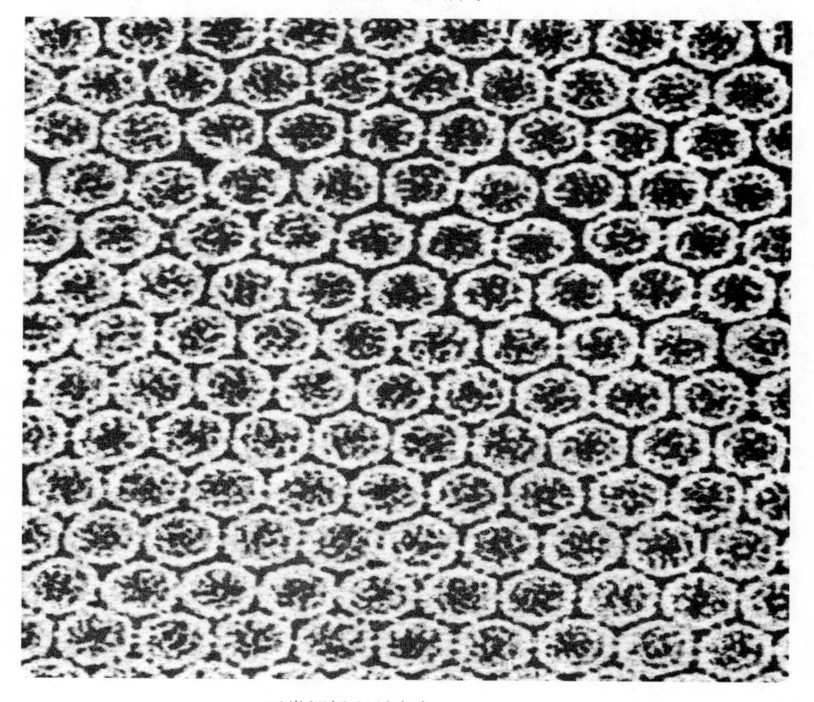

豆类褪绿斑驳病毒(×100 000)

图版 15

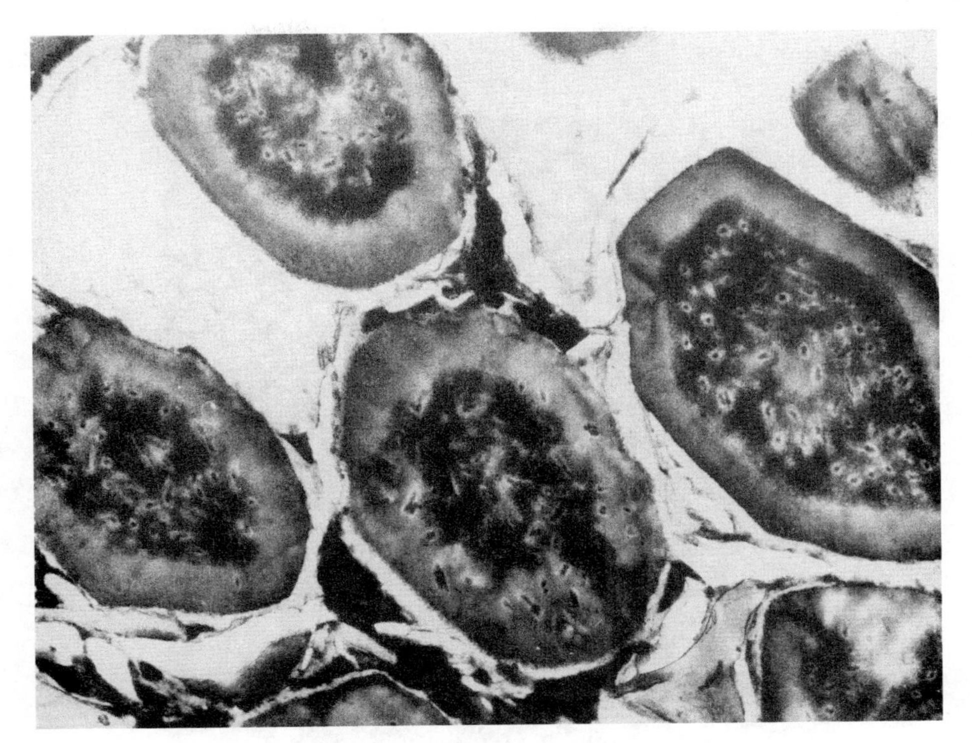

昆虫核型病毒(×20 000)

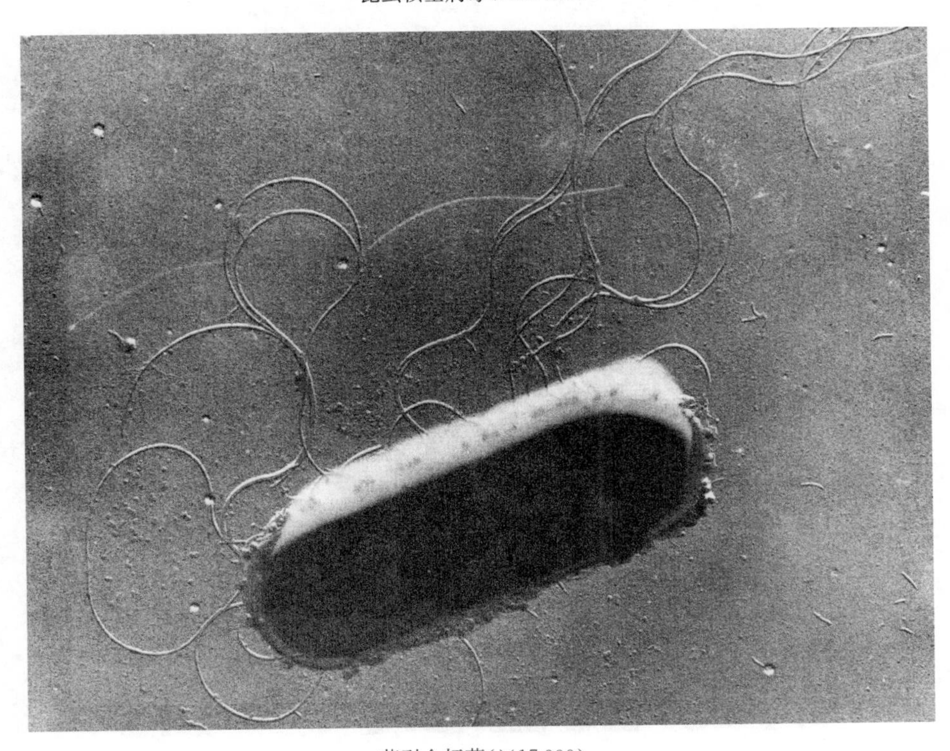

苏引金杆菌(×17 000)

图版 16

四、负染样品

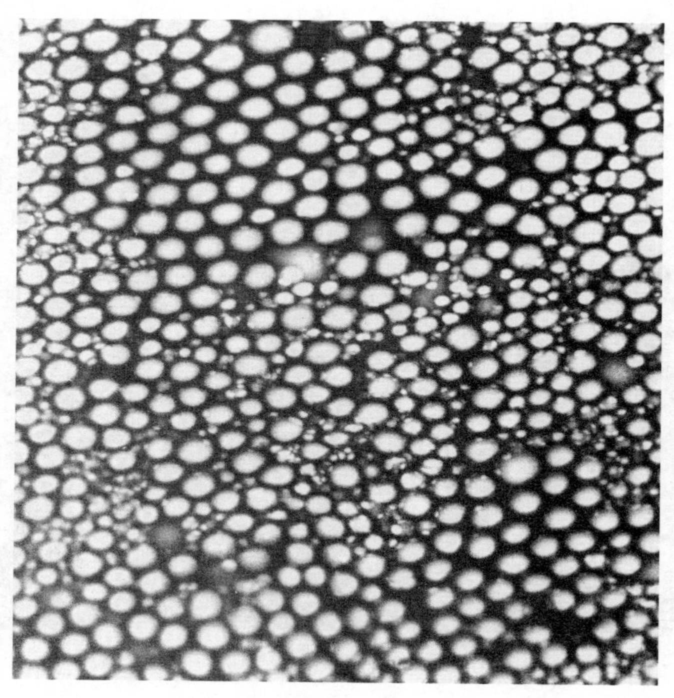

乳胶颗粒(×15 000)

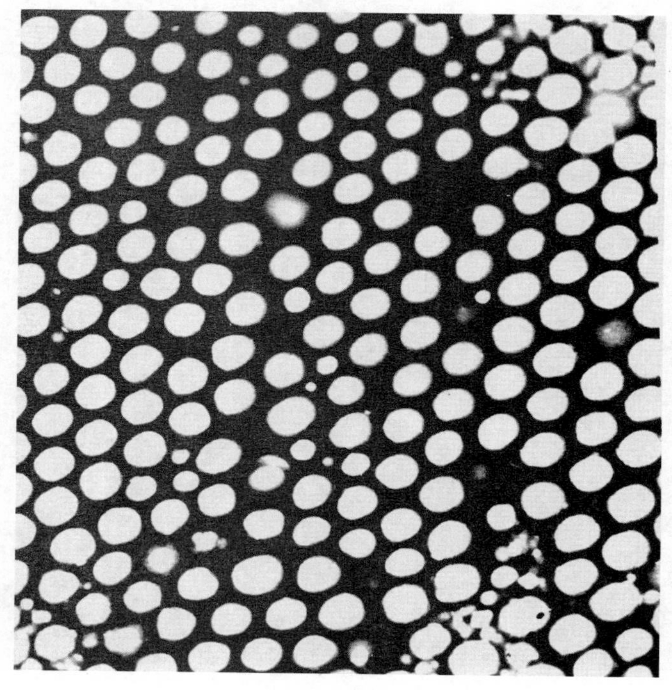

乳胶颗粒(×25 000)

图版 17

扫描电镜图像

一、植物超微结构

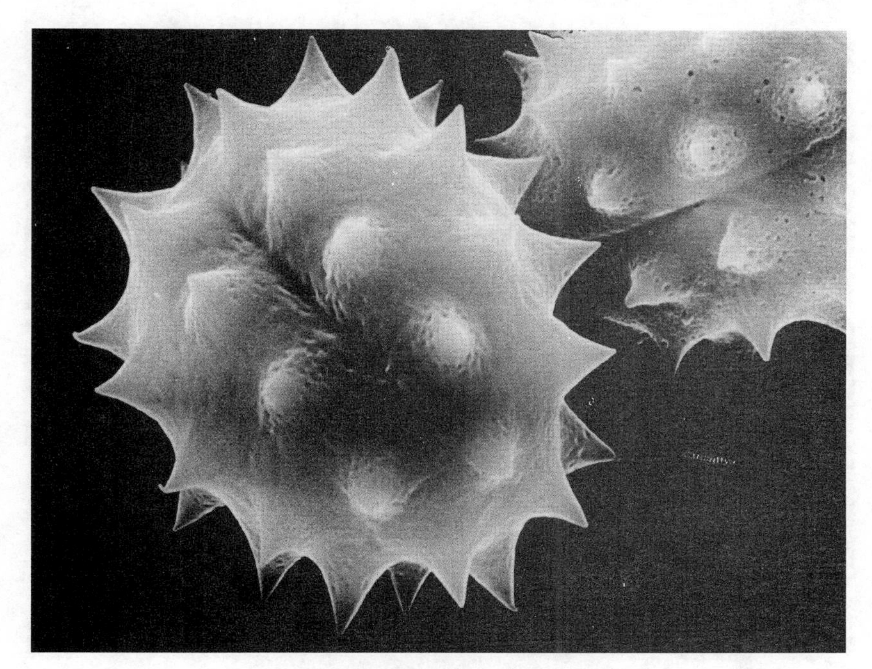

菊花花粉(×3 000)

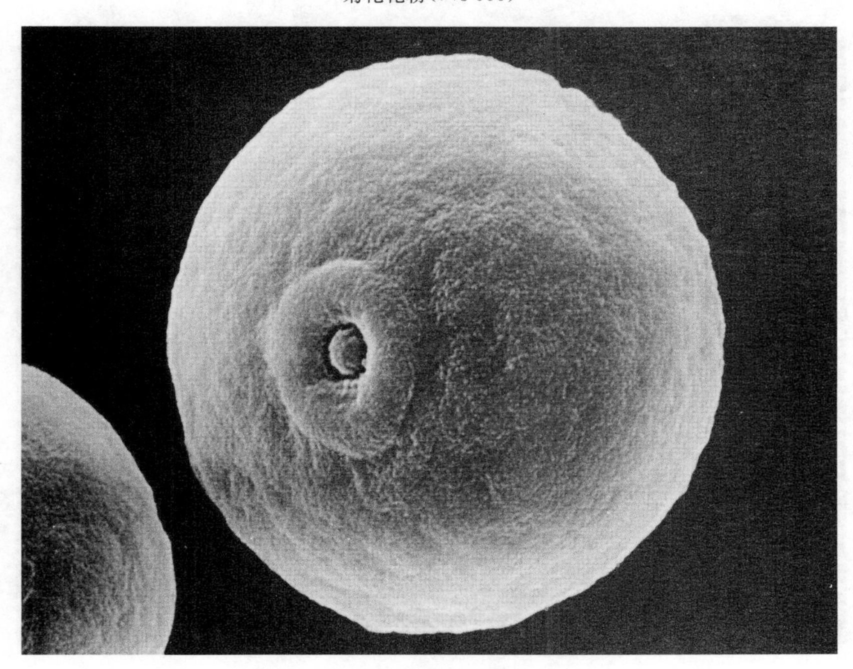

苦竹花粉(×2 500)

图版 18

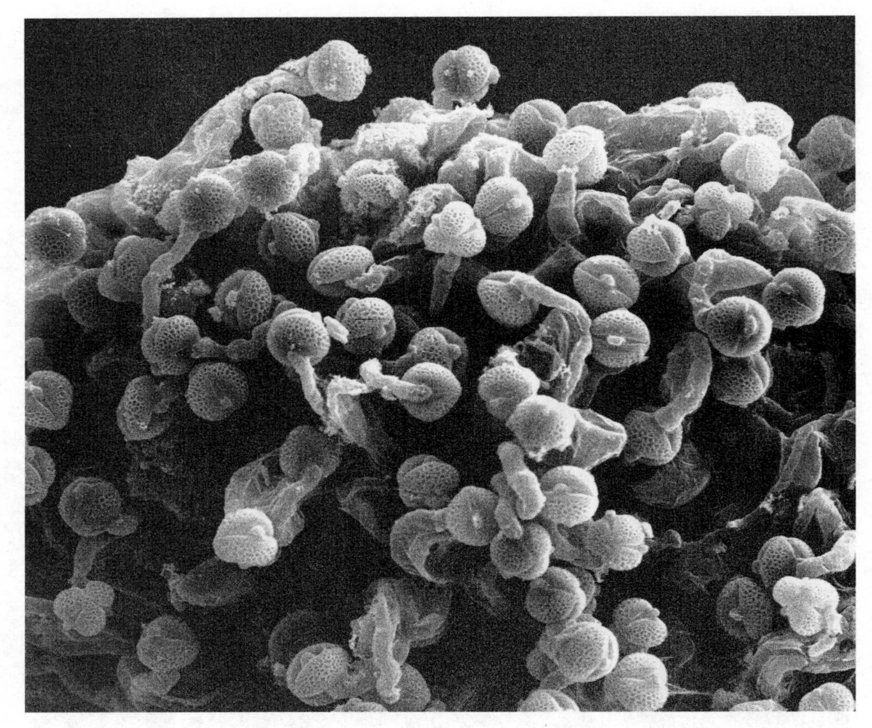

黑柳柱头萌发的花粉(×800)

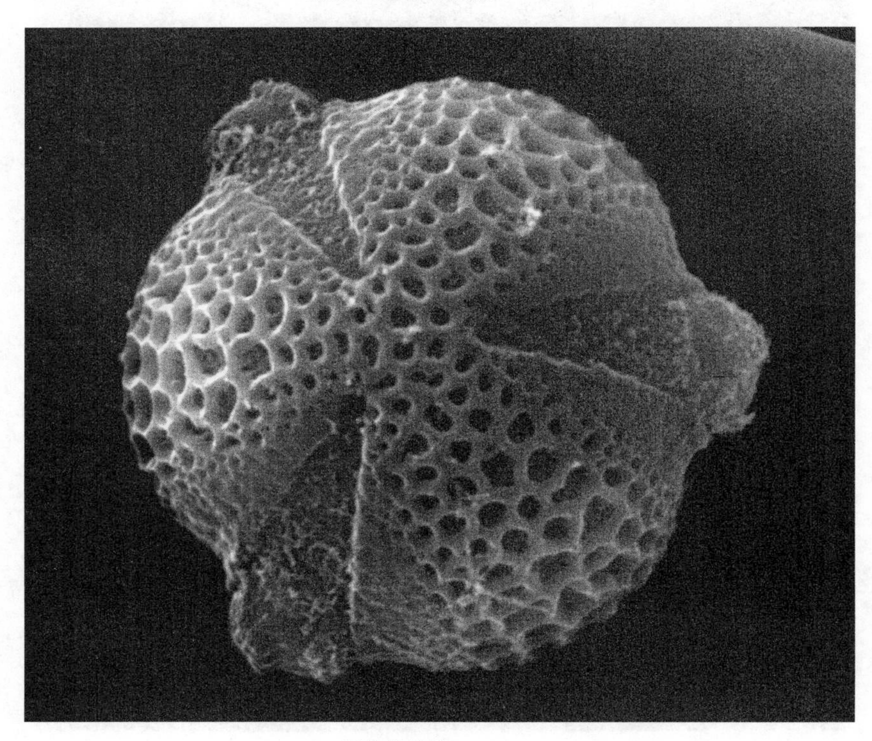

黑柳花粉粒(×6 000)

图版 19

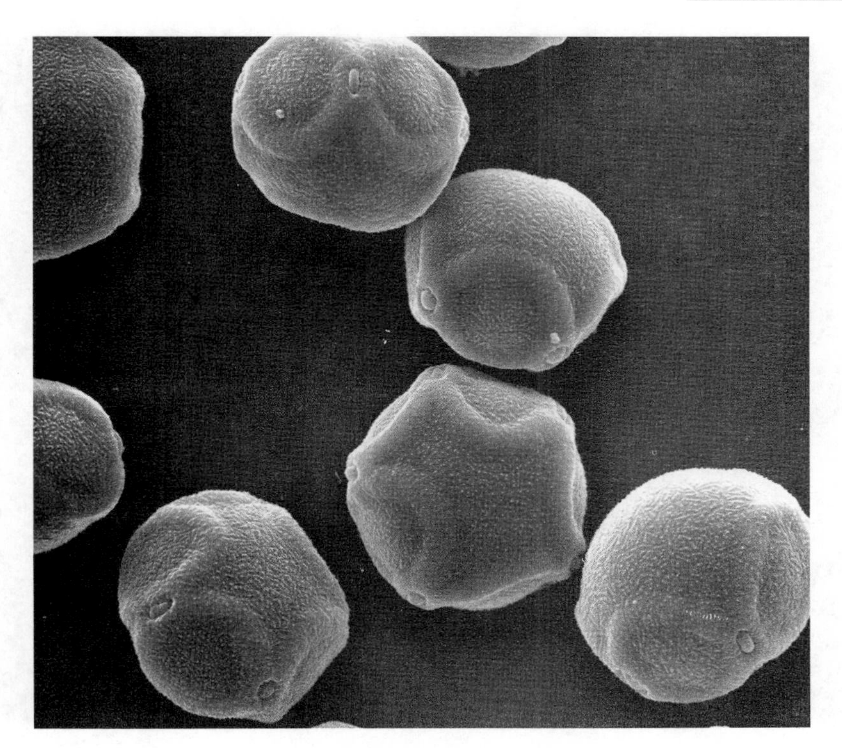

桤木花粉(×2 000)

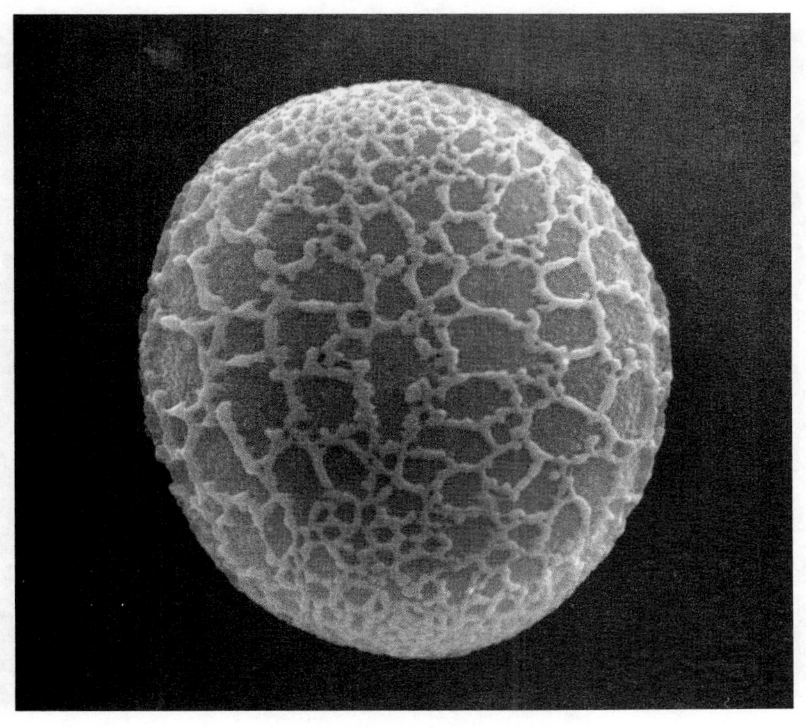

萱草花粉(×1 200)

图版 20

马尾松管胞纹孔膜(×2 500)

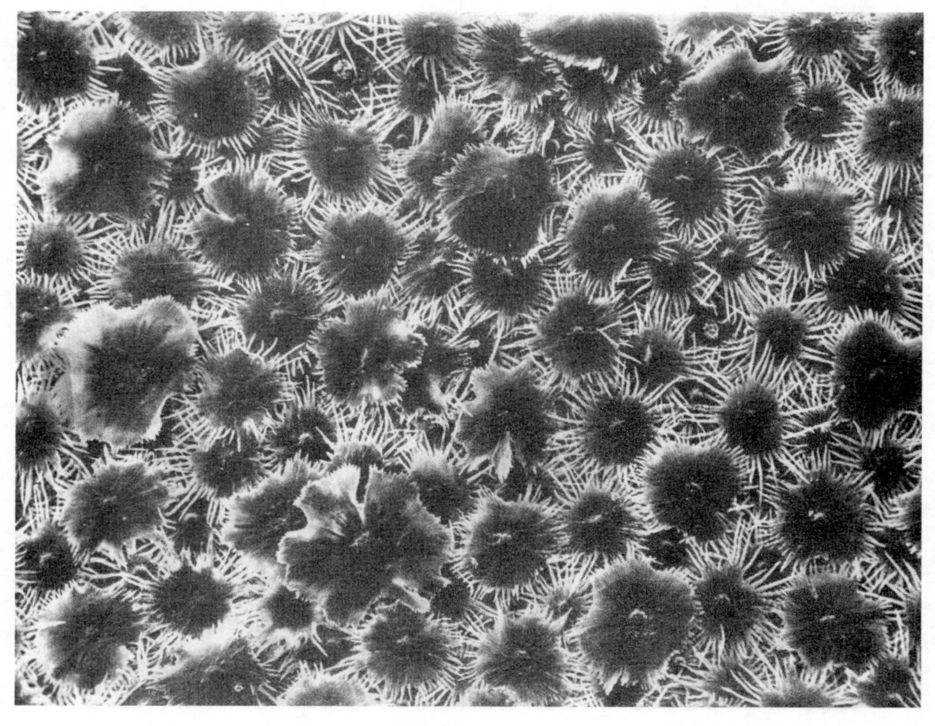

牛奶子叶表面(×85)

图版 21

叶毛(×850)

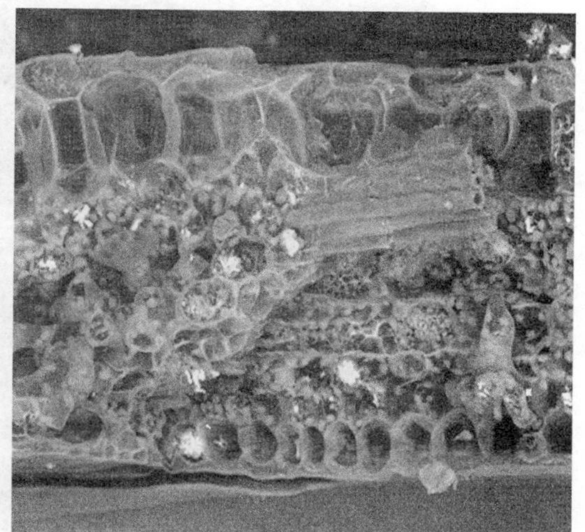
叶片断面(×400)

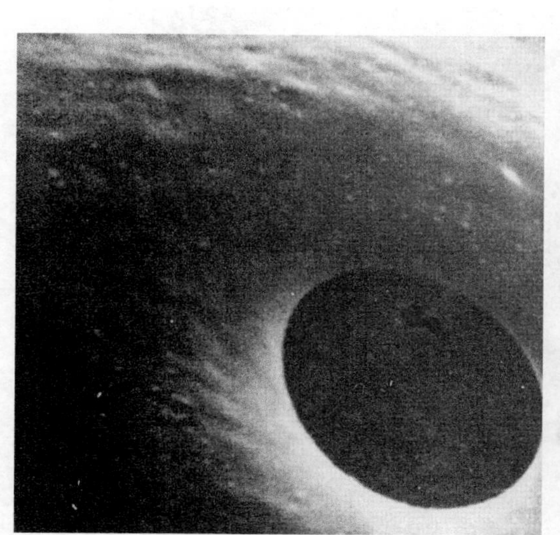
马尾松纹孔(×6 000)

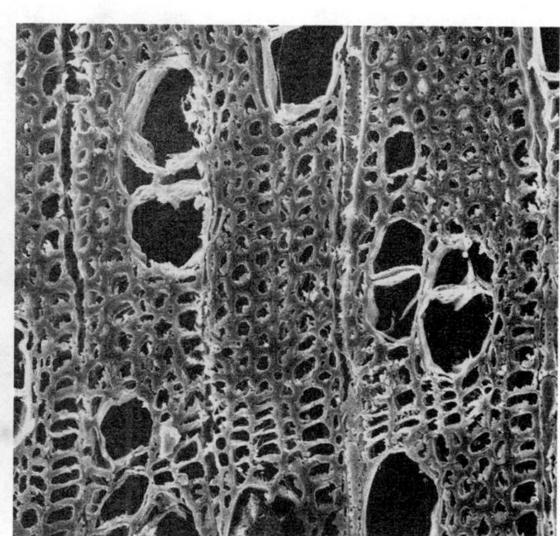
木材横切面(×400)

图版 22

二、动物超微结构

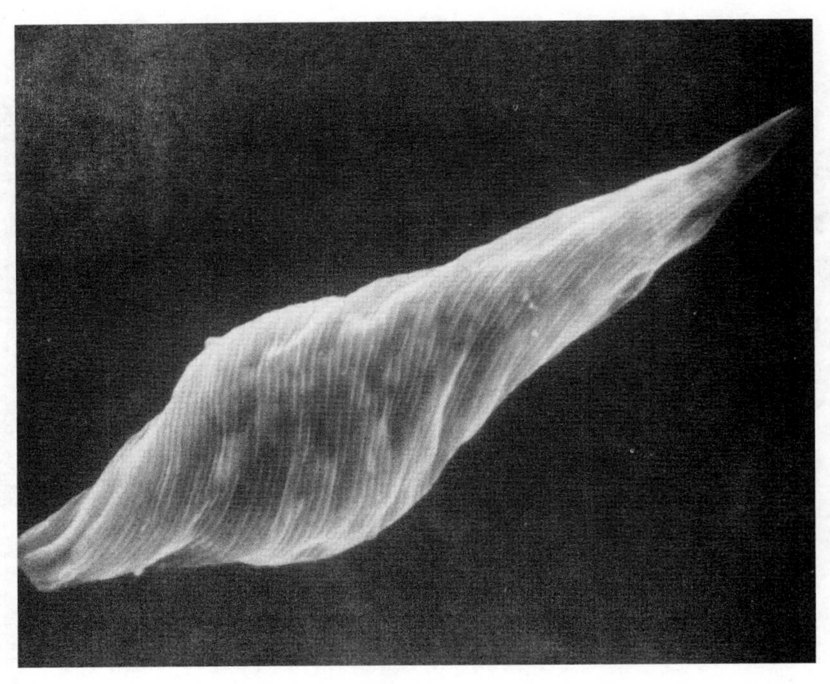

扁螺藻(×1 850)

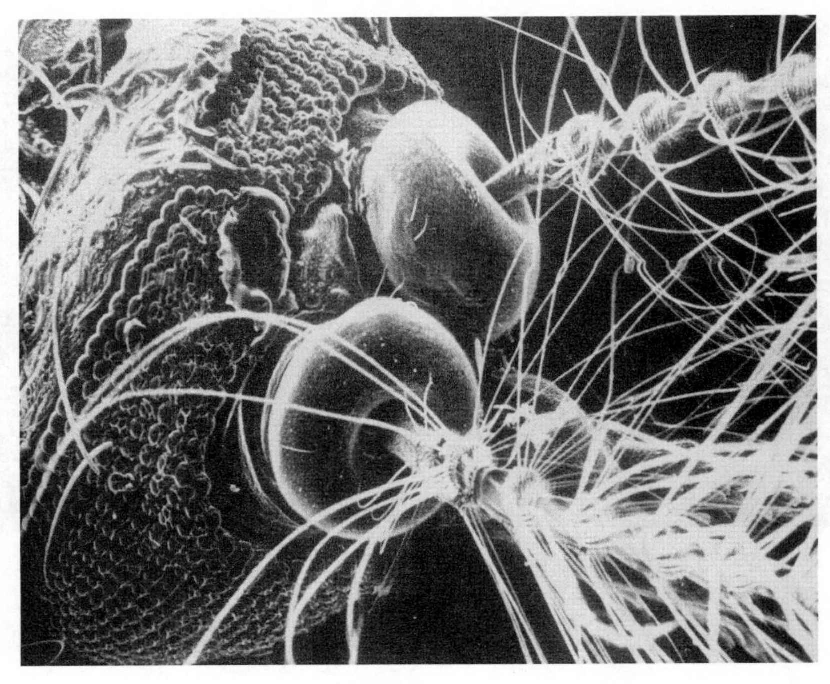

瘿蚊触角(×110)

图版 23

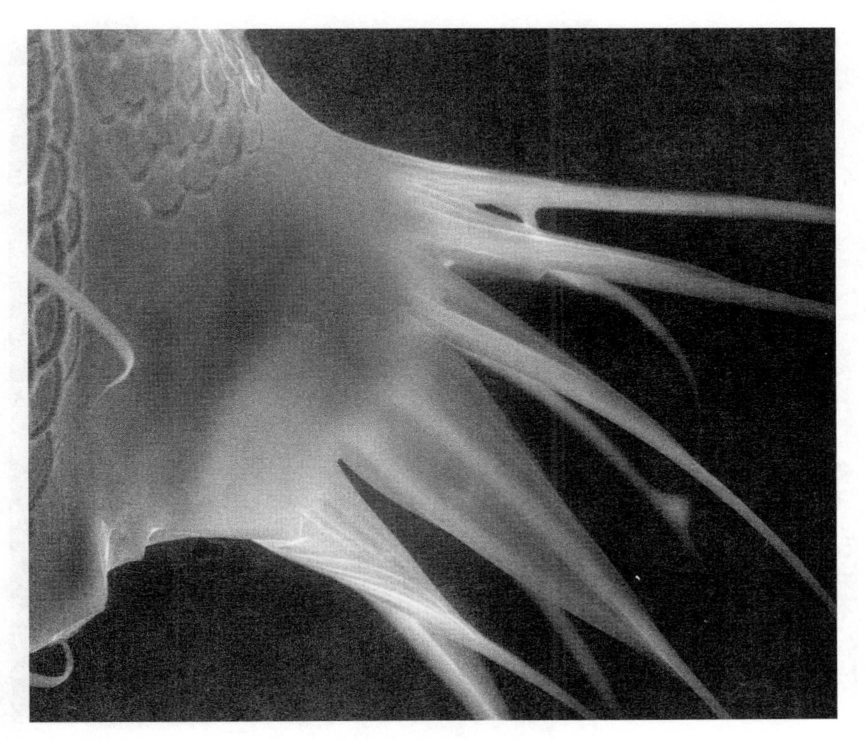

蚂蚁尾部(×3 000)

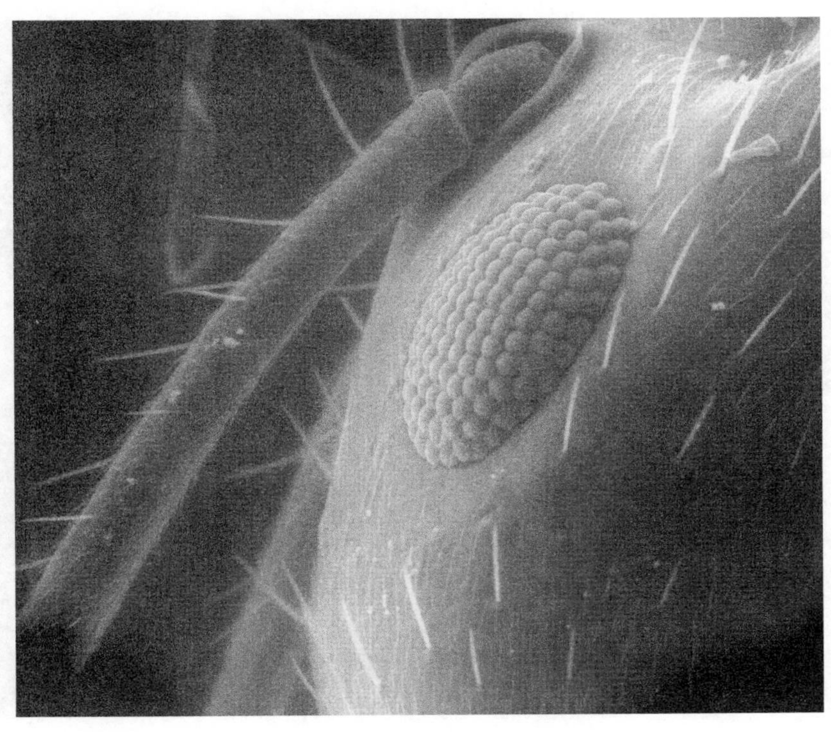

蚂蚁复眼(×500)

图版 24

蚂蚁复眼(×5 000)

松毛虫卵(×1 800)

图版 25

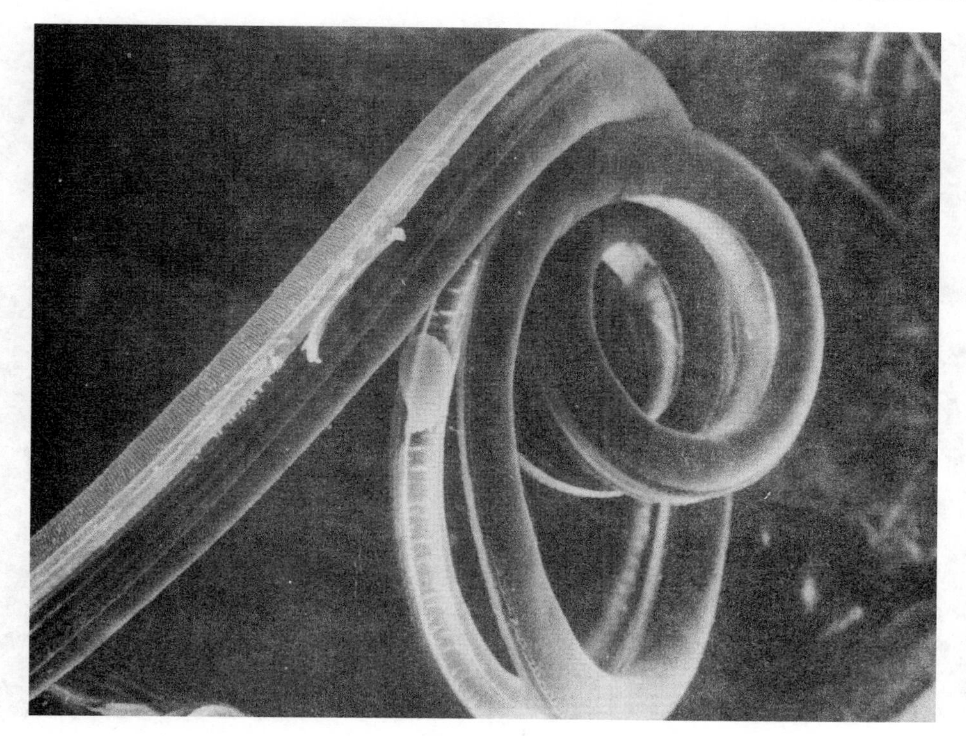

蝴蝶口器(×80)

蝴蝶翅膀(×500)

图版 26

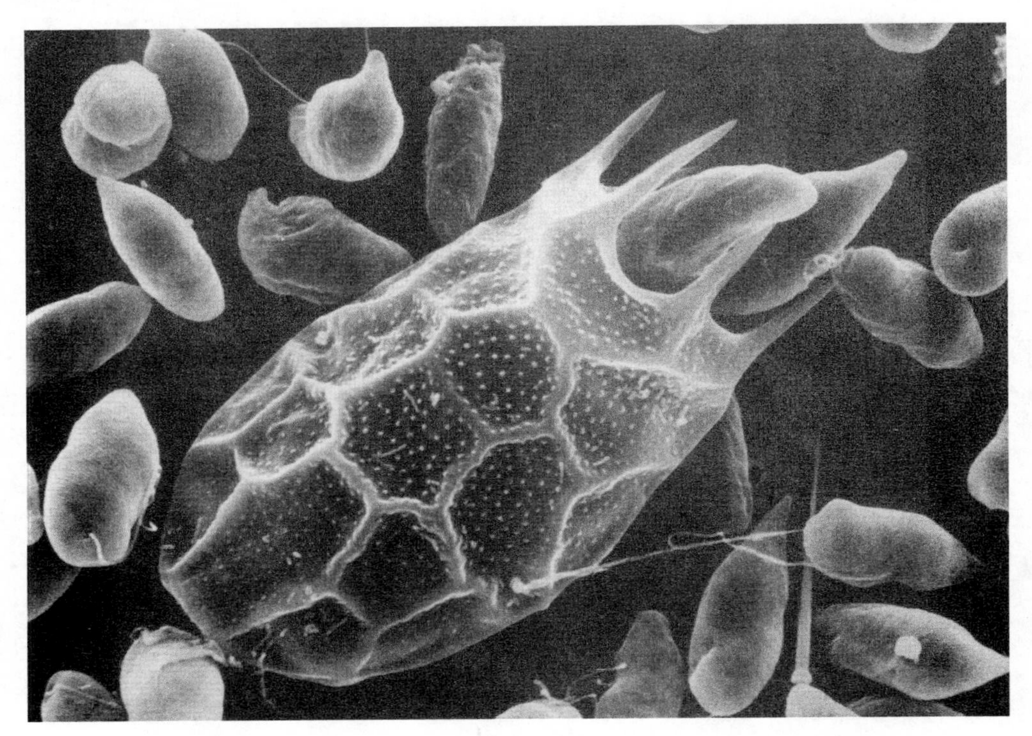

龟甲轮虫(×800)

螨虫(×200)

图版 27

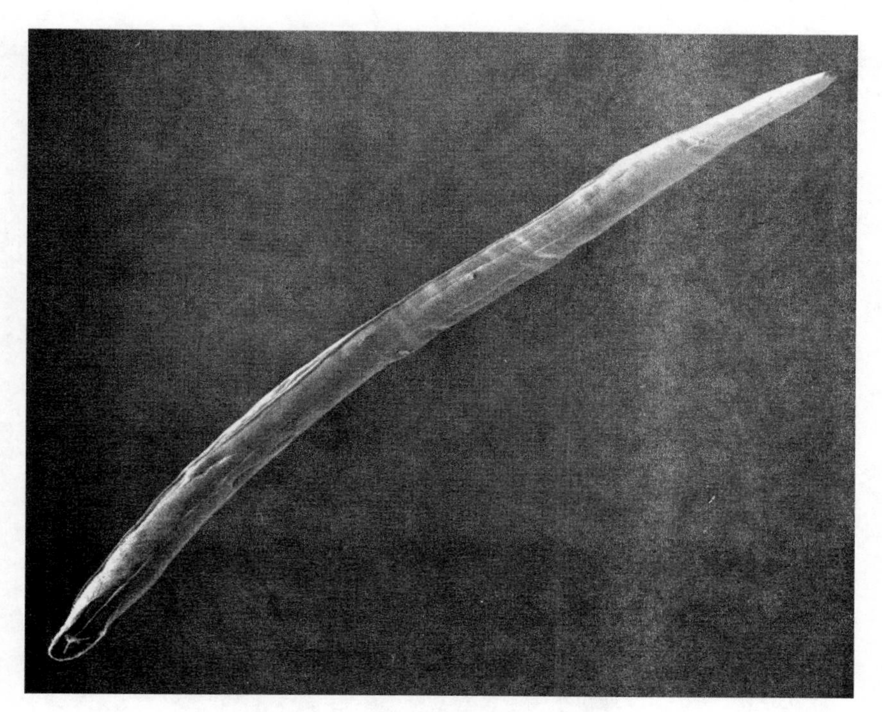

线虫(×160)

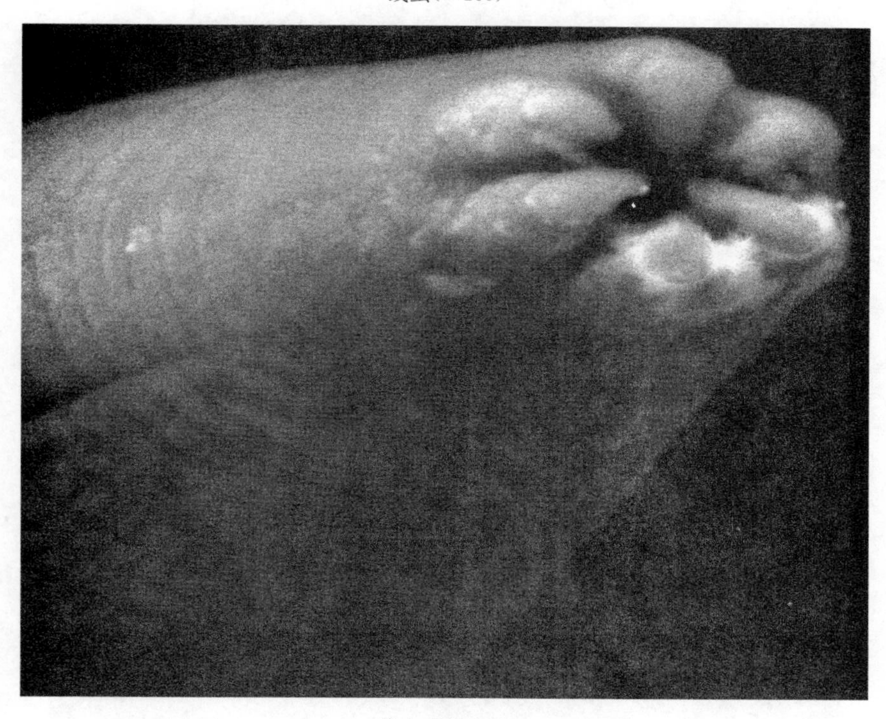

线虫(×3 000)

图版 28

三、病毒、菌类

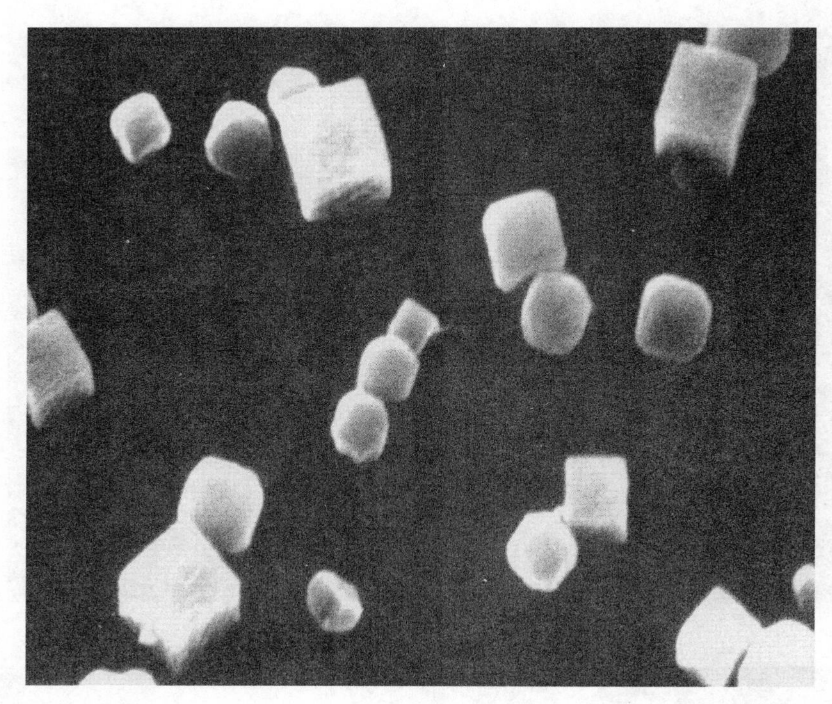

昆虫质型病毒包涵体(×2 500)

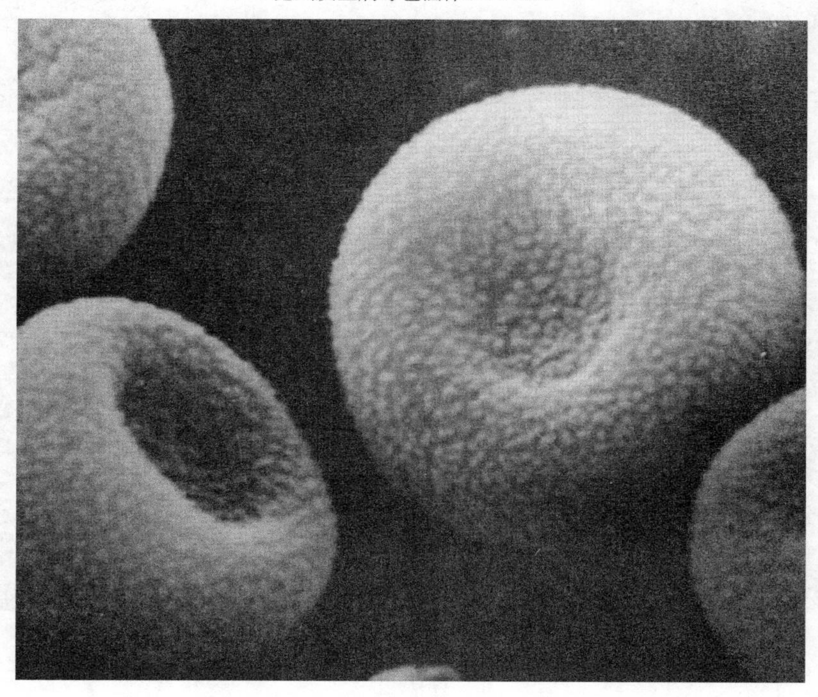

黑粉病孢子(×8 500)

图版 29

交联孢子(×2 000)

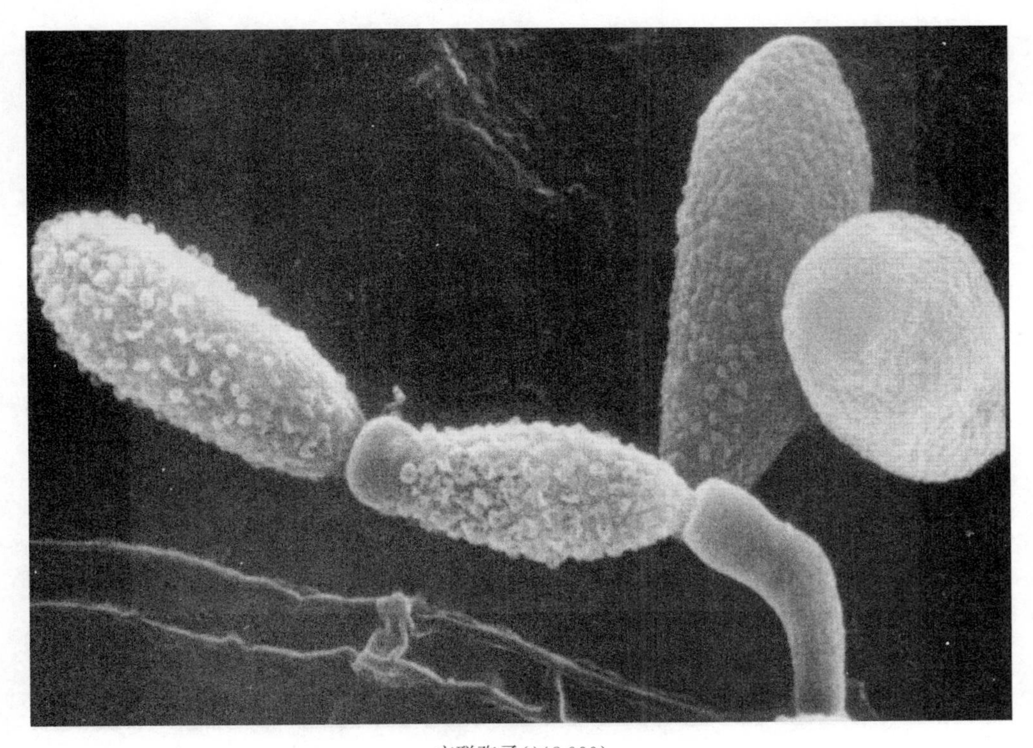

交联孢子(×3 000)

图版 30

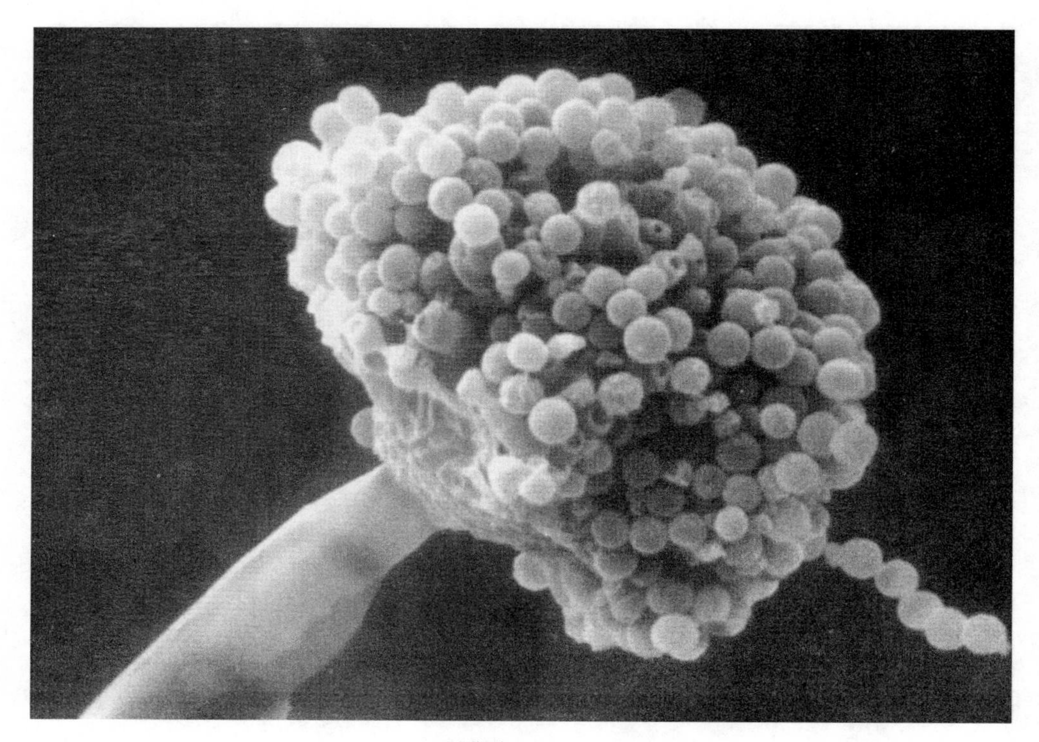

黑曲霉(×1 200)

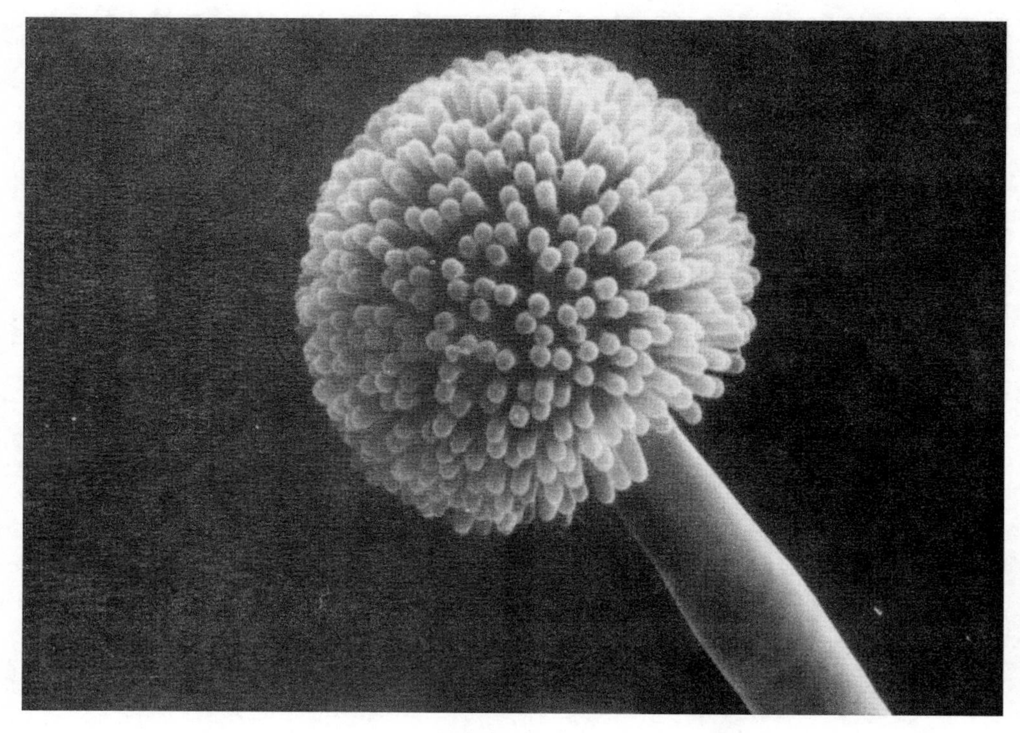

黑曲霉(×1 200)

图版 31

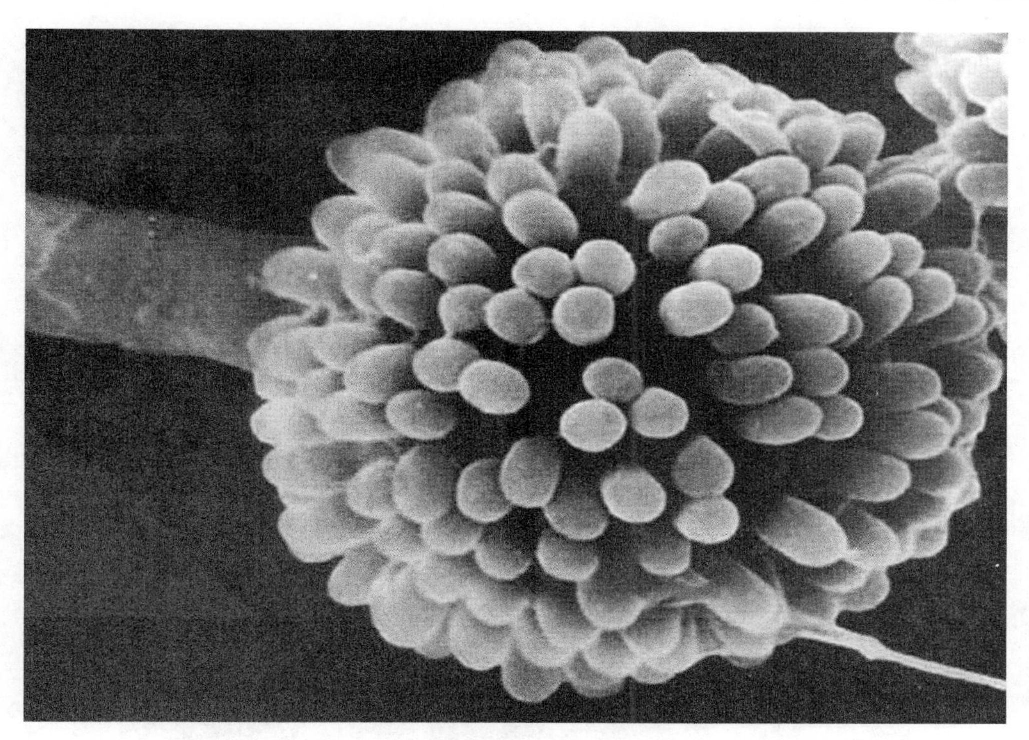

黑曲霉(×1 200)

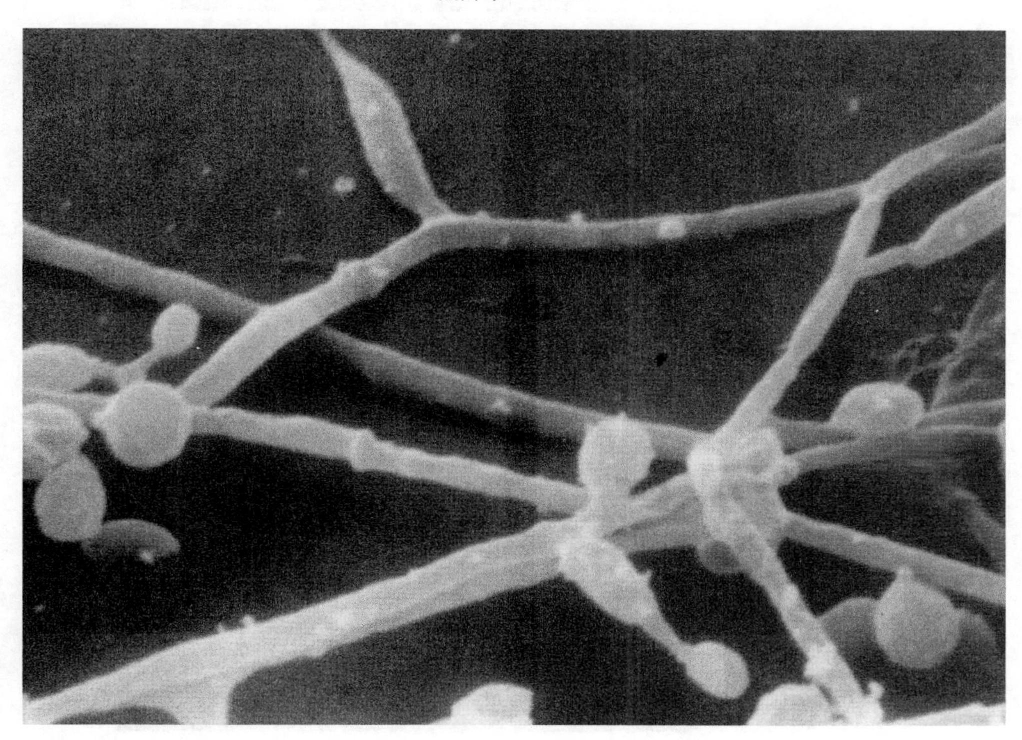

白僵菌孢子(×4 200)

图版 32

四、纤维超微结构

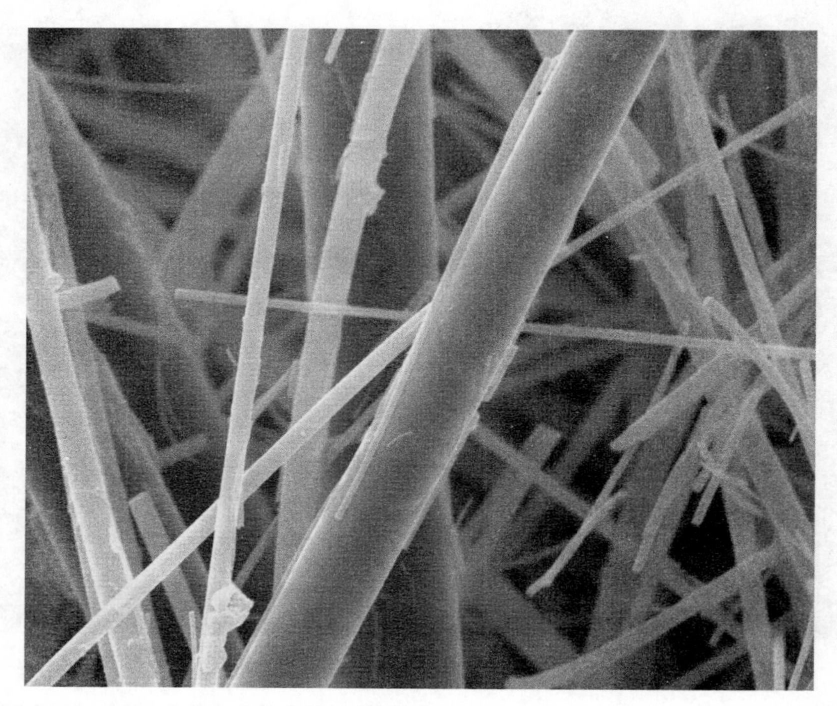

玻璃纤维(×4 000)

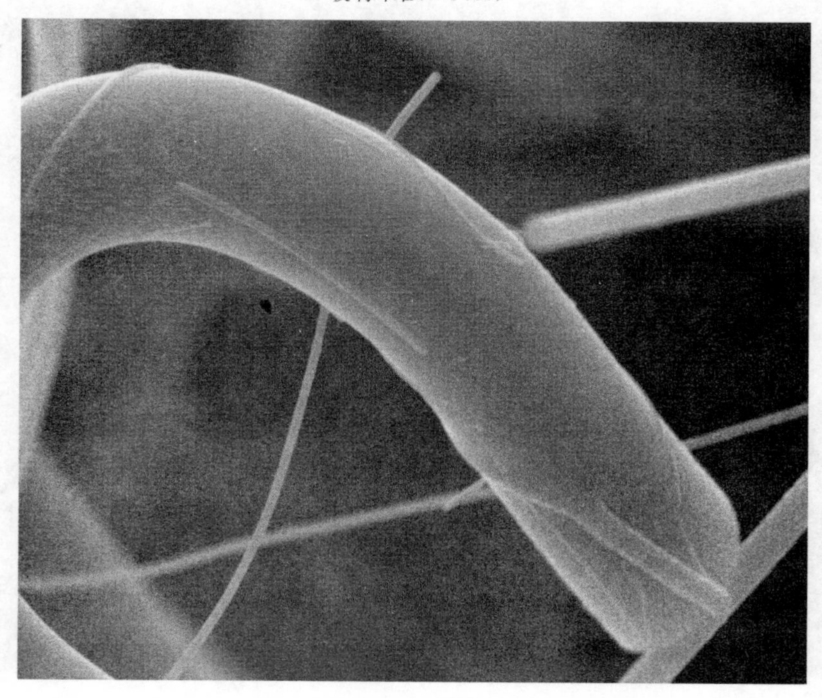

玻璃纤维(×10 000)

图版 33

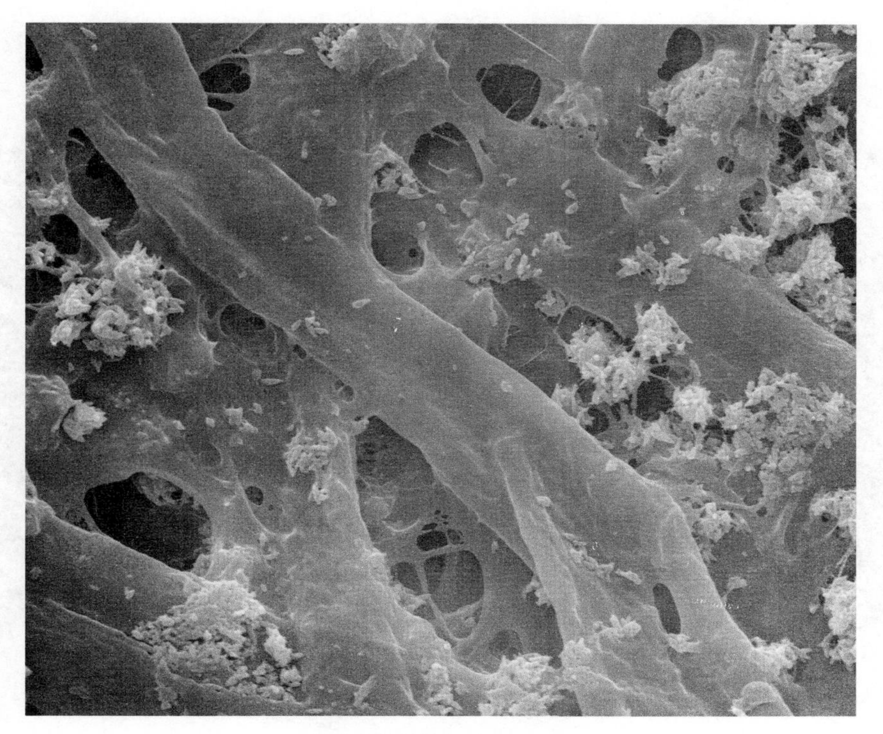

特殊纸张纤维表面(×5 000)

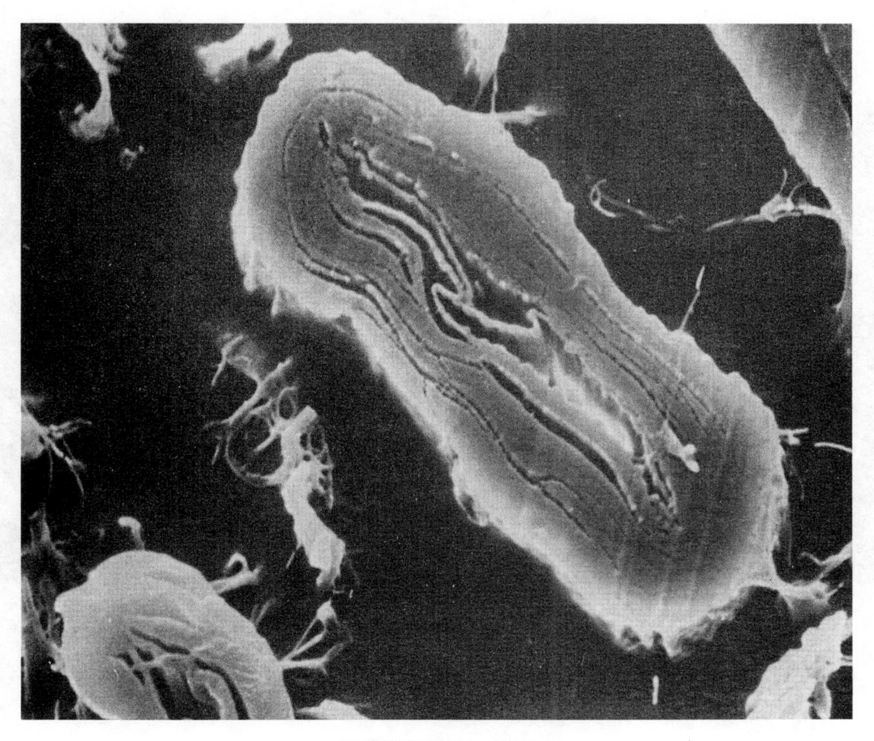

纤维横断面(×6 000)

图版 34

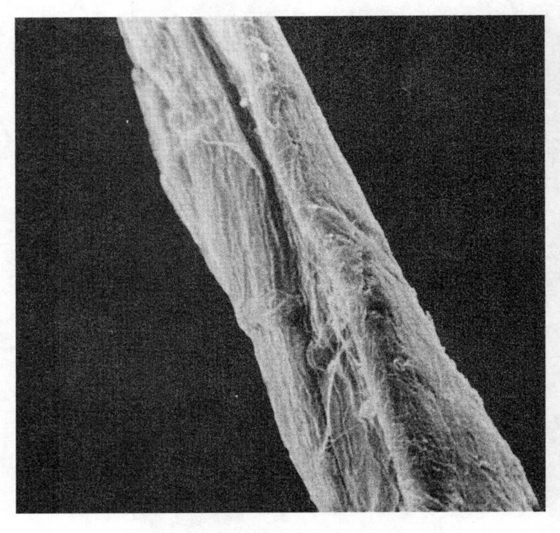

纤维表面超微结构(×1 800)

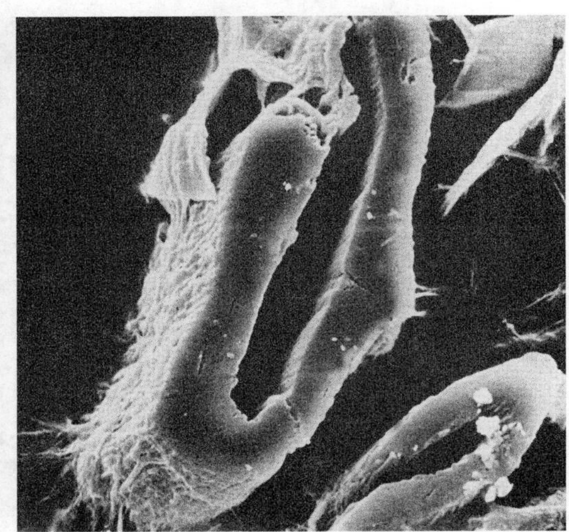

纤维横断面超微结构(×2 000)

新纸浆纤维经过轻度打浆

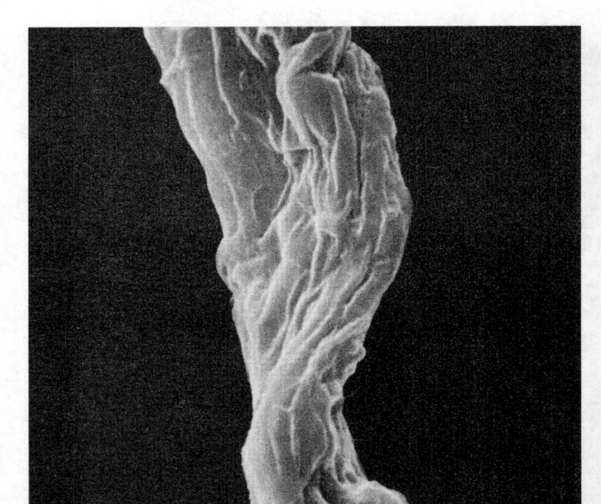

纤维表面超微结构(×1 800)

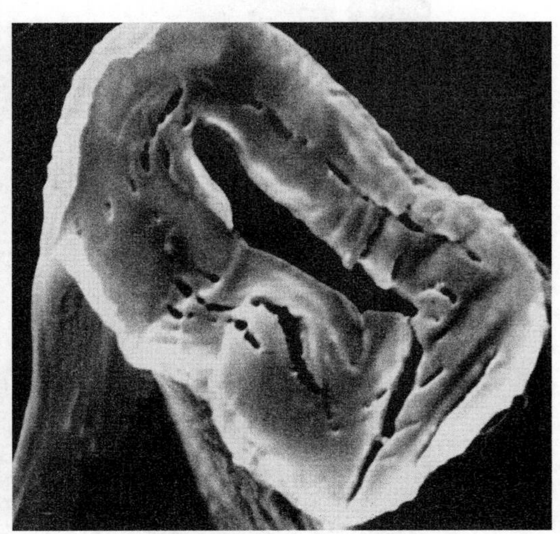

纤维横断面超微结构(×5 000)

回用1次的纸浆纤维

图版 35

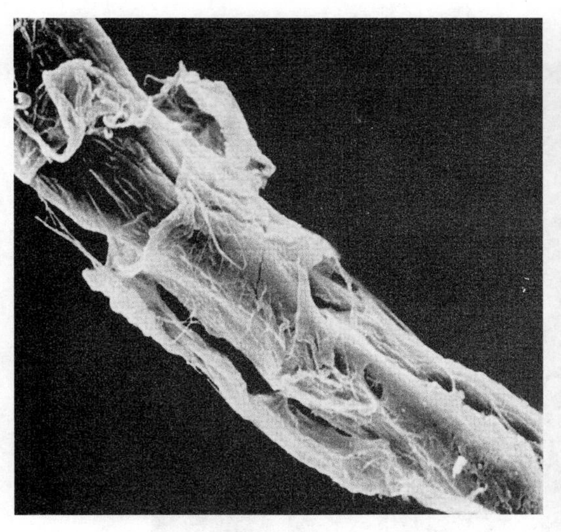

纤维表面超微结构(×1 800)

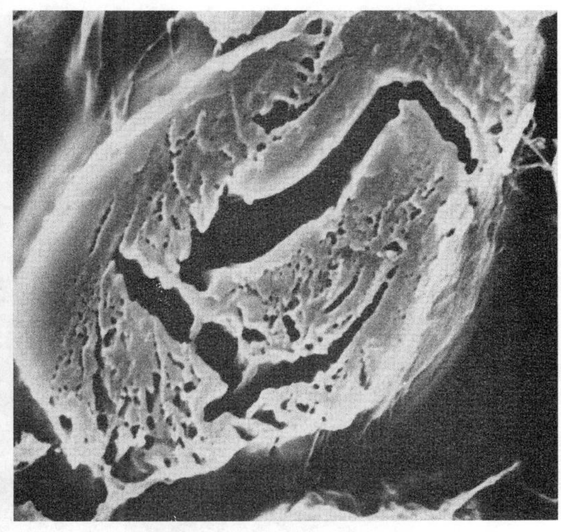

纤维横断面超微结构(×5 000)

回用 3 次的纸浆纤维

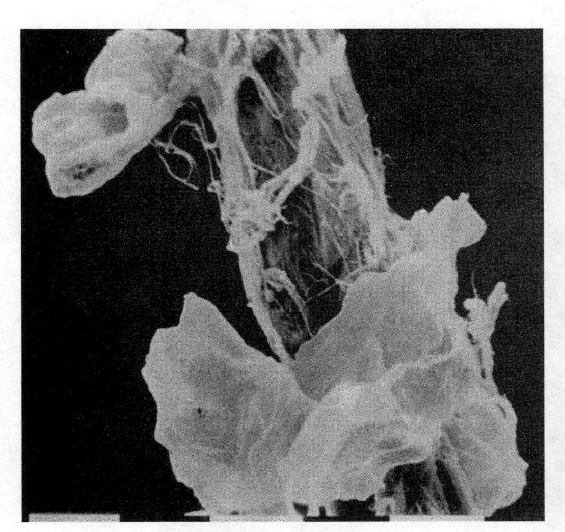

纤维表面超微结构(×1 800)

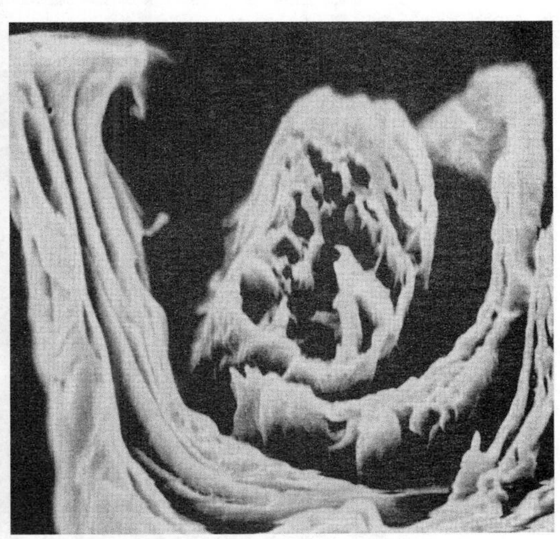

纤维横断面超微结构(×5 000)

回用 5 次的纸浆纤维

针叶材纸浆纤维

图版 36

五、微胶囊

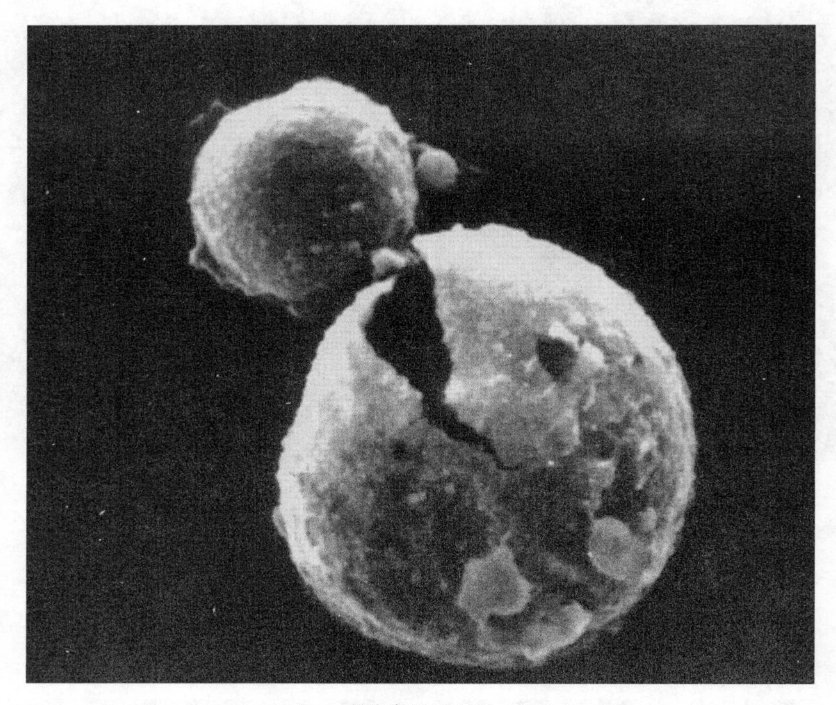

微胶囊(×4 400)

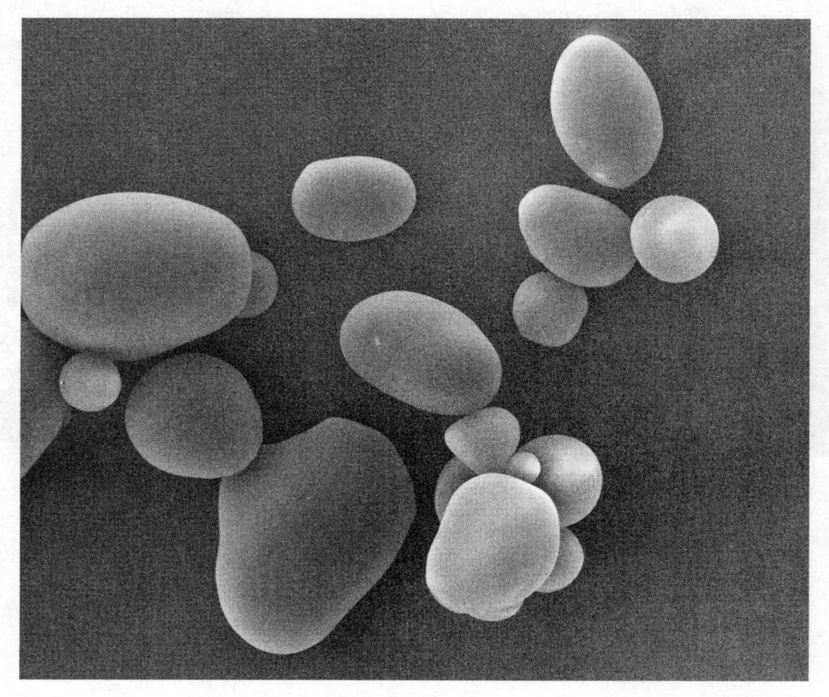

微胶囊(×1 000)

图版 37

六、纳米技术

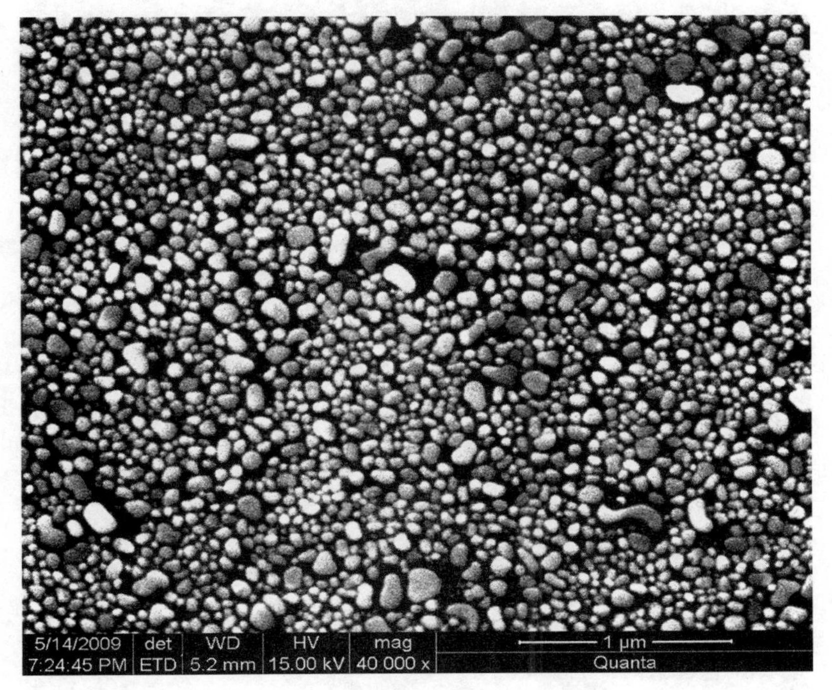

纳米金颗粒

微纳米纤维

图版 38

纳米 Fe_2O_3

纳米 ZnO 裹木粉

图版 39

$Ca_3Al_2O_5$ 晶格像

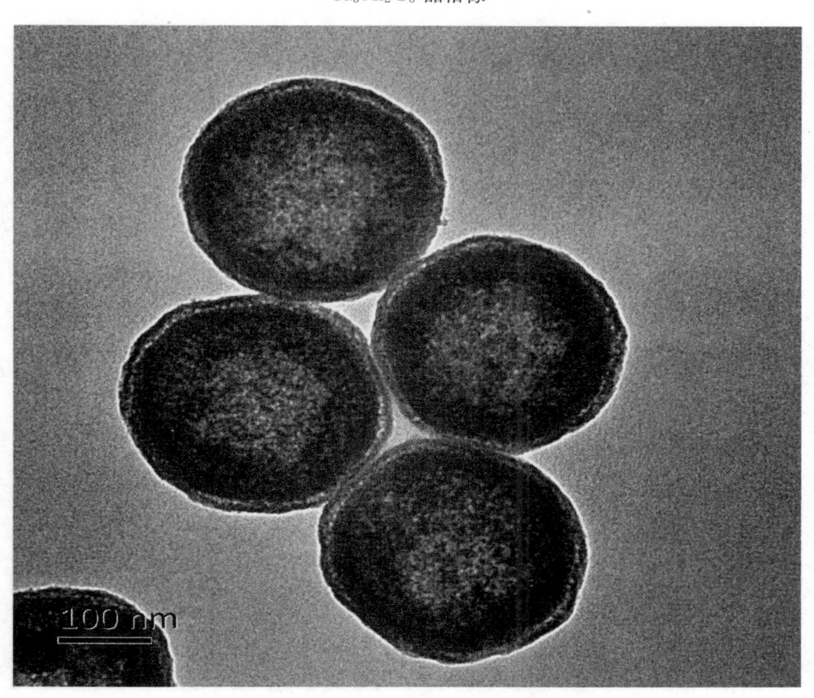

SiO_2 微球

图版 40

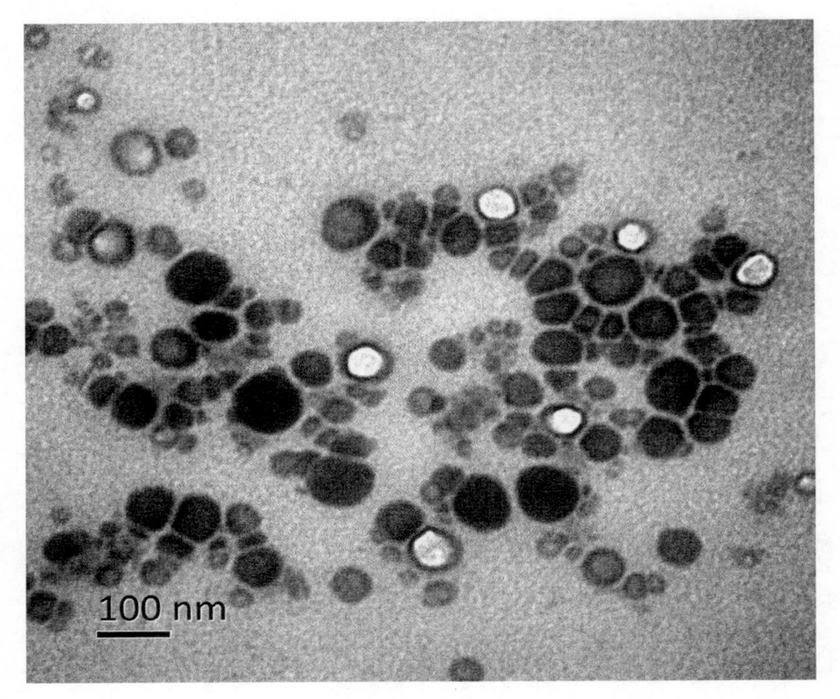

纳米 Se 多糖

SiO_2 微球多层结构

图版 41

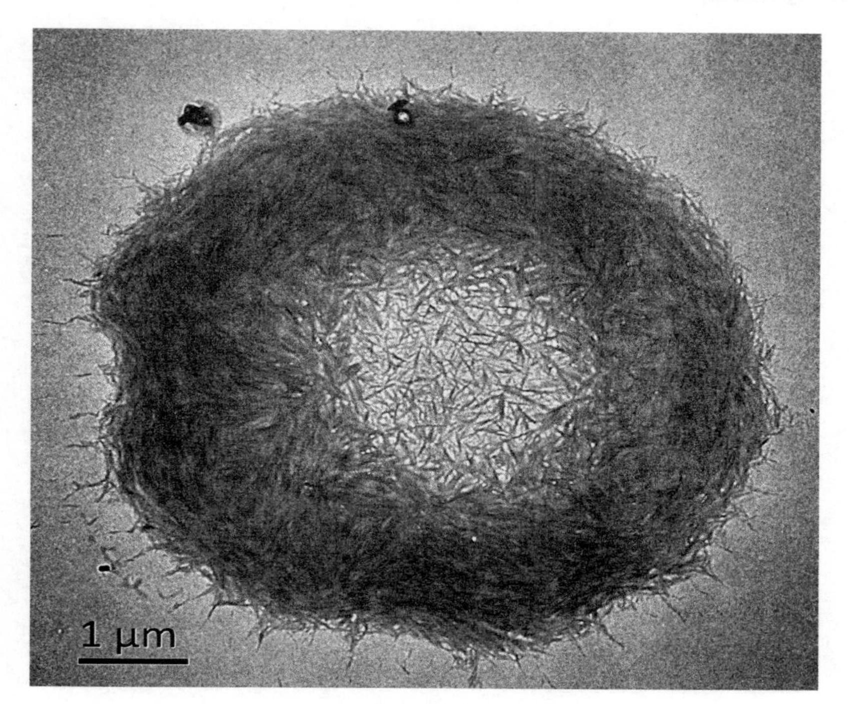

纳米纤维素

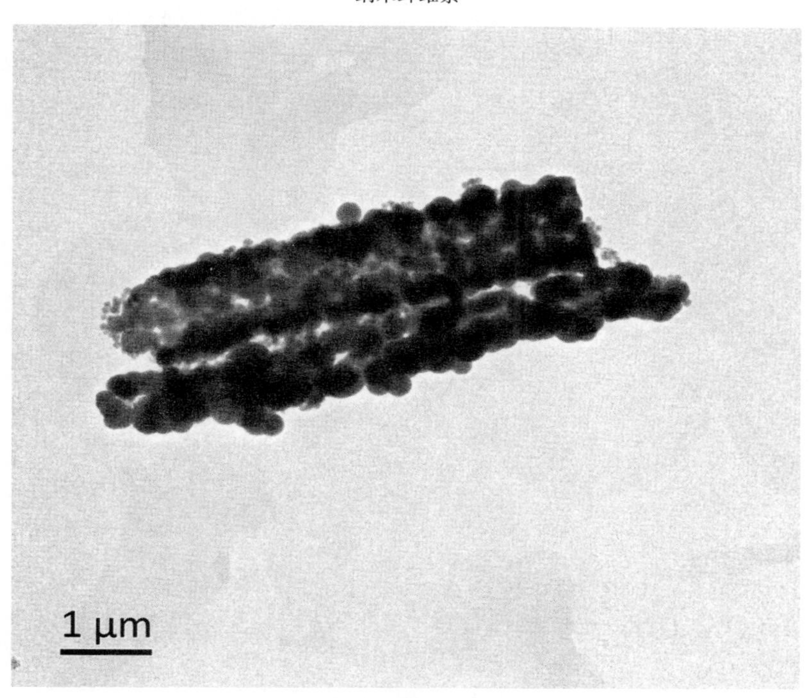

碳纳米管

图版 42

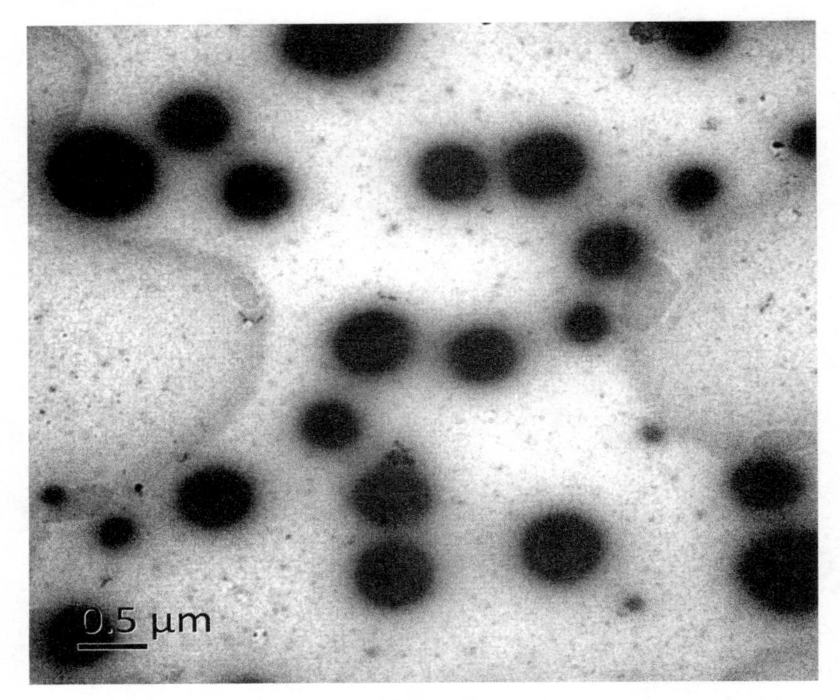

纳米壳聚糖

SiO_2 微球载 Ag

图版 43

参考文献

[1] G. A. Meek. 中国科学院生物物理所译. 生物学工作者实用电子显微术. 北京:科学出版社,1976
[2] B. E. Juniper. 北京植物研究所译. 植物电子显微技术. 北京:科学出版社,1977
[3] 中国医学科学院. 医学生物学电子显微镜图谱. 北京:科学出版社,1978
[4] Brown M. F. , Brotzman H. G. Phytopathogenic Fungi. A Scanning Electron Survery. Columbia: University of Missouri, 1979
[5] Dawes C. J. Biological Techniques for Transmission and Scanning Electron Microscopy. Burlington: Ladd Research Industries, Inc. , 1979
[6] 洪涛,等. 生物医学超微结构与电子显微镜技术. 北京:科学出版社,1980
[7] 赵国骏,等. 电子光学. 北京:国防工业出版社,1980
[8] 徐是雄. 植物材料的薄切片、超薄切片技术. 北京:北京大学出版社,1981
[9] 西门纪业,等. 电子显微镜的原理和设计. 北京:科学出版社,1981
[10] 黄立. 电子显微镜生物标本制备技术. 南京:江苏科学技术出版社,1981
[11] 管汀鹭. 电子显微术. 北京:知识出版社,1982
[12] 朱丽霞,等. 生物学中的电子显微技术. 北京:北京大学出版社,1983
[13] Foster R. C, et al. Ultrastructure of the Root-Soil Interface. American Phytopathological Society, 1983
[14] Chescoe D., Craven P. G. The Operation of the TEM. Oxford: Oxford University Press, Royal Microscopical Society, 1984
[15] 田中敬一,等. 李文镇,等译. 图解扫描电子显微镜——生物样品制备. 北京:科学出版社,1984
[16] 钟慈声. 细胞和组织的超微结构. 北京:人民出版社,1984
[17] Polak J., Van Noorden S. An Introduction to Immunocytochemistry: Current Techniques and Problems. Oxford: Oxford University Press, Royal Microscopical Society, 1984
[18] 林均安,等. 实用生物电子显微术. 沈阳:辽宁科学技术出版社,1989
[29] 蒋虎祥. 植物电镜技术. 南京:南京大学出版社,1990
[20] 应国华,等. 电镜技术与细胞超微结构. 香港:香港现代出版社,1993
[21] 翟中和,王喜忠,丁明孝. 细胞生物学. 北京:高等教育出版社,2000
[22] 徐柏森. 生物电镜技术. 北京:中国林业出版社,2000

[23] 付洪兰.实用电子显微镜技术.北京:高等教育出版社,2004
[24] 戎咏华.分析电子显微学导论.北京:高等教育出版社,2006
[25] 章晓中.电子显微分析.北京:清华大学出版社,2006
[26] 张景强,等.生物电子显微技术.广州:中山大学出版社,1987
[27] 朱丽霞,等.生物学中的电子显微镜技术.北京:北京大学出版社,1983
[28] 马金鑫,等.扫描电子显微镜入门.北京:科学出版社,1985
[29] 程时,等.生物医学电子显微技术.北京:北京医科大学、中国协和医科大学联合出版社,1997
[30] 田中敬一,等编;李文镇,等译.图解扫描电子显微镜——生物样品制备.北京:科学出版社出版,1984
[31] 陈力.生物电子显微术教程.北京:北京师范大学出版社,1998
[32] 徐柏森,等.实用电镜技术.南京:东南大学出版社,2008
[33] G. A. Meek.生物学工作者实用生物电子显微术.北京:科学出版社,1976
[34] 杨怡,张学敏,张德添,等.透射电镜生物样品冷冻置换技术的方法.现代仪器,2002,3:20-21
[35] 王广超,冯振华,孙旭东,等.高压冷冻技术在拟南芥细胞微结构研究中的应用.电子显微学报,2010,29(2):152-161
[36] 郑瑛,洪健,祝建,等.应用高压冷冻—冷冻置换技术研究受 Potyvirus 侵染的寄主细胞超微结构.电子显微学报,2010,29(2):146-150